高等学校网络空间安全专业"十三五"规划教材

硬件安全威胁与防范

主　编　胡　伟　王馨慕

参　编　毛保磊　张慧翔　邰　瑜

U0378979

西安电子科技大学出版社

内 容 简 介

　　本书主要针对近年来日趋严峻的硬件安全威胁和日益增多的硬件安全攻击事件，介绍在信息系统普遍互联和集成电路供应链不断全球化背景下计算机硬件所面临的安全威胁与挑战。本书涉及硬件安全领域新的攻击手段和防范措施，从安全威胁与防护两个方面介绍领域内最新的发展动态，具有较强的时效性、前沿性和一定的技术深度。

　　本书可作为高年级本科生或研究生信息安全课程的教材，亦可作为硬件安全领域科研和开发工作者的参考书。

图书在版编目(CIP)数据

硬件安全威胁与防范 / 胡伟，王馨慕主编. —西安：西安电子科技大学出版社，2019.8
ISBN 978 - 7 - 5606 - 5303 - 7

Ⅰ. ① 硬… 　Ⅱ. ① 胡… 　② 王… 　Ⅲ. ① 硬件—计算机安全 　Ⅳ. ① TP303

中国版本图书馆 CIP 数据核字(2019)第 078595 号

策划编辑　陈　婷
责任编辑　张　倩　陈　婷
出版发行　西安电子科技大学出版社(西安市太白南路 2 号)
电　　话　(029)88242885　88201467　　邮　　编　710071
网　　址　www.xduph.com　　　　　　电子邮箱　xdupfxb001@163.com
经　　销　新华书店
印刷单位　陕西日报社
版　　次　2019 年 8 月第 1 版　2019 年 8 月第 1 次印刷
开　　本　787 毫米×1092 毫米　1/16　印张 12.5
字　　数　286 千字
印　　数　1～3000 册
定　　价　30.00 元
ISBN 978 - 7 - 5606 - 5303 - 7/TP

XDUP　5605001 - 1

＊＊＊ 如有印装问题可调换 ＊＊＊

高等学校网络空间安全专业"十三五"规划教材
编审专家委员名单

顾　　　问：沈昌祥（中国科学院院士、中国工程院院士）

名誉主任：封化民（北京电子科技学院 副院长/教授）

　　　　　马建峰（西安电子科技大学计算机学院 书记/教授）

主　　　任：李　晖（西安电子科技大学网络与信息安全学院 院长/教授）

副 主 任：刘建伟（北京航空航天大学电子信息工程学院 党委书记/教授）

　　　　　李建华（上海交通大学信息安全工程学院 院长/教授）

　　　　　胡爱群（东南大学信息科学与工程学院 主任/教授）

　　　　　范九伦（西安邮电大学 校长/教授）

成　　　员：（按姓氏拼音排列）

　　　　　陈晓峰（西安电子科技大学网络与信息安全学院 副院长/教授）

　　　　　陈兴蜀（四川大学网络空间安全学院 常务副院长/教授）

　　　　　冯　涛（兰州理工大学计算机与通信学院 副院长/研究员）

　　　　　贾春福（南开大学计算机与控制工程学院 系主任/教授）

　　　　　李　剑（北京邮电大学计算机学院 副主任/副教授）

　　　　　林果园（中国矿业大学计算机科学与技术学院 副院长/副教授）

　　　　　潘　泉（西北工业大学自动化学院 院长/教授）

　　　　　孙宇清（山东大学计算机科学与技术学院 教授）

　　　　　王劲松（天津理工大学计算机科学与工程学院 院长/教授）

　　　　　徐　明（国防科技大学计算机学院网络工程系 系主任/教授）

　　　　　徐　明（杭州电子科技大学网络空间安全学院 副院长/教授）

　　　　　俞能海（中国科学技术大学电子科学与信息工程系 主任/教授）

　　　　　张红旗（解放军信息工程大学密码工程学院 副院长/教授）

　　　　　张敏情（武警工程大学密码工程学院 院长/教授）

　　　　　张小松（电子科技大学网络空间安全研究中心 主任/教授）

　　　　　周福才（东北大学软件学院 所长/教授）

　　　　　庄　毅（南京航空航天大学计算机科学与技术学院 所长/教授）

项目策划：马乐惠

策　　　划：陈　婷　高　樱　马　琼

作者简介

胡伟，男，西北工业大学网络空间安全学院副教授、硕士生导师（学校教师主页 http://jszy.nwpu.edu.cn/weihu），主要从事硬件安全、形式化安全验证方法、硬件安全度量和可重构计算等方面的研究。在国内外期刊和会议上发表论文 50 余篇，其中 CCF 认定的 A、B 类刊物及会议论文 20 余篇。代表性成果包括 IEEE Transactions on Information Forensics & Security 长文 1 篇，IEEE Transactions on Computer-Aided Design of Integrated Circuits and System 长文 2 篇，ACM Transactions on Design Automation of Electronic Systems 长文 1 篇，计算机辅助设计领域三大权威会议 ACM/EDAC/IEEE Design Automation Conference 论文 3 篇，IEEE/ACM International Conference on Computer Aided Design 论文 6 篇，Design, Automation & Test in Europe Conference & Exhibition 论文 4 篇，出版学术专著 1 部（科学出版社），主持国家自然科学基金青年基金项目 1 项。

王馨慕，女，西北工业大学网络空间安全学院助理教授，主要从事硬件安全、硬件木马设计与检测、片上系统可信性设计等方面的研究。在国内外期刊和会议上发表论文 15 篇，其中 CCF 认定的 A、B、C 类刊物及会议论文 7 篇。代表性成果包括 IEEE Transactions on Computers 长文 1 篇，计算机辅助设计领域高水平会议 ACM/EDAC/IEEE Design Automation Conference 论文 1 篇，IEEE International Conference on Computer Design 论文 1 篇，Design, Automation & Test in Europe Conference & Exhibition 论文 1 篇。

前　　言

　　传统的集成电路硬件设计流程主要注重设计的功能正确性和性能指标，忽视了设计的安全性需求，甚至将安全性与功能正确性或稳定性等价起来，而软件安全工程师们则通常假设底层硬件是安全、可信的。这种假设在计算机硬件与外界只有有限的交互能力时，似乎能够成立。然而，随着计算机硬件的智能化及与外界交互能力的不断增强，如可穿戴医疗设备——心脏起搏器和胰岛素泵都提供了无线通信接口，智能汽车的通信范围已经不再局限于车内的 CAN（Control Area Network，总线网络），已经具备了与基础设施接入点进行数据交互的能力。在此背景下，关于底层硬件安全性的假设就越来越难以成立，且越来越多的安全攻击事件都利用了硬件相关的漏洞。

　　回顾一下代表性的硬件安全事件：打印机病毒芯片使得海湾战争中伊拉克的防空系统彻底瘫痪；叙利亚的军事雷达中可能被植入了"切断开关（Kill Switch）"，对以色列的非隐形战机视而不见；"震网"病毒使得伊朗核电站上千台离心机报废；军用级 FPGA 芯片上发现了硬件后门，攻击者可以利用它监视和改变芯片上的数据；Boeing 787 的飞行控制网络被成功入侵，黑客能够控制飞机的飞行姿态；手机芯片生产商 Qualcomm 的移动处理器中存在安全漏洞，攻击者可以利用它来破解 Android 设备的全盘加密功能；Intel 处理器于 2018 年 1 月爆出了 Meltdown（熔断）和 Spectre（幽灵）安全漏洞，会导致敏感信息泄露。硬件安全已经触及了个人计算设备、高可靠系统和军用武器系统。计算机硬件已经成为非常具有吸引力的攻击面。

　　然而，研究者和设计师们更多地关注软件和网络层面的安全问题，而忽视了来自底层硬件的安全威胁。但是，一个大家普遍接受的事实是：系统的整体安全性由安全性最低的环节来决定，即便上层软件协议再安全，如果底层硬件平台中存在安全缺陷，整个系统仍然是存在安全隐患的。大量的硬件安全事件表明：在硬件层面上，攻击者能够直接访问和操控许多软件层面不可见的关键资源，具有更强的攻击和破坏能力。如果底层硬件被成功入侵，即便上层软件防护措施再安全也都将形同虚设。因此，非常有必要让未来的信息安全从业者和硬件设计师们深入地了解硬件安全在信息安全中所处的地位和计算机硬件所面临的日趋严峻的安全威胁，并致力于硬件安全相关的教学、研究和开发工作。

本书的写作目的是让读者系统地了解计算机硬件所面临的安全威胁和常用的安全防护措施，并掌握一些简单的硬件安全攻击和防护手段，为相关专业课程的学习和日后工作打下一定的基础。

本书在前人的研究基础上，结合编者十余年的硬件安全研究经验编写而成，主要介绍在计算机系统日趋智能化和网络化的背景下，计算机硬件所面临的各种安全威胁，包括硬件旁路信道分析、故障注入攻击、硬件木马、集成电路供应链安全、硬件安全漏洞等，以及常用的硬件安全防护措施，包括密码算法、隔离技术、随机化和掩码算法、木马检测方法、硬件安全测试与验证技术等。全书共9章，其中胡伟编写了第一章、第二章和第九章，王馨慕编写了第四章和第八章硬件木马方面的内容，毛保磊编写了第三章和第七章，张慧翔编写了第五章，邰瑜参与编写了第六章。

本书的章节安排如下：第一章主要阐述硬件安全的相关概念、本书写作的背景以及常见的硬件安全威胁类型及防护技术；第二章介绍由设计缺陷导致的安全威胁，主要包括未定义功能（如状态机中未占用状态和无关输入）、电磁干扰（如新型 DRAM 器件存储单元之间的干扰）、冗余路径、调试接口和由性能优化所导致的安全漏洞等；第三章讨论由旁路信道引发的信息泄漏问题及相应的攻击方法；第四章讨论硬件木马设计原理与工作机制；第五章主要介绍密码技术与认证技术，主要探讨几种代表性的密码算法、随机数发生器和物理不可克隆函数，以及可信平台模块；第六章主要介绍安全隔离技术以及 ARM Trust Zone 和 Intel SGX 的基本原理；第七章探讨常用的旁路信道保护技术，主要包括随机化技术和掩码技术；第八章重点阐述硬件木马防御技术；第九章主要介绍硬件信息流分析技术，主要包括信息流分析、信息安全验证与漏洞检测技术。

期望本书的出版能够起到抛砖引玉的作用，促进相关学科的教师和研究工作者密切关注硬件安全问题，并在教学和科研工作中提高未来信息安全从业者在硬件安全方面的理论素养和实践能力。

本书的出版得到中央高校基本科研业务费（3102017OQD094）的资

助，在此深表谢意；感谢加州大学圣迭戈分校（University of California, San Diego）的 Ryan Kastner 教授、西北工业大学的戴冠中教授和慕德俊教授，他们为本书编者的研究工作和本书的编写提出了许多宝贵的指导意见；感谢西北工业大学的张璐和朱嘉诚等研究生，他们在本书写作过程中做了大量的辅助工作。

鉴于编者能力和水平有限，书中难免会存在疏漏之处，恳请读者批评指正。

编　者

2019 年 4 月 27 日于西安

目　　录

第一章 绪   论

随着物联网、信息物理系统和云计算等新技术领域的兴起，越来越多的计算设备配备了与外界通信的接口。这些通信接口一方面提高了设备的交换能力和智能化水平，另一方面也使得这些设备暴露于局部或者公开的网络环境之中，从而为黑客提供了入侵和控制这些硬件设备的攻击界面。本章简要探讨硬件安全的相关概念和范畴，并通过一些典型的硬件安全事件来揭示计算硬件所面临的安全威胁，最后，简要介绍常用的硬件安全防护技术。

1.1 硬件安全概述

1.1.1 硬件的范畴

计算机系统通常可以划分为软件(Software)、硬件(Hardware)和固件(Firmware)三个组成部分。

（1）软件是一系列按照特定顺序组织的计算机数据和指令的集合。在计算机系统中，操作系统、应用程序、与程序相关的文档都属于软件。

（2）硬件是指计算机系统中由电子、机械和光电元件等组成的各种物理装置的总称。例如，CPU、存储器、总线控制器、传感器部件等。

（3）固件是指硬件内部保存的设备"驱动程序"，通常担负着计算机系统最基础和最底层的工作，如完成系统初始化并负责加载系统软件。在计算机系统中，基本输入/输出系统(BIOS，Basic Input/Output System)是固件最为典型的例子。此外，一些存储于 EEPROM 或者 Flash 存储器中的设备配置程序也通常被认为是固件。

本书主要讨论由电子元件所组成的硬件的安全性问题，重点关注由半导体器件所组成的数字和模拟电路所面临的安全威胁，以及常用的防护技术。我们以逻辑和数据安全(信息安全)为主要分析目标，仅在必要时对物理安全作简要探讨。

1.1.2 硬件设计的描述形式

当前的数字电路设计从抽象层次上，可分成以下 4 个层次。

（1）算法级设计：利用高级语言(如 C 语言)及其他一些系统设计工具(如 Xilinx Vivado、Altera OpenCL 和 Mentor Graphics Catapult HLS 等)从算法层面对硬件设计进行描述。算法级不需要包含精确的时序信息。

（2）寄存器传输级设计：用数据流在寄存器间传输的模式来对设计进行描述。寄存器传输级(RTL，Register Transfer Level)硬件设计已经包含了周期精确的时序信息。

（3）门级：用门级的与、或、非等基本逻辑门及其连接关系对设计进行描述。

（4）开关级：用晶体管、寄存器及它们之间的连线关系来对设计进行描述。晶体管是逻辑门的基本组成单元，例如与非门由四个晶体管组成，非门由两个晶体管组成等。

硬件的生命周期可划分为设计说明、开发、测试、部署等多个阶段，硬件在各个阶段有不同的描述形式。本书主要关注硬件在开发、测试和部署阶段的安全问题，硬件在这些阶段的描述形式主要有代码级硬件设计、逻辑网表和物理（FPGA 可编程逻辑或 ASIC 芯片）实现三种，如图 1-1 所示。

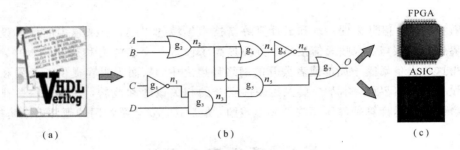

图 1-1　硬件设计的描述形式
（a）代码级硬件设计；　（b）逻辑网表；　（c）FPGA 可编程逻辑或 ASIC 芯片实现

（1）代码级硬件设计：代码级硬件设计包含算法级设计和 RTL 级设计两个层次，一般采用高层综合语言（如 HLS C）、系统建模语言（如 System Verilog）或者硬件描述语言（HDL，Hardware Description Language）对硬件设计所实现的逻辑功能进行建模和描述。代码级硬件设计是高层综合工具和逻辑综合工具的输入。

（2）逻辑网表：代码级硬件设计在输入高层综合或者逻辑综合工具之后，将被转换为逻辑网表，逻辑网表由工艺库中定义的基本宏单元及其连接关系构成。逻辑网表可进一步细分为门级和开关级两种。

（3）物理实现：硬件电路通常有两种物理实现形式，一种是下载和配置现场可编程逻辑门阵列（FPGA，Field Programmable Gate Array），另一种是通过流片和封装转换为专用集成电路（ASIC，Application Specific Integrated Circuit）芯片。

图 1-2 显示了自顶向下的硬件设计流程和不同抽象层次所处的位置。硬件设计通过高

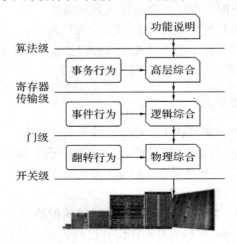

图 1-2　自顶向下的硬件设计流程和不同抽象层次所处的位置

层综合(HLS,High-Level Synthesis)实现从算法到 RTL 级设计的转换,通过逻辑综合实现从 RTL 代码到门级网表的转换,然后,通过物理综合实现从门级网表到物理网表的转换。

1.1.3 硬件安全

人类关于信息安全的需求由来已久,密码技术由战争催生,最早诞生于公元前 405 年的古希腊,即斯巴达密码。第二次世界大战期间,密码及其破译技术由于保密通信的需求而迅猛发展。一般认为,信息安全问题被系统地提出并受到关注,起源于 1949 年 Claude Elwood Shannon 发表的《保密系统的通信理论(Communication Theory of Secrecy Systems)》一文,该文奠定了信息安全学科的理论基础,如信息源、密钥、加解密和密码分析的数学原理。1976 年,Whitfield Diffie 和 Martin Edward Hellman 发表了一篇具有开创性的论文《密码学的新方向(New Directions in Cryptography)》,这篇论文首次引入了公共密钥加密协议与数字签名的概念,这两者构成了现代互联网中广泛使用的加密协议的基石。

1996 年和 1998 年,Cryptography Research 公司的首席科学家 Paul Carl Kocher 发表了关于时间和能量信道攻击方面的文章;1997 年,斯坦福大学的 Dan Boneh 发现智能卡上密码算法执行过程可能会受到干扰,产生错误输出,攻击者可以利用其成功恢复算法密钥;2000 年,比利时的 Jean-Jacques Quisquater 和 David Samyde 发现密码算法运行过程中存在电磁辐射,该辐射同样可用于密钥破解。上述事件正式揭开了硬件攻击研究的序幕。

直至 2007 年,硬件安全(Hardware Security)才被作为一个独立的概念提出,正式成为一个相对独立的领域。这是由于硬件攻击往往需要专门的设备,并且要求能够与硬件设备近距离接触以完成必要的测量。在相当长的一段时间里,硬件攻击的条件还不够成熟(低效的攻击设备或者缺少实施攻击的界面/接口),因此,传统的软件安全应用和研究通常假设底层硬件是安全、可信的,然而,这种假设已经难以成立,越来越多的攻击事件都利用了与硬件相关的安全漏洞。通过硬件电路中的设计缺陷、旁路信道、后门程序和硬件木马发起攻击,往往能够更有效地突破软件安全防护措施,以较低计算代价破解算法密钥,越过访问控制机制或使系统彻底失效。日益增多的攻击事件表明:计算机硬件正面临日趋严峻的安全威胁,已成为新的攻击热点。

1.2 硬件安全事件

大多的硬件安全事件都是利用了硬件设计中的安全漏洞或者预置的后门,并通过软件攻击的形式来实施的。虽然也有完全基于硬件的攻击方式,例如某些错误注入攻击,通过调节硬件的工作电压或者工作频率使得电路产生错误的输出等,但是,通过软件途径发起的攻击能更有效地利用硬件中的安全漏洞来获取敏感信息或者直接操控系统。下面介绍一些代表性的硬件安全事件。

1.2.1 伊拉克打印机病毒芯片

海湾战争爆发之前,伊拉克军方转道约旦,从法国购买了一种用于防空系统的新型电脑打印机,准备通过约旦首都安曼偷运到巴格达。这个信息被美国情报部门迅速截获。美军随即派遣间谍潜入约旦，通过某些渠道接触到了这些打印设备，偷偷把一套带有病毒的同类芯片换装到这种打印机里。据称，病毒芯片是由位于美国马里兰州米德堡的国家安全局设计的，病毒名为 Afgl。随后，这些被做过手脚的打印机就被运进了伊拉克，并被伊拉克军方毫无防范地连接到了电脑上。

当美国领导的多国部队发动"沙漠风暴"行动，空袭伊拉克时，美军利用无线遥控设备激活了打印机中的病毒芯片，这些芯片中存储的电脑病毒便传到了与之连线的电脑上，然后，经由一台电脑传播给了与之联网的其他电脑，没过多少时间，整个伊拉克防空体系的电脑设备都停止了运行，伊拉克的防空体系全面瘫痪。在这种情况下，即使当时美军没有隐形战机 F117，而是直接对其进行大规模的空袭，伊拉克也会毫无办法，只能眼看着对方的空军对自己的要害部门狂轰滥炸。这些携带了病毒和后门程序的打印机正是导致战争迅速朝着不利于伊拉克方向发展的重要原因。

1.2.2 叙利亚军事雷达"切断开关"

2007 年，为扼杀叙利亚核计划，以色列进行了"果园行动"空袭，即非隐形战机深入战略纵深地带摧毁预定目标并全身而退。整个行动中，叙军先进的防空系统没有做出任何反应。第二年，《IEEE 波谱杂志(IEEE Spectrum Magazine)》的一篇报道追踪到的消息显示，一家法国芯片公司提供给叙利亚的雷达防御设备中包含一个"切断开关(Kill Switch)"。另外，根据美国国防部供应商匿名提供的情况，一个"欧洲芯片制造商"在叙军防空武器系统的微处理器中加入了可以远程访问的"切断开关"。攻击者可以利用这个"切断开关"远程侵入雷达防御设备并使其完全失效，从而导致叙利亚无法监测到以色列轰炸机正在执行的袭击活动，即便行动中采用的是非隐形战机。

虽然上述内容未经叙利亚方面证实，但是，它足以为我们敲响警钟，即来自第三方的芯片设计中可能存在人为设置的后门或者恶意代码，攻击者能够利用这些在技术文档中未说明的功能来操控整个系统，或者使系统在关键时刻完全失效。

1.2.3 伊朗核电站"震网"病毒

2010 年 9 月，伊朗核设施突遭来源不明的网络病毒攻击，西方学者称该病毒为"震网"。由于"震网"的袭击，导致纳坦兹离心浓缩厂的上千台离心机报废，事件所造成的严重后果令世人震惊。

"震网"病毒是一种蠕虫病毒，主要利用 Windows 系统漏洞，通过移动存储介质和网络进行传播，它攻击西门子公司控制系统的数据采集与监视控制系统(SCADA，Supervisory Control And Data Acquisition)。美国科学与国际安全研究所最新公布的研究报告认为，"震网"病毒于 2009 年经网络传至伊朗纳坦兹离心浓缩厂工作人员的个人计算机，再由移动存储介质侵入纳坦兹离心浓缩厂的控制系统，最后病毒发作导致离心机的转速时快时慢。具体过程是：首先在 15 分钟内使离心机的转速提高 30%，达到离心机材料的极限强度并造成材料内伤，然后回到正常转速；27 天后，在 50 分钟内又以每分钟 2 Hz 的降速使频率下降 100 Hz，致使离心机因震动变形而损伤。如此，每月重复一次，离心机伤而不炸，直到最终永久性损坏。在病毒发作的过程中，纳坦兹离心浓缩厂的安全控制与警报系统从未报警，等到发现异常时至少 1000 台离心机已报废。

攻击伊朗核设施的"震网"病毒主要由两部分组成：第一部分使伊朗离心机的运转速度失控，直至机器瘫痪；第二部分让电脑程序秘密录制浓缩厂离心机正常运转时的状况，当离心机失控后，程序会自动播放录像带，向监控设备发送"正常数据"，制造正常运作的假象。这种"频率变而不显，机器损而不炸"的诡异绝招致使伊朗在发现异常问题时束手无策。

1.2.4 军用级 FPGA 的硬件后门

2012 年，英国剑桥大学的 Sergei Skorobogatov 和伦敦库欧·瓦迪斯实验室的 Christopher Woods 发表论文指出，他们发现美高森美公司（Microsemi）研制的军用级 FPGA 芯片 ProASIC3 A3P250 中存在硬件后门，攻击者可以利用该后门监视和改变芯片上的数据。同年 6 月 1 日，他们在发布会上声称，"利用差分功耗分析（DPA，Differential Power Analysis）技术，AES[①] 的密钥可以在几分钟内被提取出来；而利用管道排放分析（PEA，Pipeline Emission Analysis）技术则只需花不到一秒钟的时间。破解密码的话，利用差分功耗分析技术，需要好几年；但利用管道排放分析技术，就只需几个小时的时间"。该漏洞会使得黑客未经授权就能访问 FPGA 的内部结构，会带来知识产权被侵害的风险。此外，芯片内的运算和数据也可能被恶意更改。

两位研究者的工作促使我们去思考一个更重大的问题：这个漏洞最初是怎么出现在 FPGA 芯片设计中的？这个后门可能是在有人主使下恶意植入的，也有可能完全出于疏忽。也许有人在芯片设计阶段借由这个后门做了一些测试，在后期没有移除或者禁止这个测试接口。显然，设计者们没有意识到它会被发现并可能会被恶意利用。

作为回应，美高森美公司说："由于那些研究员没能向美高森美公司展示他们研究过程中那些必要的技术细节，更没有让美高森美公司对其得到的结论进行必要的验证，所以美高森美公司一直无法证实，也无法否认他们的言论。此外，美高森美公司可以确定的一点是：我们公司设计的产品没有哪里的设计是会导致客户的安全受到威胁的。"

美高森美公司承认，确实有一种特殊的内部测试机制，通常用于芯片出厂前的测试和故障分析，但表示该功能在产品封装好出厂后都是被禁用的。

在回应中，美高森美公司也声明，研究员们发布的声明增加了外部差分功耗分析，但正因为以前我们考虑过这个原因，所以几年前在应对即将发布的下一代可编程逻辑器件时，美高森美公司也得到了密码学研究公司（Cryptography Research，Inc）对其进行反攻的许可。

1.2.5 Boeing 787 娱乐网络入侵事件

2015 年 2 月，来自安全情报公司——同一个世界实验室（One World Labs）的著名安全研究员 Chris Roberts 声称自己入侵了十几架美国联合航空公司飞机的空中娱乐系统（IFE，In-Flight Entertainment），而且在一次入侵后还劫持了飞机的推力管理计算机，并在短时间内改变了飞机航道。Roberts 在 4 月份的一份 FBI（Federal Bureau of Investigation，美国联邦调查局）调查报告中表示他使其中一架飞机引擎爬升导致飞机在飞行过程中作出横向

[①] FPGA 一般采用 AES 算法对配置比特流（Configuration Bitstream）进行加密，以保护设计实现细节和知识产权核，防止针对配置比特流的逆向工程。

或侧向运动。

Roberts 发布了推文称自己能够入侵飞机的机组警告系统并引发乘客氧气面罩掉落。Roberts 还在调查报告中承认自己曾在 2011 年至 2014 年期间攻陷了 15 到 20 架飞机的空中娱乐系统。每次他均会打开位于乘客座位下面的电子盒盒盖并将笔记本电脑与以太网电缆系统连接。他会扫描网络中的安全问题并且监控驾驶员座舱的通信。FBI 调查发现乘客座位下方的电子盒显示出"被入侵迹象"。Roberts 告诉 FBI，有漏洞的机型包括波音 737 - 800、737 - 900、757 - 200，以及空中客车 A - 320s 飞机。

Roberts 攻击事件发生后不久，媒体报道称，TSA(Transportation Security Administration，美国运输安全管理局)和 FBI 向航空公司发布了公告，提醒航空公司警惕那些有迹象黑入飞机的 Wi-Fi 系统或飞机的娱乐控制系统的乘客。媒体还报道称，美国政府问责办公室发布了一篇报道，警告称一些飞机的航空电子系统可能有漏洞，而且黑客可能会利用这些漏洞进行攻击。

1.2.6　Qualcomm TrustZone 安全漏洞

2016 年 6 月，芯片制造商 Qualcomm 的移动处理器中出现了一个安全漏洞，攻击者可以利用它来破坏设备中的全磁盘加密功能。Duo 实验室的研究员们表示，这种漏洞和 Android 的媒体服务器组件有关，该组件在 Qualcomm 的安全执行环境(QSEE, Qualcomm Secure Execution Environment)中存在一个安全隐患。总的来说，攻击者可以利用这些漏洞通过物理途径绕过全磁盘加密(FDE, Full Disk Encryption)来访问手机。

Android 手机和 iPhone 手机一样，限制解锁设备密码的输入次数。谷歌设置了解锁尝试之间的延迟，在频繁的密码尝试失败之后，也会出现一个选项来删除用户信息。在 Android 内部，设备的加密密钥是由 Hardware-Backed Keystroke 组件(也叫做密钥大师)生成的。

密钥大师模块依赖于 Qualcomm 的安全执行环境 QSEE。攻击者可以对受损设备中 QSEE 使用的代码和操作系统中的密钥大师功能进行逆向工程。在这种情况下，攻击者可以对可信区间(TrustZone)实行不受限的密码攻击，却不需要担心会因为尝试密码太多次而导致硬件自动删除数据信息。

1.2.7　Intel 处理器安全漏洞

2018 年 1 月 4 日，谷歌的安全团队"Project Zero"公布了两组 CPU 漏洞：Meltdown (熔断)和 Spectre(幽灵)。这两组 CPU 漏洞的影响还波及了部分 AMD 和 ARM 处理器。

通常情况下，正常程序无法读取其他程序存储的数据，但恶意程序可以利用 Meltdown 和 Spectre 来获取存储在其他运行程序内存中的私密信息。利用 Meltdown 漏洞，低权限用户可以访问内核的内容，获取本地操作系统底层的信息；当用户通过浏览器访问了包含 Spectre 恶意利用程序的网站时，用户的账号、密码、邮箱等个人隐私信息可能会被泄露；在云服务场景中，利用 Spectre 可以突破用户间的隔离，窃取其他用户的数据。

这两组漏洞来源于芯片厂商为了提高 CPU 性能而引入的新特性。现代 CPU 为了提高处理性能，会采用乱序执行(Out-of-Order Execution)和预测执行(Speculative Prediction)。乱序执行是指 CPU 并不是严格按照指令的顺序串行执行，而是根据相关性对指令进行分组并行执行，最后汇总处理各组指令执行的结果。预测执行是 CPU 根据当前掌握的信息预测某个条件判断的结果，然后选择对应的分支提前执行。在乱序执行和预测执行遇到异常或发生分支预测错误时，CPU 会丢弃之前执行的结果，将 CPU 的状态恢复到乱序执行或预测执行前的正确状态，然后选择对应正确的指令继续执行。这种异常处理机制保证程序能够正确的执行，但是问题在于，CPU 恢复状态时并不会恢复 CPU 缓存的内容，而这两组漏洞正是利用了这一设计上的缺陷，通过旁路信道攻击窃取缓存中的内容的。

由于这两组漏洞是芯片底层设计上的缺陷导致的，所以修复起来非常复杂，而且可能带来性能的显著下降（高达 30％）。因此，仅通过 CPU 厂商进行安全更新（例如升级 CPU 微码）无法解决这一问题。

1.3　硬件安全威胁的类型

硬件安全威胁有很多种划分方式，首先可以分为无意的（Unintended）和恶意的（Malicious）两大类。无意的安全威胁一般由硬件设计阶段未能消除的漏洞造成，如旁路信道；有意的安全威胁往往由人为附加的恶意设计引发，如硬件木马。按照具体的攻击方式，硬件安全威胁可分为漏洞攻击、旁路信道攻击（分析）、故障注入攻击、硬件木马和逆向工程等。下面对上述常见的安全威胁进行简要的介绍。

1.3.1　漏洞攻击

漏洞攻击主要以硬件设计中存在的设计缺陷作为攻击的切入点，这些设计缺陷大多由设计说明不完善、设计人员的编码不规范、测试与验证覆盖率不够高等因素引起，也可能由性能优化需求导致，如熔断（Meltdown）和幽灵（Spectre）漏洞。例如，由于设计说明不完善所导致的未定义功能（Unspecified Functionality），硬件设计代码中存在冗余路径，设计中的调试接口没有禁用或者缺少必要的差错处理机制，测试与验证未覆盖到一些状态空间的边界情况，而这些边界情况中存在未知的功能性错误等设计缺陷，但这些设计缺陷往往是无意的。然而，一旦这些设计缺陷被攻击者发掘和利用，将有可能成为非常有效的攻击面（Attack Surface）。Intel 处理器不断爆出的安全漏洞大多由设计缺陷或测试与验证不足造成。

1.3.2　旁路信道分析

旁路信道分析（Side Channel Analysis，SCA），亦称为侧信道分析，在密码学中是指绕过对加密算法本身的繁琐分析，利用密码算法的硬件实现在运算过程中所泄漏的信息，如执行时间、功耗、声辐射和电磁辐射等，结合统计分析手段快速破译密码算法的攻击方法。旁路信道攻击的效率远远高于传统的密码分析手段，往往通过数百、数千或数万次加密运算即可完整恢复出整个算法密钥。常用的旁路信道分析类型包括：

（1）时序分析（Timing Analysis）。

时序分析主要利用了密码算法芯片在不同密钥和明文输入条件下加密时间的差异，测量在不同明文输入下的加密计算时间，然后通过统计分析手段来恢复算法密钥。时序分析（攻击）主要针对非对称密码算法。

（2）能量分析（Power Analysis）。

能量分析主要利用了密码算法芯片在不同密钥和明文输入条件下加密能耗的差异，测量在不同明文输入下的能量轨迹（Power Trace），然后通过相关性分析手段来恢复算法密钥。能量分析（攻击）主要针对分组密码算法。

（3）声学分析（Acoustic Analysis）。

声学分析是一种通过捕捉计算设备在运行过程中产生的声音信号来获取敏感信息的技术。一般利用麦克风录制设备工作时产生的声音辐射来提取敏感信息。

（4）电磁分析（Electromagnetic Analysis）。

电磁分析与能量攻击相似，通过测量密码算法芯片在不同明文输入下的电磁辐射，然后，利用相关性分析来恢复算法密钥。

1.3.3　故障注入攻击

故障注入攻击，是指通过在密码算法执行中引入错误，导致加密设备产生错误结果，由正确加密结果与错误结果进行对比分析从而得到密钥。故障注入攻击是一类特殊的旁路信道分析方法，它比普通的旁路信道分析方法，如时序分析、功耗分析和电磁分析等更为有效，往往只需通过数条加密运算即可完整地恢复出整个算法密钥。故障注入攻击的主要方式包括：

（1）毛刺攻击（Glitch Attack）。

毛刺攻击即通过扰乱外部电压或者外部时钟使设备失灵，其优点是易于实施，缺点是无法对某一个特定的部分进行攻击。现在的大多数芯片都利用毛刺检测或者过滤器来抵抗此类攻击。

（2）频率攻击（Over Clocking Attack）。

频率攻击即通过逐步提高电路的工作频率，使得电路中的一些关键路径失效，从而导致运行结果错误。

（3）温度攻击（Temperature Attack）。

温度攻击即通过改变外部的环境温度使得一些部件不能满足正常工作所需的温度条件，从而扰乱设备的正常运行，得到错误结果。

（4）光攻击（Light Attack）。

光攻击即通过高能射线或者激光照射，利用光子扰乱密码设备的正常运行。它可以选择攻击的位置，是最强的攻击方式。由于芯片主要都是在正面进行保护的，背面很少采用保护措施。光攻击可以通过照射背部进行攻击。

（5）电磁攻击（Magnetic Attack）。

电磁攻击即利用强大的电磁场对设备进行干扰。其优势在于廉价，但攻击效果不如激光的攻击效果。

1.3.4　硬件木马

硬件木马是指被第三方故意植入硬件设计中的特殊模块以及电路，或者设计者有意留下的恶意模块以及电路。这些模块或电路一般潜伏在硬件电路之中，仅在特定条件下（通常是小概率事件）触发。这些模块或电路能够被攻击者利用对原始电路进行有目的的修改，实现破坏性功能，使原始电路出现功能规范之外的不期望行为，如泄露敏感信息，使电路功能或者工作模式发生改变，甚至直接损坏电路。硬件木马根据设计和实现形式以及所执行功能可以划分为多种不同类型，本书将在第四章中对硬件木马进行系统的介绍。

1.3.5 逆向工程

逆向工程是指对成品进行解剖分析，从而弄清该产品的机理，掌握其设计细节信息的一种方法。就集成电路芯片而言，逆向工程即采用特殊技术手段，解剖集成电路，对其功能、设计、工艺等方面的技术特点进行研究，了解其工艺步骤及有关参数指标，复制出部分或全套版图设计。由于版图设计的全部图形分别存在于集成电路表面下不同深度处，所以实际中多采用逐层剥蚀，再用显微摄影技术将其拍摄下来，测出其尺寸即可复制出全套布图设计。对 FPGA 设计而言，逆向工程即分析 FPGA 的配置数据流，逆向生成电路的网表甚至是可综合的 RTL 代码。对于已加密保护的 FPGA 配置数据，逆向工程的第一步是恢复加密密钥（加密算法一般采用高级加密标准，即 AES, Advanced Encryption Standard）。逆向工程能够恢复出芯片设计的全部细节，包括其中所使用的一些商业知识产权核（IP, Intellectual Property），这将对知识产权造成严重威胁。

1.4 硬件安全防护技术概述

1.4.1 密码技术

密码技术是数据安全存储和传输、身份认证和访问控制的核心，是信息安全中的基础性技术。密码技术能够对硬件设计中的敏感信息的机密性和完整性进行保护，在用户访问受保护的硬件资源时对其身份进行认证，从而实现访问控制。

密码技术中的分组密码算法具有较高的吞吐率，通常用于批量数据的加解密，非对称密码算法则更多地用于密钥交换、数字签名和身份认证。哈希算法通常用于完整性校验和认证。

鉴于密码技术的重要地位，密码算法核也往往成为安全攻击的首要目标。由于现代密码技术的加解密算法流程都是公开的，故密钥成为攻击的焦点。

1.4.2 隔离技术

隔离技术属于一种访问控制手段，用于限制用户访问非授权的计算资源。传统的安全隔离技术一般采用物理隔离，完全禁止安全系统与开放系统之间的数据信息交互。现有的硬件隔离技术通常允许符合安全策略的数据交互，具有更高的灵活性和实用性。ARM TrustZone 和 Intel SGX 都是硬件隔离技术的良好例子。借助于硬件隔离技术，可以实现安全计算环境和不安全计算环境之间的隔离和一些计算资源的安全共享，如缓存。

1.4.3 随机化与掩码技术

随机化与掩码技术的核心思想是类似的，即通过向硬件设计中引入随机数，提高计算机系统的信息熵，从而降低观测结果（如运行时间、能耗、电磁辐射等）与敏感信息（如密钥)之间的相关关系,提高攻击者破解敏感信息的难度。

1.4.4 木马检测技术

木马检测技术是指通过测试和验证手段来检测和定位硬件设计中附加的恶意设计的技术。木马检测技术主要可以分为功能测试与验证、旁路信道分析和安全验证三大类。

(1) 功能测试与验证(Functional Testing and Verification)。

基于功能测试与验证的硬件木马检测技术的主要目标是激活硬件木马,观测设计说明中未描述的设计行为,从而推断木马的存在。

(2) 旁路信道分析(Side Channel Analysis)。

旁路信道分析主要通过分析硬件木马设计对硬件电路参数(如设计面积、路径延迟、芯片能耗)造成的影响,从而推断是否存在附加的恶意逻辑。

(3) 安全验证(Security Verification)。

安全验证主要采用形式化验证工具检查芯片设计是否满足关键安全属性(如机密性和完整性)。当出现关键安全属性违反的情况时,即可推断硬件设计中可能存在恶意代码。

1.4.5 测试与验证技术

测试与验证技术是检测硬件设计中潜在的安全漏洞的最有效手段,可进一步划分为功能性测试与验证以及安全性测试与验证。传统硬件电路设计中所采用的测试与验证技术大多针对功能正确性和性能指标。近年来,随着硬件安全问题的日益突出,安全性测试与验证技术越来越受到重视。需要指出的是:功能正确性是安全性的基本前提,然而,单纯的功能正确性并不足以保障安全性。

本 章 小 结

本章首先简要介绍了硬件安全相关的一些基本概念,回顾了一些代表性的硬件安全事件,然后,对常见的硬件安全威胁类型进行了划分和描述,最后,对常用的硬件安全防护措施进行了概述。

思 考 题

1. 讨论下列名词所涉及的范畴(软件、硬件还是固件)。

Intel i7 处理器,Microsoft Windows,BIOS 芯片,ARM Bootloader,DSP,Open Office,FPGA,智能手机,APP,FLASH 存储器,BIOS 程序,Linux Grub,ARM V8 处理器,iPhone IOS,EEPROM,Ubuntu

2. 硬件安全和软件安全问题的联系和区别有哪些?

3. 硬件安全问题日益突出的关键原因是什么?

4. 旁路信道分析和故障注入攻击的类型有哪些?

5. 搜索并学习至少一个硬件安全事件,要求能够讲清楚攻击的原理。

6. 阅读并了解物联网设备所面临的硬件安全威胁。

第二章　设计缺陷导致的安全威胁

　　硬件设计功能正确性与安全性是两种不同的属性，本章首先简要讨论这两种属性之间的联系和区别，然后，通过实例来说明功能正确的硬件设计不一定安全，设计中的冗余路径、无关项、调试接口、物理干扰和性能优化都可能引发非功能性的安全漏洞。

2.1　功能正确性与安全性的关系

2.1.1　功能正确性

　　传统的硬件电路设计流程主要关注设计的功能正确性和性能指标，包括硬件设计和实现是否与设计说明完全等价，以及硬件设计在面积、延迟和功耗等方面是否满足设计指标，而往往忽视了设计的安全性需求，甚至将安全性与功能正确性和稳定性等价起来。软件安全工程师们则通常假设底层硬件是安全、可信的，这种假设在计算机硬件与外界只有有限的交互能力时，似乎能够成立。然而，随着计算机硬件的智能化和外界交互能力的不断增强，例如可穿戴医疗设备——心脏起搏器和胰岛素泵都提供了便于日志读取的无线通信接口，智能汽车的通信能力已经不再局限于车内的 CAN(Control Area Network)总线网络，关于底层硬件安全、可信的假设已经越来越难以成立，越来越多的安全攻击事件都利用了硬件相关的漏洞，计算机硬件已经成为非常具有吸引力的攻击面。鉴于日益突出的硬件安全威胁，有必要正确认识硬件设计功能正确性和安全性这两种属性的差异。

　　功能正确性是相对于功能设计说明(Functional Design Specification)而言的，是指硬件的输入-输出关系以及时序行为完全符合功能设计说明的要求。简而言之，硬件在给定的输入下，都会执行预期的操作并产生与功能设计说明相符的输出结果。以图 2-1 所示的一位全加器的功能设计说明及实现为例。图 2-1(a)以真值表的形式给出了其功能设计说明，定

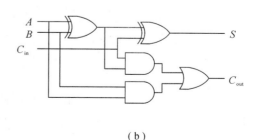

A	B	C_{in}	S	C_{out}
0	0	0	0	0
0	0	1	1	0
0	1	0	1	0
0	1	1	0	1
1	0	0	1	0
1	0	1	0	1
1	1	0	0	1
1	1	1	1	1

(a)　　　　　　　　　　　　　　　　(b)

图 2-1　一位全加器的功能设计说明及实现

(a)一位全加器的真值表(功能设计说明)；　(b)一位全加器的硬件电路实现

义了全加器的输入-输出关系。图 2-1(b)给出了全加器的硬件电路实现。通过比对我们可以发现，图 2-1(b)中所给出的电路设计在给定输入 A、B 和 C_{in} 的情况下，输出值 S 和 C_{out} 完全符合图 2-1(a)中真值表的定义。可见，图 2-1(b)给出的全加器电路实现是功能正确的。

如果一个设计不符合其功能设计说明的要求，它就存在设计错误（即通常所说的漏洞 Bug），不满足功能正确性的定义。仍以全加器为例，如图 2-2(a)所示，若设计者由于某种原因将图 2-1(b)中的第二级异或门设计成了或门。按照图 2-2(a)计算得到的真值表，由图 2-2(b)给出。通过真值表比对不难发现，图 2-2(a)中给出的硬件设计不符合全加器的功能设计说明，存在设计漏洞。

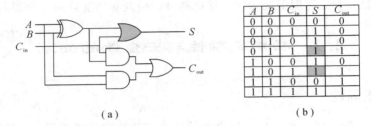

（a） （b）

图 2-2　一位全加器的错误实现

（a）一位全加器的错误硬件电路实现；（b）一位全加器的错误硬件电路实现对应的真值表

2.1.2　安全性

安全性是针对安全规范说明（Security Specification）或安全策略（Security Policy）而言的，是指安全资产（Security Assets）的访问、使用、披露、修改等操作都必须符合预先定义的安全资产管理策略要求。以图 2-3 所示的存在共享资源的片上系统（SoC，System on Chip）设计为例。设计中三个处理器核共享 ROM 资源用于密钥存储，共享 AES 密码算法核实现数据加解密。本例中的安全资产是存储于共享 ROM 中的密钥（注意并不是 AES 密码算法核，因为现代密码算法的流程大多是公开的，密码算法的安全性更依赖于密钥的安全性）。假设系统的安全策略要求各个处理器只能读取自己的密钥，则可通过限定各个处理器能够访问的地址空间来保证密钥的安全性，即通过限定安全资产的访问和使用方式来保证其安全性。

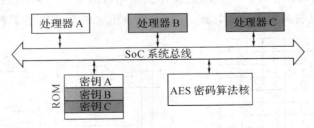

图 2-3　存在共享资源的 SoC 设计

为了理解功能正确性与安全性的差异，考虑如图 2-4 所示的硬件设计。该设计包含一个功能完全正确的 AES 密码算法核，能够在给定明文和密钥输入下产生正确的加密结果。但是，该设计包含了一个循环移位寄存器，在计数器控制下加载密钥，并按照一定周期循环移位。循环移位寄存器的当前最低位用于驱动发光二极管，密钥信息（安全资产）可通过光信道泄漏。虽然该设计在功能上是完全正确的，对于给定的明文和密钥，AES 密码算法核都能正确地执行加密运算，并产生符合 AES 密码算法规范的加密结果。但是，密钥却通过发光二极管发生了泄漏，导致密钥的安全性出现问题。进一步地，近现代密码算法的安全性更依赖于密钥的安全性，当密钥发生泄漏后，由于 AES 密码算法的算法流程是完全公开的，因此，攻击者可以对密文进行解密，从而也进一步影响到明文的安全性。

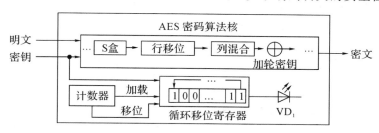

图 2-4　功能正确的 AES 密码算法核存在安全性问题

通过图 2-1 至图 2-4 中的例子比较可以发现，功能正确性和安全性是两种不同的属性。一般而言，功能正确性是安全性的必要前提；但功能正确性并不足以保障设计的安全性。除了功能正确性之外，硬件设计的实现方式也可能会对设计的安全性造成影响，例如，功能上完全正确的密码算法核设计中可能存在旁路信道，会导致密钥信息（安全资产）通过算法运行时间、密码核功耗、电磁辐射、光辐射、声辐射等方式发生泄漏。在本章后续部分和本书后续章节，我们将采用实例对此进行说明。

2.2　功能性电路模型及其不足

2.2.1　功能性电路模型

硬件设计常用的功能性电路模型主要有逻辑函数（Boolean Function）和逻辑门（Boolean Gate）两种。本书以二输入与门为例介绍功能性电路模型。式（2-1）给出了二输入与门的逻辑函数。式中，A 和 B 是与门的输入，Z 表示与门的输出。

$$Z = A \& B \tag{2-1}$$

在布尔逻辑系统中，A、B 和 Z 只能是逻辑 0（也称逻辑假）或者逻辑 1（也称逻辑真）两种状态[①]。输出 Z 是输入 A 和输入 B 的逻辑与，即当且仅当输入 A 和 B 同时为逻辑 1 时，输出 Z 才为逻辑 1；否则，Z 为逻辑 0。仅通过观测输入和输出的值，无法获得任何与安全性相关的信息，例如，输入 A 是否正好是密钥的一个比特位，通过观测 A 的值并不能发现 A 是否包含了密钥的信息。

下面给出了 Synopsys Design Compiler class 工艺库中二输入与门的电路模型。

```
Cell(AN2){ // 单元名称
  area : 2; // 面积
  cell_footprint : "an2";
```

---

① 布尔逻辑系统是一个二值逻辑系统，除了布尔逻辑系统之外，硬件设计中常用的还有四值和九值逻辑系统（又称为多值逻辑系统），主要用于电路的仿真。

```
pin(A) { // 输入 1
  direction : input;
  capacitance : 1;
}
pin(B) { // 输入 2
  direction : input;
  capacitance : 1;
}
pin(Z) { // 输出
  direction : output;
  function : "A B"; // 逻辑函数
  timing() { // 输入 A 的时序参数
    intrinsic_rise : 0.48;
    intrinsic_fall : 0.77;
    rise_resistance : 0.1443;
    fall_resistance : 0.0523;
    slope_rise : 0.0;
    slope_fall : 0.0;
    related_pin : "A";
  }
  timing() { //输入 B 的时序参数
    intrinsic_rise : 0.48;
    intrinsic_fall : 0.77;
    rise_resistance : 0.1443;
    fall_resistance : 0.0523;
    slope_rise : 0.0;
    slope_fall : 0.0;
    related_pin : "B";
  }
}
}
```

上述电路模型定义了二输入与门的面积、逻辑函数和时序参数。这些函数和参数主要反映了与门的逻辑功能和性能指标。从定义中,我们可以发现,功能性电路模型缺少安全属性相关的定义。

2.2.2 功能性电路模型的不足

功能性电路模型仅能够实现硬件设计功能行为的描述,例如在给定输入下的输出值,以及在每个输入进入稳定状态之后多长时间输出才能达到新的稳定状态等。一般地,逻辑函数可以定义为从输入状态空间至输出状态空间的一个映射。一个 m 输入、n 输出的逻辑函数可以表达为如下的函数映射关系[①]:

---

① 布尔逻辑变量的取值只能是逻辑 1 或逻辑 0,因此,m 个输入一共有 2^m 种输入组合。

$$f: 2^m \rightarrow 2^n$$

功能性电路模型中的逻辑门单元附加了一些与工艺库密切相关的指标,如单个逻辑门的面积、延迟和功耗等参数。这些逻辑门单元的参数指标可用于整个硬件电路设计的面积、延迟和功耗等性能指标的评估,估算得到的量化指标在评价硬件电路的设计开销和性能方面已经相当有效。

然而,功能性电路模型在描述安全属性方面存在显著的不足。利用功能性电路模型只能观测到电路的输出状态(逻辑 1 或逻辑 0)和电路在不同逻辑状态之间的转换行为;仅仅根据电路的逻辑状态和逻辑状态之间的转换难以确定安全资产的使用是否符合安全策略的要求。例如,在密码算法核电路测试中某时刻观测到算法核的密文输出与密钥的值完全一致,但是,仅仅通过观测密文的值,我们无法确定是密钥发生了泄露(不安全)还是加密结果正好为密钥的值(这种情况是允许出现的)。

为了进一步描述和理解硬件设计的安全性,有必要为硬件电路中的输入附加安全属性(如安全资产是保密的或者可信的等),并构建专门的属性传播逻辑来计算得到输出的安全属性,从而可以通过观测输出的安全属性来确定安全策略是否发生违反,本书将在第九章中对此进行详细的介绍。

2.3　非功能性安全缺陷实例

非功能性安全缺陷是指硬件设计在完全满足设计规范的前提下,设计中仍然存在安全脆弱点。本书将结合以下实例具体进行说明。

2.3.1　冗余路径

冗余路径是对于实现硬件电路正常功能而言非必需的路径。在硬件电路设计阶段,一些设计者为了方便调试,通常会加入一些设计功能说明之外的路径,用于将设计的中间状态引出至可观测点或输出端口。加入这些路径对于设计调试是有利的,但是,它们并非实现硬件电路功能所必需的。如果在调试结束后没有删除这些路径,则可能造成安全隐患。图 2-5 给出了一个包含冗余路径的 AES 密码算法核设计,其中粗线路径并不是实现 AES 加密所必需的。

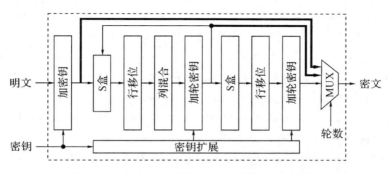

图 2-5　包含冗余路径的 AES 密码算法核设计

在图 2-5 所示的 AES 密码算法核设计中,粗线路径属于冗余路径,它们分别将 AES

的加密中间结果赋值到密文输出端口，而实际上，我们只需要在加密完成之后获得正确的密文即可，将这些中间结果赋值到可观测端口虽然有助于设计调试，但是，会导致严重的安全漏洞。

首先，紧接于第一次加密钥操作之后的粗线路径会将明文和密钥异或之后的结果直接赋值给密文输出端口，那么，当明文全部为 0 时，在密文输出端口上即可直接观测到密钥值。显然，密码核在特定明文输入下直接泄露了全部的密钥。

第二条粗线路径虽然不会导致密钥直接发生泄露，但是，由于 S 盒、行移位和列混合操作的算法流程都是公开的，并且这些操作的算法流程与密钥无关，因此，观测到任何两次相邻加密操作的中间结果，就可以恢复出一个轮密钥。

以 128 位 AES 为例进行说明。假设 AES 密码算法核的密钥是十六进制数 2B 7E 15 16 28 AE D2 A6 AB F7 15 88 09 CF 4F 3C，明文输入是 6B C1 BE E2 2E 40 9F 96 E9 3D 7E 11 73 93 17 2A。根据 AES 的密钥扩展算法计算获得 10 个轮密钥如表 2-1 所示。

表 2-1　AES 算法在给定密钥输入下的轮密钥

轮　数	轮　密　钥
0	2B 7E 15 16 28 AE D2 A6 AB F7 15 88 09 CF 4F 3C
1	A0 FA FE 17 88 54 2C B1 23 A3 39 39 2A 6C 76 05
2	F2 C2 95 F2 7A 96 B9 43 59 35 80 7A 73 59 F6 7F
3	3D 80 47 7D 47 16 FE 3E 1E 23 7E 44 6D 7A 88 3B
4	EF 44 A5 41 A8 52 5B 7F B6 71 25 3B DB 0B AD 00
5	D4 D1 C6 F8 7C 83 9D 87 CA F2 B8 BC 11 F9 15 BC
6	6D 88 A3 7A 11 0B 3E FD DB F9 86 41 CA 00 93 FD
7	4E 54 F7 0E 5F 5F C9 F3 84 A6 4F B2 4E A6 DC 4F
8	EA D2 73 21 B5 8D BA D2 31 2B F5 60 7F 8D 29 2F
9	AC 77 66 F3 19 FA DC 21 28 D1 29 41 57 5C 00 6E
10	D0 14 F9 A8 C9 EE 25 89 E1 3F 0C C8 B6 63 0C A6

AES 算法在上述给定输入条件下的中间加密结果依次由表 2-2 给出。

表 2－2　　AES 算法在上述给定输入条件下的中间加密结果

轮　数	中间加密结果
0	40 BF AB F4 06 EE 4D 30 42 CA 6B 99 7A 5C 58 16
1	F2 65 E8 D5 1F D2 39 7B C3 B9 97 6D 90 76 50 5C
2	FD F3 7C DB 4B 0C 8C 1B F7 FC D8 E9 4A A9 BB F8
3	AC D1 EC 9C A2 42 E2 C3 1F 69 0F 7A B7 04 B9 0F
4	A2 61 6E 5F 44 A5 4D 39 C0 29 E2 00 92 B7 64 E9
5	2C 4A F3 14 32 C3 EF C9 C8 A9 B8 7B 25 2E CD A7
6	CD 4D C0 13 7E B3 BA 19 93 B9 39 FF 2B D3 BC F7
7	E2 6D BB 7D 40 D2 21 34 E3 B7 FD A2 6B 9B 07 7C
8	41 D7 C6 53 7D 66 91 40 DD 2F 17 9D 02 AC C5 1B
9	BB 36 C7 EB 88 33 4D 49 A4 E7 11 2E 74 F1 82 C4
10	3A D7 7B B4 0D 7A 36 60 A8 9E CA F3 24 66 EF 97

从中间加密结果可以看出，第 0 轮（即加初始密钥操作之后）的结果 40 BF AB F4 06 EE 4D 30 42 CA 6B 99 7A 5C 58 16 恰好是密钥和明文的异或。那么，当明文全部为 0 时，第 0 轮的结果就应该正好是密钥的值。

假设可以观测到第 1 轮和第 2 轮加密后的中间结果，分别是 F2 65 E8 D5 1F D2 39 7B C3 B9 97 6D 90 76 50 5C 和 FD F3 7C DB 4B 0C 8C 1B F7 FC D8 E9 4A A9 BB F8。现将第 1 轮加密中间结果依次执行 S 盒、行移位和列混合操作，逐步得到的结果由表 2－3 给出。

表 2－3　第 1 轮加密中间结果 F2 65 E8 D5 1F D2 39 7B C3 B9 97 6D 90 76 50 5C
　　　　依次执行 S 盒、行移位和列混合操作后的结果

轮　数	中间加密结果
1	F2 65 E8 D5 1F D2 39 7B C3 B9 97 6D 90 76 50 5C
S 盒	89 4D 9B 03 C0 B5 12 21 2E 56 88 3C 60 38 53 4A
行移位	89 B5 88 4A C0 56 53 03 2E 38 9B 21 60 4D 12 3C
列混合	0F 31 E9 29 31 9A 35 58 AE C9 58 93 39 F04D 87

由于列混合之后经过加轮密钥操作即可获得下一轮的加密中间结果，因此，将列混合结果 0F 31 E9 29 31 9A 35 58 AE C9 58 93 39 F0 4D 87 和第 2 轮的加密中间结果 FD F3 7C DB 4B 0C 8C 1B F7 FC D8 E9 4A A9 BB F8 进行异或操作，即可恢复出第 2 轮的轮密钥 F2 C2 95 F2 7A 96 B9 43 59 35 80 7A 73 59 F6 7F。通过对比可以发现，密钥恢复结果与表 2－1 中给出的第 2 轮的轮密钥值完全一致。

通过 AES 密码算法核的例子可以看出，设计中冗余的路径虽然不影响功能正确性，但可

能导致严重的安全问题。在设计测试完成以后，需要移除与设计功能正确性无关的冗余路径。

2.3.2 基于无关项的恶意设计

无关项是硬件设计中常用的一种优化手段。数字电路设计中，约束项和任意项统称为无关项（Don't Care）。

约束项是指一些硬件设计的输入不是任意的，对输入变量所加的限制称为约束。例如，RSA 密码算法要求密钥的最低位必须是 1（即密钥必须为奇数），任何最低位为 0 的密钥输入都是约束项。

任意项是指硬件电路在该输入组合条件下的输出没有严格的定义，可以是任意值。例如，根据输入成绩值 0 到 100 来判定成绩的等级，系统至少需要 7 个比特位的输入，7 个比特可以编码的最大值为 127，101 至 127 之间输入值始终不会出现，因此，输入为 101 至 127 下系统的行为（包括输出）没有定义，可以任意实现。

硬件电路设计中，可以将无关项的值赋为 X，能够在不影响设计功能正确性的前提下，让逻辑综合工具根据优化策略来选择将无关项的值赋为 0 或者 1，从而降低硬件设计的面积和性能开销。然而，无关项也可能被攻击者利用，在不改变设计正常功能的情况下向设计中嵌入恶意代码。由于无关项下硬件设计的行为往往不会在功能说明中给出，因此，在设计测试阶段往往难以覆盖到利用无关项的安全漏洞。本书下面给出两个利用无关项的安全漏洞的例子。

图 2-6 给出了一种利用无关项泄露密钥的 RSA 设计。根据 RSA 密码算法的原理，其密钥的最低位必须是 1，因此，最低密钥位为 0 构成了 RSA 密码算法核的一个无关项。图 2-6 所示的设计中，当密钥的最低位为 1 时，选择器正常将加密结果输出至密文端口；当密钥的最低位为 0（例如通过错误攻击手段强制使密钥寄存器的最低位变为 0）时，选择器将密钥值输出至密文端口。由于设计说明里面并没有关于最低密钥位为 0 时算法核功能的定义，这一无关项可能被第三方用于嵌入恶意设计。

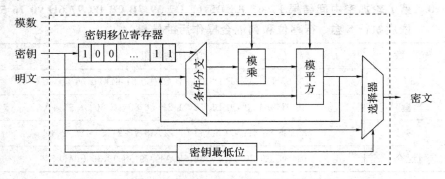

图 2-6　利用无关项泄露密钥的 RSA 设计

图 2-7 给出了一种利用无关项向状态机中插入恶意状态的例子。该硬件设计正常的状态机包含 $S_0 \sim S_4$ 这 5 个状态。编码 5 个状态至少需要 3 个比特位，而 3 个比特位最多可以编码 $2^3 = 8$ 个状态。因此，还有 3 个状态编码是空余的。图 2-7(b) 所示的例子中，不可信的第三方向状态机中加入了一个额外的状态 S_5，具体实现中可以在逻辑综合之后插入这个额外的状态或者采用一些逻辑综合属性来保留该状态。虽然不能从现有的正常状态跳转至 S_5 状态，即在正常工作状态下，加入额外状态之后的设计与原始设计在逻辑功能上是完全

等价的，但是，能够借助错误注入攻击来迫使状态机跳转至 S_5 状态，并执行一些恶意操作。因此，虽然图 2-7(b)中的设计保证了功能的正确性，但是，它不一定是安全的。

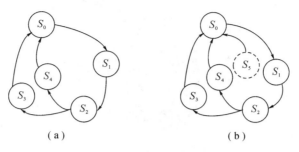

图 2-7　利用无关项向状态机中插入恶意状态

（a）正常的状态机；（b）加入恶意状态 S_5 之后的状态机

对于利用无关项的安全漏洞，要对设计说明的完整性进行分析，找出其中包含的无关项，然后，对无关项条件下系统的行为进行检查和处理。常用的方法是将设计在无关项下的状态指定为特定的值或默认值，如用 case 语句描述的状态机中的 default 分支。

2.3.3　未禁用的硬件调试接口

硬件调试接口，例如联合测试行动小组（JTAG，Joint Test Action Group）、串行外设接口（SPI，Serial Peripheral Interface）、串行调试接口（SWD，Serial Wire Debug）、通用异步收发器（UART，Universal Asynchronous Receiver-Transmitter）等，常用于设备制造商在设计时的前期调试，生产时的程序烧录，以及诊断测试。统计数据表明，80%的硬件设备上都保留了调试接口。如果这些调试接口在设备出厂时没有被禁用，攻击者便可通过这些接口获取到大量有关设备实现的细节信息，窃取系统中的敏感数据，替换设备中的固件程序，或对设备进行操控。安卓智能手机即是一个典型的例子，大部分安卓手机的调试接口都是开放的，从而使得恶意用户可以轻易地更改手机的固件程序。

2012 年，英国剑桥大学的 Sergei Skorobogatov 和伦敦库欧-瓦迪斯实验室的 Christopher Woods 发表论文指出他们发现了军用级 FPGA 芯片 ProASIC3 A3P250 上的 JTAG 调试接口存在硬件后门，攻击者可以利用该后门监视和改变芯片上的数据。该漏洞会使得黑客未经授权就能访问 FPGA 的内部结构，会带来知识产权被侵害的风险。此外，芯片内的运算和数据也可能被恶意更改。这个后门可能是在有人主使下恶意植入的，也可能完全出于疏忽。也许有人在芯片设计阶段借用这个后门做了一些测试，在后期没有移除或者禁止这个测试接口。显然，设计者们没有意识到它会被发现并可能会被恶意利用。

本书以最常用的调试接口 JTAG 为例，对调试接口的访问能力和未禁用调试接口的危害性进行说明。

JTAG 是一种国际标准测试协议，主要用于芯片内部测试及对系统进行仿真、调试。JTAG 接口的基本结构如图 2-8 所示。JTAG 是一种嵌入式调试技术，其工作原理可以归纳总结为：在器件内部定义一个测试访问口（TAP，Test Access Port），通过专用的 JTAG 测试工具对内部节点进行测试和调试。我们首先介绍边界扫描和 TAP 的基本概念和内容。

（1）边界扫描（Boundary-Scan）技术的基本思想是在靠近芯片的输入/输出引脚上增加一个移位寄存器单元，也就是边界扫描寄存器（Boundary-Scan Register）。

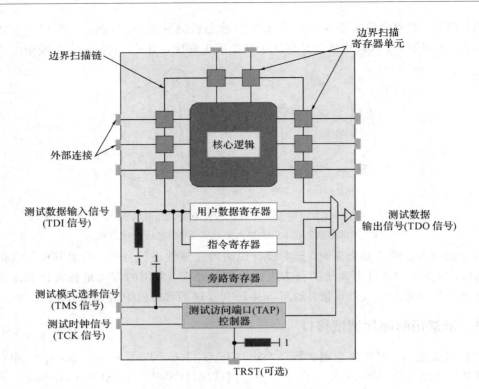

图 2-8 JTAG 接口的基本结构

当芯片处于调试状态时,边界扫描寄存器可以将芯片和外围的输入/输出引脚隔离开来。通过边界扫描寄存器单元,可以实现对芯片输入/输出信号的观察(读)和控制(写)。对于芯片的输入引脚,可以通过与之相连的边界扫描寄存器单元把信号(数据)加载到该引脚中去;对于芯片的输出引脚,也可以通过与之相连的边界扫描寄存器"捕获"该引脚上的输出信号。

在正常的运行状态下,边界扫描寄存器对芯片来说是透明的,所以正常的运行不会受到任何影响。这样,边界扫描寄存器提供了一种便捷的方式用于观测和控制所需调试的芯片。另外,芯片输入/输出引脚上的边界扫描(移位)寄存器单元可以相互连接起来,在芯片的周围形成一个边界扫描链(Boundary-Scan Chain)。边界扫描链可以串行地输入和输出,通过相应的时钟信号和控制信号,就可以方便地观察和控制处在调试状态下的芯片。

(2) TAP 是一个通用的端口,通过 TAP 可以访问芯片提供的所有数据寄存器(DR)和指令寄存器(IR)。对整个 TAP 的控制是通过 TAP 控制器(TAP Controller)来完成的。下面分别介绍 TAP 的几个接口信号及其作用。其中,前 4 个信号在 IEEE 1149.1 标准里是强制要求的。

TCK 信号:测试时钟信号,为 TAP 的操作提供了一个独立、基本的时钟信号。

TMS 信号:测试模式选择信号,用于控制 TAP 状态机的转换。

TDI 信号:测试数据输入信号。

TDO 信号:测试数据输出信号。

TRST 信号:测试复位信号,可以用来对 TAP Controller 进行复位(初始化)。这个信号接口在 IEEE 1149.1 标准里并不是强制要求的,因为通过 TMS 也可以对 TAP Controller 进行复位。

简单地说,PC 机对目标板的调试就是通过 TAP 接口完成对相关指令寄存器(IR)和数据寄存器(DR)的访问。

系统上电后，TAP Controller 首先进入 Test-LogicReset 状态，然后依次进入 Run-Test/Idle、Select-DR-Scan、Select-IR-Scan、Capture-IR、Shift-IR、Exit1-IR、Update-IR状态，最后回到 Run-Test/Idle 状态。在此过程中，状态的转移都是通过 TCK 信号进行驱动(上升沿)，通过 TMS 信号对 TAP 的状态进行选择转换的。其中，在 Capture-IR 状态下，一个特定的逻辑序列被加载到指令寄存器中；在 Shift-IR 状态下，可以将一条特定的指令送到指令寄存器中；在 Update-IR 状态下，刚才输入到指令寄存器中的指令将用来更新指令寄存器。最后，系统又回到 Run-Test/Idle 状态，指令生效，完成对指令寄存器的访问。当系统又返回到 Run-Test/Idle 状态后，根据前面指令寄存器的内容选定所需要的数据寄存器，开始执行对数据寄存器的工作。其基本原理与指令寄存器的访问完全相同，依次为 Select-DR-Scan、Capture-DR、Shift-DR、Exit1-DR、Update-DR，最后回到 Run-Test/Idle状态。通过 TDI 信号和 TDO 信号就可以将新的数据加载到数据寄存器中。经过一个周期后，就可以捕获数据寄存器中的数据，完成对与数据寄存器中每个寄存器单元相连的芯片引脚的数据更新，也完成了对数据寄存器的访问。

一般而言，设计调试完成之后，应该将多余的边界扫描和 TAP 移除，当设计者选择保留测试接口时，应该设置一个测试使能寄存器，如图 2-9 所示。

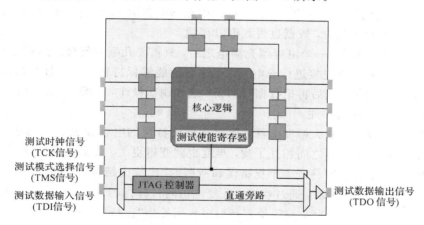

图 2-9　边界扫描和 TAP 移除后的 JTAG 接口结构

如图 2-9 所示，当保留 JTAG 接口时，应设置测试使能寄存器来启用或者禁用 JTAG 接口，以防止通过 JTAG 发起非法扫描。

测试使能寄存器仅在特权状态下可以读写，用于启用或者禁用 JTAG 调试接口。当需要使用 JTAG 接口调试系统或者更新程序时，可通过测试使能寄存器启用 JTAG 接口；当不需要调试和下载功能时，可通过测试使能寄存器将 JTAG 接口设置为直通模式，从而不影响扫描链上其他设备的调试。

2.3.4 RowHammer 安全漏洞

2015 年，谷歌的安全团队"Project Zero"发布了一项关于动态随机储存器(DRAM，Dynamic Random Access Memory)的安全漏洞。该漏洞在一篇卡内基梅隆大学和英特尔实验室的合作论文中被首次提出，名为 RowHammer。漏洞的主要表现是：当攻击者敲打(Hammering)内存的特定某几行时，会导致其他行相邻的内存单元相应地翻转。

"Project Zero"指出内存的小型化是漏洞的根源，而不是由于内存模块本身存在设计缺陷。当 DRAM 的制造精度越来越高，部件在物理层面上越来越小，在这种条件下，让各个内存单元之间不发生电磁干扰是非常难以做到的。这一情况使得对内存的单个区域进行读写有可能干扰到邻近的区域，导致电流流入或流出邻近的内存单元。如果反复进行大量读写，有可能改变邻近内存单元的内容，使得 0 变成 1，或者 1 变成 0。

图 2-10 显示了 DRAM 存储单元的基本结构。图中，Word Line（WL）表示字线；Bit Line（BL）表示位线；C 表示存储电容。

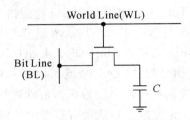

图 2-10　DRAM 存储单元的基本结构

图 2-10 所示的 DRAM 结构中，每个存储单元（晶体管＋电容器）存放 1 个比特位的数据，这个比特位要么是 0，要么是 1。存储单元中充满电表示 1，清空表示 0。内存就是由上亿个这样的存储单元构成的，数据也因此得以存储。

不过，电容器会泄露。一个电容器充满电之后，只需要几毫秒就会泄露殆尽。这就要求 CPU（或者内存控制器）对电容进行充电，让 1 这个值能够保持住。整个过程是由内存控制器先读取电容器中的值，然后再把数据写回去。这种刷新操作，一般 64 ms 执行一次。存储电容是最容易受到干扰的部件。

近年来，内存容量正在大幅度上涨，所以存储比特位的电容器就越来越小，排列也越来越近。要防止相邻的电容之间相互干扰，难度也就变得更大。如果能够快速、反复访问一排电容，相邻行的电容更容易产生干扰错误和所谓的"比特位翻转"。也就是，0 变成 1，或者 1 变成 0。如图 2-11 所示，通过快速、反复地访问目标行（Target row）来对相邻受害行（Victim row）的电容造成干扰，使得受害行对电容值发生"比特位翻转"。其中，A 表示地址总线，RAS 为行选择信号，Data 为数据总线，R/W 为读写选择信号，CAS 为列选择信号。

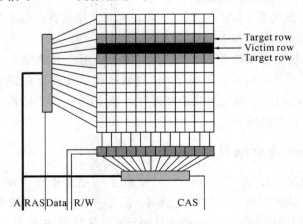

图 2-11　RowHammer 安全漏洞的基本原理

攻击者可利用这种方式来传播改变操作系统正常行为的恶意代码，从而提升攻击者的权限、破解设备，或者对关键服务（比如安全软件）实施拒绝服务攻击。RowHammer 常见的攻击方式有三种，如表 2-4 所示。

表 2-4　RowHammer 常见的攻击方式

类　型	单边攻击	双边攻击
基于 CLFLUSH	基于 CLFLUSH 的单边攻击	基于 CLFLUSH 的双边攻击
不利用 CLFLUSH	无	不利用 CLFLUSH 的双边攻击

单边攻击：多次访问一行，对周围的两行造成影响；

双边攻击：多次访问两行，对该两行包围的一行造成影响；

基于 CLFLUSH：使用 CLFLUSH 指令，通过清空缓存栈，实现对内存行的访问；

不利用 CLFLUSH：不使用 CLFLUSH 指令，通过其他方式，实现对内存行的访问。

RowHammer 攻击实现代码示例如下：

```
//如下代码就能引起位翻转，形成 RowHammer 攻击
    code_rh：
        mov (X)，%eax      // 读地址 X
        mov (Y)，%ebx      // 读地址 Y
        clflush (X)         // 清空缓存中从地址 X 读取的数据
        clflush (Y)         // 清空缓存中从地址 Y 读取的数据
        jmp code_rh
```

上面的例子通过反复读写内存的地址 X 和地址 Y，并不断调用 clflush 函数来清除缓存中从地址 X 和地址 Y 中读取的数据，从而迫使处理器每次都读取内存中地址 X 和地址 Y，导致地址 X 和地址 Y 中间的存储单元发生翻转。

根据 RowHammer 攻击原理，翻转现象无法通过修改 DRAM 的架构来消除，DRAM 单元之间的相互干扰是必然存在的，只能采用以下的措施进行缓解。

（1）存储器纠错机制：DRAM 纠错机制，如 ECC，可以检测并纠正少量的错误位，但是，当错误位较多时，只能检错。

（2）缩短刷新周期：例如，将 DRAM 的刷新周期从 64 ms 缩减到 32 ms，从而可以在受攻击行尚未发生比特位翻转时即对存储单元的值进行刷新，使其重新恢复至稳定状态，但是，缩短刷新周期会带来严重的性能开销，特别是对于大容量的存储器。

（3）随机地址刷新：采用一定的策略对 DRAM 存储单元进行随机刷新，避免全部刷新的高性能开销，并在一定程度上能够防范 RowHammer 攻击。

（4）禁用 CLFLUSH 指令：RowHammer 攻击通常会利用 CLFLUSH 命令来清空缓存，当禁用该命令时，系统将直接从缓存中读取数据，这样不会重复访问 DRAM 单元。

（5）虚拟地址保护：将内核以及不同用户的地址空间隔离开来，攻击者只能攻击分配给该用户的地址空间，而不会对内核及其他用户造成影响。

（6）连续访问监测：阻止对同一物理地址的反复访问，当检测到连续访问行为时，即产生一个中断异常，提示操作系统可能有 RowHammer 攻击行为。

2.3.5 熔断和幽灵安全漏洞

2018 年 1 月,谷歌的安全团队"Project Zero"公布了两组 CPU 漏洞。由于漏洞严重而且影响范围广泛,引起了全球的关注。它们分别是 Meltdown(熔断)漏洞和 Spectre(幽灵)漏洞。

利用 Meltdown 漏洞,低权限用户可以访问内核的内容,获取本地操作系统底层的信息;当用户通过浏览器访问了包含 Spectre 恶意利用程序的网站时,用户的账号,密码,邮箱等个人隐私信息可能会被泄漏;在云服务场景中,利用 Spectre 可以突破用户间的隔离,窃取其他用户的数据。

Meltdown 漏洞几乎影响所有的 Intel CPU 和部分 ARM CPU,而 Spectre 漏洞则影响所有的 Intel CPU 和 AMD CPU,以及主流的 ARM CPU。从个人电脑、服务器、云计算机服务器到移动端的智能手机,都受到这两组硬件漏洞的影响。

这两组漏洞来源于芯片厂商为了提高 CPU 性能而引入的新特性。现代 CPU 为了提高处理性能,会采用乱序执行(Out-of-Order Execution)和预测执行(Speculative Prediction)。乱序执行是指 CPU 并不是严格按照指令的顺序串行执行,而是根据相关性对指令进行分组并行执行,最后汇总处理各组指令执行的结果。预测执行是 CPU 根据当前掌握的信息预测某个条件判断的结果,然后选择对应的分支提前执行。

乱序执行和预测执行在遇到异常或发生分支预测错误时,CPU 会丢弃之前执行的结果,将 CPU 的状态恢复到乱序执行或预测执行前的正确状态,然后选择对应正确的指令继续执行。这种异常处理机制保证了程序能够正确执行,但是问题在于,CPU 恢复状态时并不会恢复 CPU 缓存的内容,而这两组漏洞正是利用了这一设计上的缺陷进行侧信道攻击。

1. Meltdown 漏洞的原理

乱序执行可以简单地分为三个阶段,如图 2-12 所示。

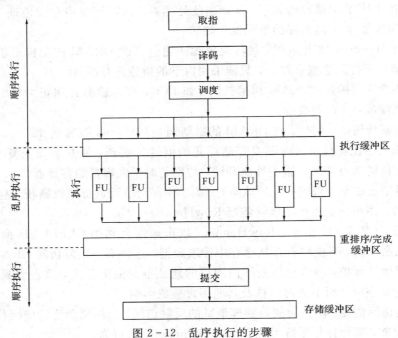

图 2-12 乱序执行的步骤

每个阶段执行的操作如下：

（1）获取指令，解码后存放到执行缓冲区。

（2）乱序执行指令，结果保存在一个结果序列中。

（3）退休期，重新排列结果序列及安全检查（如地址访问的权限检查），提交结果到寄存器。

下面是 Meltdown 利用的代码片段。

```
// Meltdown 利用的代码片段
; rcx = kernel address
; rbx = probe array
1 mov al, byte[rcx]
2 shl rax, 0xc
3 mov rbx, qword[rbx + rax]
```

Meltdown 漏洞的攻击过程有 4 个步骤：

（1）指令获取解码。

（2）乱序执行 3 条指令。指令 2 和指令 3 要等指令 1 完成读取内存地址的内容后才开始执行，指令 3 会将要访问的 rbx 数组元素所在的页加载到 CPU 缓存中。

（3）对（2）的结果进行重新排列，对 1～3 条指令进行安全检测，发现访问违例，会丢弃当前执行的所有结果，恢复 CPU 状态到乱序执行之前的状态，但是并不会恢复 CPU 缓存的状态。

（4）通过缓存侧信道攻击，可以知道哪一个数组元素被访问过，也即对应的内存页存放在哪个 CPU 缓存中，从而推测出内核地址的内容。

2. Spectre 漏洞的原理

与 Meltdown 类似，Spectre 的原理是，当 CPU 发现分支预测错误时会丢弃分支执行的结果，恢复 CPU 的状态，但是不会恢复 CPU 缓存的状态。利用这一点可以突破进程间的访问限制（如浏览器沙箱）获取其他进程的数据。下面是 Spectre 利用的代码片段。

```
//Spectre 利用的代码片段
    if(x < array1_size){
    y = array2[array1[x] * 256];
    // do something using Y that is
    // observable when speculatively executed
    }
```

具体攻击过程可以分为三个阶段：

（1）训练 CPU 的分支预测单元使其在运行利用代码时会进行特定的预测执行。

（2）预测执行使得 CPU 将要访问的地址的内容读取到 CPU 缓存中。

（3）通过缓存侧信道攻击，可以知道哪一个数组元素被访问过，也即对应的内存页存放在哪个 CPU 缓存中，从而推测出地址的内容。

熔断和幽灵安全漏洞是与处理器的工作状态高度相关的，仅在乱序执行和预测执行遇到异常或发生分支预测错误时，会出现安全问题，而当乱序执行和预测执行未出现异常或预测错误时，不会有安全问题。显然，Intel 的处理器设计完全正确地实现其功能说明，但仍然存在非功能性的安全漏洞。

3. 漏洞风险分析

云服务提供商、服务器用户、云租户和个人用户均可能受到熔断和幽灵漏洞的威胁。其中，云平台和部署在互联网环境下的服务器受攻击的风险更大。

（1）云服务提供商。云服务提供商包括公有云和私有云服务提供商。在云环境中，攻击者以云租户身份，利用熔断或幽灵漏洞，绕过虚拟化平台内存隔离机制，直接访问虚拟化平台的内存，窃取平台敏感信息（如口令、密钥等），进一步获得管理员权限，实现对整个云平台的控制。

（2）服务器用户。攻击者可利用熔断或幽灵漏洞，绕过服务器操作系统提供的安全隔离机制，直接访问服务器操作系统的内核空间，窃取内核敏感信息（如口令、密钥等），进一步获得管理员权限，实现对整个服务器的控制。

（3）云租户。攻击者以云租户身份，利用幽灵漏洞攻击云平台，绕过云平台提供的内存隔离机制，越权访问其他租户的私有数据，这将可能导致其他租户的敏感信息泄漏。

（4）个人用户。攻击者通过恶意脚本（如恶意 Java）攻击用户浏览器，读取个人用户的浏览器数据，导致用户的账号、密码、邮箱、cookie 等信息泄漏。该恶意脚本可能是个人用户通过浏览器访问恶意网站时，下载到本地执行并感染的。

熔断和幽灵漏洞是由芯片底层设计上的缺陷导致的，修复起来会非常复杂，同时难以完全修复。从目前的情况来看，漏洞很难通过开放 CPU 微码修复，更多的是依赖于 OS 级的修复程序。但是，修复程序本身也存在诸多问题。以 Windows 10 为例，微软发布的安全更新程序存在明显的性能和兼容性问题，更新可能会使受影响的系统性能下滑 30%，也可能会导致部分软件（安全软件等）不兼容从而使得系统蓝屏。

2.3.6 旁路信道

旁路信道是设计功能说明之外的一种隐蔽信道，往往是由算法结构、设计实现方式和性能优化等引发的一种设计正常功能之外的信道。旁路信道一般不会导致设计违反功能说明，即包含旁路信道的设计通常与设计说明完全等价，在给定输入下产生的输出完全符合设计说明要求。但是，旁路信道通常会通过计算时间、能量消耗、电磁辐射、热辐射和声辐射等形式引起不期望的信息泄漏，造成安全属性违反，属于一种安全漏洞。旁路信道是表明功能正确性与安全性之间存在根本差异的又一典型佐证。

举例进行说明，完全根据密码学教材实现的 RSA 算法中可能会存在时间信道。表现在：利用不同的密钥加密同一条明文时，所需的加密时间是因密钥而异的。密码核会借助于加密时间泄漏密钥信息。再比如，完全按照规范说明实现的 AES 算法也会存在功耗（能量）旁路信道。这表现在：利用不同的密钥加密同一条明文时，密码核在不同密钥下的能量轨迹（功耗曲线）是变化的。在这种情况下，攻击者能够借助于能量轨迹来获取有关密钥的信息。不管是 RSA 实现中的时间信道还是 AES 实现中的能量信道，它们都不会导致密码核加密结果出现错误，因为它们是通过功能规范之外的一条隐蔽信道来泄漏信息的。然而，即便密码核的每一条加密结果都是正确的，这也无法保证该密码核（或者密钥）是安全的，因为功能正确性只是安全性的基本前提，不足以保证设计的安全性。

本书第三章和第七章将对旁路信道分析进行深入的讨论，此处不再赘述。

本 章 小 结

本章主要讨论了功能正确性与安全性的关系，并举例介绍了由冗余路径、设计无关项、调试接口、器件内部的电磁干扰和性能优化引发的非功能性安全漏洞。通过上述内容的学习，我们可以了解到功能正确性与安全性的差异。即便设计说明是完全正确的，硬件电路的实现方式同样可能引入一些不期望的安全漏洞，如 Meltdown 漏洞和 Spectre 漏洞即由性能优化导致。

思 考 题

1. 现有电路模型无法描述和验证安全属性的根本原因是什么？
2. 找一个功能完全正确，但是不安全的设计例子。
3. RowHammer 攻击为何只对新型的 DRAM 器件有效？
4. 阅读并了解 Andriod 设备调试接口的安全性问题。
5. 叙述 Meltdown 和 Spectre 安全漏洞的基本原理。
6. 了解 Intel 处理器暴露出的其他设计安全漏洞。

第三章　旁路信道分析

旁路信道攻击(分析)方法通常利用密码电路或密码设备的时间、功耗、电磁辐射、声音等物理信号特征来提取密钥信息。本章将分别从 RSA 时间旁路信道、AES 功耗旁路信道、电磁和声学旁路信道以及基于故障分析的旁路信道攻击角度进行分析和讲解。

3.1　旁路信道概述

随着网络连接设备数量的快速增长，计算设备中存储和传输的大量敏感数据对设备制造商构成了严峻的安全挑战，故设备制造商一直致力于为其设备寻求全面保护从而免受攻击影响的工作。实际上，消费者也希望他们的智能手机、物联网设备和云端数据能够充分抵御各种漏洞和攻击。密码算法是保证信息机密性和完整性的重要基础技术。我们通常认为使用了健壮的加/解密算法的设备实现方案是安全的。这是由于随着密码算法密钥长度的增加，暴力破解攻击最终在计算复杂度上是不可行的。在当前的计算能力和资源限制条件下，主流的密码算法在数学理论上是不可破解的。以 128 位 AES 密码算法为例，暴力破解的搜索空间为 2^{128}。目前，超级计算机能力达到了 10^{17} 次/秒，暴力破解大约需要 $2^{128}/10^{17}$ 秒，约合 $10^{38}/10^{17}=10^{21}$ 秒，以现有计算机的计算能力仍然是无法完成的。

安全漏洞通常是由系统组件和系统抽象层之间的信息交互发生意外造成的，由于攻击步骤可能涉及系统多个层面，因此难以预测和建模。如果算法设计人员、软件开发人员和硬件工程师不能够有效协作和理解彼此的工作，则系统某一抽象层次所作的安全假设与其他层面的实际属性可能并不匹配。虽然已经存在许多技术来独立测试密码算法，例如，差分密码分析和线性密码分析可以在密码的输入和输出中利用极小的统计特征进行攻击，但是这种分析方法只适用于系统架构的特定一部分，即算法的数学结构。而现代密码设计一般都可以抵抗这种攻击。

只针对密码数学分析进行防护不足以在实践中创建安全的密码系统。即使采用强大的算法和协议，并进行完全正确的实现也不一定安全，因为其他层次的实施可能会产生漏洞。例如，安全性会受到有缺陷的计算环境的影响。这类攻击并不考虑密码系统的数学特性，而专注于密码算法的物理实现。更具体地说，密码系统在物理实现中可能会泄漏有关内部计算过程的信息。实际上，这意味着攻击者可以利用各种技术从设备中提取密钥和其他秘密信息。这种通过物理方式来攻击电子设备和系统的方法被称为旁路信道攻击(SCA, Side Channel Attack)。

利用密码运行时间实施的旁路信道攻击已经被证实比暴力破解更有效。美国政府投入大量资源用于机密的 TEMPEST 计划，以防止敏感信息通过电磁辐射泄漏。当设备执行加密操作时，旁路信道攻击可以监控电子设备的功耗和电磁辐射，从而破解加密密钥。针对电子设备和系统进行的旁路信道攻击相对简单且攻击成本低廉。

3.1.1　时间旁路信道

加密系统在处理不同的输入数据时可能会产生不同的运行时间。造成加密运行时间不同的原因多种多样，包括不同性能优化措施引起的运算指令变化、程序语言设计的分支条件语句执行路径不同、随机存储器（RAM，Random Access Memory）高速缓存的命中与错失、运行时间不固定的处理器指令（例如乘法和除法指令）和其他多种因素。性能特征（运算时间）依赖于密钥和输入数据（例如明文或密文）。攻击者可通过测量加密系统的运行时间，分析脆弱系统的时间特征，提取加密系统的密钥和机密信息。

3.1.2　功耗旁路信道

现代密码设备大都使用由晶体管构成的半导体逻辑门来实现。当电荷施加到晶体管的栅极或从晶体管的栅极移除时，电子流过硅衬底，这种电荷流动将产生功耗并发生电磁辐射。集成电路和较大规模器件的功耗反映了其元件的总体活动以及系统的电气属性。例如，微处理器可以使用不同的电路来实现不同的指令操作，从而导致这些操作产生不同的功耗。此外，功耗还依赖于电路中晶体管切换，而一些晶体管的活动依赖于电路正在处理的数据。例如，当十六进制字节 A7 变化到 B9 时，可能比 01 变化到 00 发生更多的晶体管切换动作。由于设备使用的功耗受到正在处理的数据的影响，功耗测量值包含了处理内容的信息。当设备正在处理机密信息时，由于其功耗特征依赖于数据，可能会使这些机密信息受到威胁和攻击。

3.1.3　电磁旁路信道

电磁辐射信息泄露是一种历史悠久的旁路信道，利用电磁进行的攻击是伴随着间谍活动发展起来的。攻击时，攻击者在电子设备附近放置电磁探头，测量设备在运行时期的电磁辐射信号，通过分析电磁辐射信号与电子设备（特别是密码设备）机密信息之间的关系特征来获取保密信息和情报。当前，世界各国的防务部门一般都对其设备的电磁辐射有严格的限制，并对电磁攻击和防御进行了全面深入的秘密研究。最著名的就是美国开展的代号为"TEMPEST"的项目计划，它对电磁脉冲辐射标准进行了统一的研究。

3.1.4　故障注入旁路信道

电子设备在正常工作情况下一般不会出现运行故障和寄存器运算错误。但是在一些特殊环境条件，如射线、脉冲干扰，温度变化等条件下，电子设备中的寄存器数据比特位可能会发生翻转，从而导致电子设备运行故障。攻击者可以通过专业的仪器设备对电子设备进行处理，在某个特定的时间改变密码芯片的工作条件，从而使芯片的运行状态发生改变，产生错误输出或者旁路泄露。攻击者通过分析故障的特征可以破解密码系统。

与密码设备相关的旁路信道还可以利用声音等进行攻击，但现在学术界和工业界主要关注时间、功耗、电磁和故障注入等旁路信道的研究。本章主要介绍时间旁路信道和功耗旁路信道的攻击方法与技术，对声学旁路信道、电磁旁路信道和故障注入攻击仅进行简要介绍和分析。

3.2 RSA 时间信道及攻击技术

本节主要讨论 RSA 时间旁路信道，介绍领域内比较经典的 Kocher 时间旁路信道攻击方法和 OpenSSL RSA(BB-attack)攻击方法，并进一步给出一种可以提高 Kocher 攻击方法成功率的滑动窗口攻击方法进行举例分析。

3.2.1 RSA 时间旁路信道

RSA 时间旁路信道主要来自于模幂运算中的条件分支语句所导致的运行时间差异，如算法 3-1 所示。RSA 加/解密最重要的是模幂运算。算法 3-1 详细描述了 Square 和 Multiply算法（平方乘算法）自右向左的模幂计算过程。由算法第 3~6 行伪代码显示，当密钥位的值为 1 时，条件分支语句中将会执行一个模乘运算；当密钥位的值为 0 时，条件分支语句中只会执行一个赋值语句。模乘运算的时间远远超过赋值运算所消耗的时间，所以密钥位的值将会显著影响整个 RSA 的模幂运算时间。这是因为条件分支导致不同密钥会产生模幂运算时间差异。此外，模乘运算中的消息也造成模幂运算的时间变化。这些运行时间差异产生了时间旁路信道，攻击者可以借此分析密钥位的值，并逐步恢复整个密钥。

算法 3-1　RSA 模幂算法

输入：m, e, n

输出：$c = m^e \bmod n$

```
1    let s₀ = m, c₀ = 1
2    for i = 0 to w−1:
3        if ( bit i of e ) is 1 then
4            let c_{i+1} = c_i * s_i mod n
5        else
6            let c_{i+1} = c_i
7        let s_i+1 = s_i +2 mod n
8    endfor
```

3.2.2 Kocher 攻击方法

1998 年，Paul Kocher 开创性地提出了 RSA 算法（模幂运算基于简单的平方乘算法）的时序攻击方法，如算法 3-2 所示。

该攻击方法利用了简单的平方乘算法中密钥位为 1 比密钥位为 0 时多执行一个模乘运算的特点，以及由此造成的加密时间与密钥的相关关系。其时序攻击理论假设在加密多条明文时，处理每个密钥位的时间向量之间相互独立，可以通过统计分析手段对这种独立性进行验证。若 T 为相同密钥下 N 条消息的处理时间向量，$t_i(i=0, 1, \cdots, w-1)$ 为执行第 i 个密钥位迭代时的 N 个消息的处理时间向量。由数理统计中方差的独立性性质，可得

$$\mathrm{var}(\boldsymbol{T}) = \mathrm{var}\left(\sum_{i=0}^{w-1} \boldsymbol{t}_i\right) = \sum_{i=0}^{w-1} \mathrm{var}(\boldsymbol{t}_i) \tag{3-1}$$

攻击者分别假设猜测的密钥位的值为 0 和 1，并测量其对应的运行时间向量 $\boldsymbol{t}_i^0$ 和 $\boldsymbol{t}_i^1$；当猜测的密钥位的值正确时，得到 $\boldsymbol{t}_i^c(c \in \{0,1\})$，$\mathrm{var}(\boldsymbol{T}-\boldsymbol{t}_i^c)$ 会导致 $\mathrm{var}(\boldsymbol{T})$ 值降低 $\mathrm{var}(\boldsymbol{t}_i)$；而当猜测的密钥位的值错误时，$\boldsymbol{t}_i^{1-c}$ 与其他密钥位运行时间互相独立，依据公式（3-1），$\mathrm{var}(\boldsymbol{T}-\boldsymbol{t}_i^{1-c})$ 值将在 $\mathrm{var}(\boldsymbol{T})$ 的值处增长 $\mathrm{var}(\boldsymbol{t}_i^{1-c})$，即使得方差反向增大。

算法 3-2　基于方差的 RSA 时序攻击方法

说明：T_j 表示正确密钥下第 j 条消息的总加密时间；w 表示测试的明文条数。$T_{j,k}^c$ 表示第 j 条消息前 $k+1$ 个猜测密钥位的处理时间，猜测的第 $k+1$ 个密钥位的值是 $c(c \in \{0,1\})$；$\Delta \boldsymbol{k}^c$ 表示加密 N 条明文下 $\Delta_{T_{j,k}^c}$ 的集合。

```
1：      k = 0, guess_key[0] = 1
2：      for k = 1 to w-1 do
3：          for j = 1 to N do
4：              测量运行时间 T_{j,k}^0, T_{j,k}^1
5：              ΔT_{j,k}^0 = T_j - T_{j,k}^0
6：              ΔT_{j,k}^1 = T_j - T_{j,k}^1
7：          end for
8：          ΔT_{j,k}^0 (j = 1, 2, 3···, N)∈Δk^0
9：          ΔT_{j,k}^1 (j = 1, 2, 3···, N)∈Δk^1
10：         if var(Δk^0) ＞var(Δk^1) then
11：             guess_key[k] = 1
12：         else
13：             guess_key[k] = 0
14：         endif
15：     endfor
```

在进行 RSA 密码核时间旁路信道攻击时，测量的密码核运行时间是以模幂运算的时钟周期数为 RSA 执行时间的，不存在测量引起的误差。依照算法 3-2 的攻击步骤，攻击者必须首先测量使用正确密钥处理 N 条消息的运行时间，获得时间数据向量 $\boldsymbol{T}$。若已知前 k 位密钥的值（从 $k=1$ 开始），当攻击第 $k+1$ 位时，假设其值为 0 和 1，分别收集对应的运行时间集合。最后攻击者通过比较 $\mathrm{var}(\Delta \boldsymbol{k}^1)$ 和 $\mathrm{var}(\Delta \boldsymbol{k}^0)$ 判定密钥位的猜测值。

Kocher 的时间旁路信道分析方法是基于如下假设建立的：模幂运算中每个密钥位运行时间相互独立。为了检验此假设对时间旁路信道分析的合理性，我们利用方差分析的方法对一个 128 位 RSA 密码核进行攻击，结果如表 3-1 所示。表格中每行上部（Variance）显示每一步猜测密钥位之后剩余的方差，下部（ΔVar_key_guess 和 ΔVar_Other）显示每一步猜测之后减少的方差值，猜测错误的密钥位位置的值用粗体显示，猜测顺序从密钥最低位（LSB，Least Significant Bit）到最高位（MSB，Most Significant Bit）逐位进行。

表 3 - 1　Kocher 攻击过程的方差分析

Bits 0~4	Variance	11249.6	11167.5	11167.5	11002.6	**10973.1**	10802.7
	$\triangle$Var_key_guess	—	82.1	0.0	164.9	**29.5**	170.4
	$\triangle$Var_Other	—	0	−40.8	0.0	**0.0**	0.0
Bits 5~10	Variance	10648.3	10507.4	**10454.8**	10454.8	**10442.0**	10268.1
	$\triangle$Var_key_guess	154.4	140.9	**52.6**	0.0	**12.7**	173.9
	$\triangle$Var_Other	0.0	0.0	**0.0**	−35.7	**0.0**	0.0
Bits 11~16	Variance	**10234.5**	10234.5	**10176.8**	**10175.2**	10175.2	**10159.4**
	$\triangle$Var_key_guess	**33.6**	0.0	**57.7**	**1.6**	0.0	**15.8**
	$\triangle$Var_Other	**0.0**	−38.7	**0.0**	**0.0**	−18.2	**0.0**
Bits 17~22	Variance	9995.2	9847.8	9847.8	9617.5	9460.2	9460.2
	$\triangle$Var_key_guess	164.2	147.4	0.0	230.3	157.3	0.0
	$\triangle$Var_Other	0.0	0.0	−21.1	0.0	0.0	−59.4
Bits 23~28	Variance	**9458.6**	**9438.4**	9317.3	9317.3	9150.7	9029.4
	$\triangle$Var_key_guess	**1.6**	**20.2**	121.1	0.0	166.6	121.3
	$\triangle$Var_Other	**0.0**	**0.0**	0.0	−31.9	0.0	0.0
Bits 29~34	Variance	8943.0	8833.5	8669.0	**8649.1**	8513.5	8351.9
	$\triangle$Var_key_guess	86.4	109.5	164.5	**19.9**	135.6	161.6
	$\triangle$Var_Other	0.0	0.0	0.0	**0.0**	0.0	0.0
Bits 35~40	Variance	8263.2	8263.2	8095.1	**8085.7**	**8064.2**	**8046.6**
	$\triangle$Var_key_guess	88.7	0.0	168.1	**9.4**	**21.5**	**17.6**
	$\triangle$Var_Other	0.0	−28.4	0.0	**0.0**	**0.0**	**0.0**
Bits 41~46	Variance	7930.6	7930.6	7786.0	7786.0	**7747.0**	7595.9
	$\triangle$Var_key_guess	116.0	0.0	144.6	0.0	**39.0**	151.1
	$\triangle$Var_Other	0.0	−41.9	0.0	−14.7	**0.0**	0.0
Bits 47~52	Variance	7492.1	7335.9	7166.3	7024.3	7024.3	6829.1
	$\triangle$Var_key_guess	103.8	156.2	169.6	142.0	0.0	195.2
	$\triangle$Var_Other	0.0	0.0	0.0	0.0	−16.0	0.0
Bits 53~58	Variance	**6777.3**	6614.9	**6608.7**	6485.2	6485.2	6307.7
	$\triangle$Var_key_guess	**51.8**	162.4	**6.2**	123.5	0.0	177.5
	$\triangle$Var_Other	**0.0**	0.0	**0.0**	0.0	−2.9	0.0
Bits 59~64	Variance	6307.7	**6286.0**	**6262.3**	6101.1	**6091.6**	6091.6
	$\triangle$Var_key_guess	0.0	**21.7**	**23.7**	161.2	**9.5**	0.0
	$\triangle$Var_Other	−39.2	**0.0**	**0.0**	0.0	**0.0**	−4.8

Bits 65~70	Variance	5921.0	**5911.1**	5778.7	**5770.4**	5770.4	5613.4
	ΔVar_key_guess	170.6	**9.9**	132.4	**8.3**	0.0	157.0
	ΔVar_Other	0.0	**0.0**	0.0	**0.0**	−11.0	0.0
Bits 71~76	Variance	5613.4	5412.1	**5383.2**	5223.0	5073.7	**5040.4**
	ΔVar_key_guess	0.0	201.3	**28.9**	160.2	149.3	**33.3**
	ΔVar_Other	−48.8	0.0	**0.0**	0.0	0.0	**0.0**
Bits 77~82	Variance	4894.8	4744.6	4744.6	4565.4	4565.4	**4549.4**
	ΔVar_key_guess	145.6	150.2	0.0	179.2	0.0	**16.0**
	ΔVar_Other	0.0	0.0	−4.2	0.0	−38.1	**0.0**
Bits 83~88	Variance	4412.8	4286.1	4143.7	4143.7	**4116.0**	3926.7
	ΔVar_key_guess	136.6	126.7	142.4	0.0	**27.7**	189.3
	ΔVar_Other	0.0	0.0	0.0	−9.5	**0.0**	0.0
Bits 89~94	Variance	3926.7	3790.9	3681.6	3563.6	3439.0	3439.0
	ΔVar_key_guess	0.0	135.8	109.3	118.0	124.6	0.0
	ΔVar_Other	−26.6	0.0	0.0	0.0	0.0	−32.0
Bits 95~100	Variance	3298.3	3159.8	2998.1	2827.0	2703.8	2600.3
	ΔVar_key_guess	140.7	138.5	161.7	171.1	123.2	103.5
	ΔVar_Other	0.0	0.0	0.0	0.0	0.0	0.0
Bits 101~106	Variance	**2597.1**	2597.1	**2571.0**	2407.9	2290.4	2154.8
	ΔVar_key_guess	**3.2**	0.0	**26.1**	163.1	117.5	135.6
	ΔVar_Other	**0.0**	−13.0	**0.0**	0.0	0.0	0.0
Bits 107~112	Variance	2004.5	1856.0	1856.0	**1828.8.**	**1828.4**	1695.6
	ΔVar_key_guess	150.3	148.5	0.0	**27.2**	**0.4**	132.8
	ΔVar_Other	0.0	0.0	−6.7	**0.0**	**0.0**	0.0
Bits 113~118	Variance	1557.5	1417.8	**1415.0**	1256.8	1256.8	**1232.5**
	ΔVar_key_guess	138.1	139.7	**2.8**	158.2	0.0	**24.3**
	ΔVar_Other	0.0	0.0	**0.0**	0.0	−8.6	**0.0**
Bits 119~124	Variance	1091.2	1091.2	1091.2	1091.2	1091.2	1091.2
	ΔVar_key_guess	141.3	0.0	0.0	0.0	0.0	0.0
	ΔVar_Other	0.0	−143.3	−186.1	−222.7	−260.3	−277.3
Bits 125~127	Variance	1091.2	1091.2	1091.2			
	ΔVar_key_guess	0.0	0.0	0.0			
	ΔVar_Other	−320.4	−346.8	−384.3			

表 3-1 中的攻击结果显示，初始时总运行时间的方差是 11249.6，经过第一个密钥位猜测后，方差下降了 82.1 到 11167.5。然后再进行下一位的猜测，猜测正确时方差的值没有变化，而猜测错误的密钥位将导致方差增加了 40.8。第三位密钥位猜测后，方差进一步下降 164.9 到 11002.6。而在进行第四位密钥位猜测时，方差仅下降 29.5，经检查此密钥位猜测错误。由表 3-1 显示 RSA 密码核在 Kocher 方法攻击下共有 31 位密钥位猜测错误（表格中粗体标记）。实验结果同时显示一个正确的密钥位猜测总是导致方差呈现显著减少的趋势；而错误的密钥位猜测则导致方差的减少量非常有限甚至导致方差数值增加。反过来讲，当方差结果出现显著下降时，预示着此密钥位猜测结果正确，而方差少量的下降则预示着此密钥位猜测结果错误。此实验结果不仅验证了我们对密码核时间旁路信道方差攻击理论的分析，也从侧面验证了研究 RSA 硬件密码核时假设每个密钥位处理时间相互独立的合理性。

3.2.3 滑动窗口攻击方法

RSA 密码核每个密钥位处理时间相互独立的假设是基本合理的。Kocher 攻击结果从侧面验证了此假设的可行性。Kocher 攻击方法针对单个密钥位进行方差计算和破解，取得了良好的攻击效果。但是，在有限数目的消息测试下，Kocher 攻击方法逐位破解 RSA 密钥的成功率较低。本节将引入一种滑动窗口攻击方法，在不增加测试消息数量的情况下取得较好的攻击效果。

从直观的角度，首先以一个简单而极端的例子来考虑滑动窗口攻击方法。假设某个 RSA 密码核采用的密钥长度是 3 位（虽然现实中并不存在），若采用 Kocher 攻击方法需要对每个密钥位进行方差计算和比较。由于密钥较短，我们可将整个密钥看作一个模块，采用暴力枚举的方法同时对这三个密钥位（共 8 种不同的密钥位组合）进行猜测和方差计算。由于采用暴力枚举方法，这 8 种密钥位组合中一定存在一种密钥位组合是正确的密钥，从而导致方差的计算结果为 0。而此方差亦是所有 8 个方差中值最小的（方差值大于等于 0）。推而广之，增加密钥长度，可将密钥长度由 3 位扩展到 128 位。如果对所有 128 位密钥位组合进行暴力枚举则需要进行 2^{128} 次测试和方差计算，时间复杂度太高，不具备可行性。

但是，我们可将上述过程中的 3 个密钥位组合作为一个窗口（Kocher 攻击过程中的每一个密钥位可看作一个 1 比特密钥位窗口），计算此窗口中所有密钥位组合的方差，寻找方差下降最大的密钥位组合作为此窗口的攻击结果。经过演绎推理，可将滑动窗口设置为任意大小，如 2 位、3 位、…、m 位，则对应的滑动窗口需要测试 4 种、8 种、…、2^m 种不同的位值组合。由 Kocher 攻击理论和实验验证知，若一个密钥猜测位正确则将导致该密钥位的方差出现最显著的下降，方差下降最大的密钥位猜测往往预示着此密钥位猜测正确。推广到滑动窗口攻击方法，如果滑动窗口内的密钥位值都猜测正确，则此组合将导致方差出现最大程度的减小，下降幅度大于其他含有错误密钥猜测位的滑动窗口。使方差出现最大程度减小的密钥位组合通常预示着其为本窗口的正确猜测值。下面以一个长度为 3 比特的滑动窗口为例简要说明滑动窗口攻击方法及其复杂度。

图 3-1 上部展示了 3 比特位的非重叠滑动窗口。第一个窗口考虑了密钥的 0~2 位，导致产生 8 种猜测：000，001，…，111。8 种猜测中的正确猜测将导致方差最大程度的减少，而完全错误的猜测将导致方差出现最小的减小甚至方差增加。通过观察和对比当前密钥位组合的方差值的减小程度可进行密钥破解，然后执行下一个窗口的操作。

图 3-1 底部显示了重叠滑动窗口攻击方法。此处，我们首先使用非重叠滑动窗口方法确定第一个 3 比特窗口的猜测值，但接下来的滑动窗口将会为同一密钥位提供多个猜测结果。因此，每个密钥位（如密钥位置 3）将被 3 个滑动窗口覆盖（实际上，根据窗口大小可能存在更多滑动窗口覆盖），我们采用表决方法决定当前密钥位猜测值。值得注意的是，开始和结束密钥位由于处于边界，其覆盖的猜测窗口少于 3 个，故我们直接使用非重叠滑动窗口猜测值作为其密钥位值。

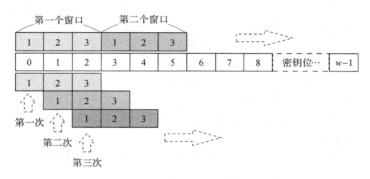

图 3-1　RSA 滑动窗口攻击方法示意图

由滑动窗口攻击过程可知，窗口大小的增加将导致额外的攻击时间开销。因为攻击时间与猜测迭代次数呈线性关系，并且随窗口大小呈指数关系增长，所以我们关注猜测每个密钥位平均需要多少次迭代。为了对每个密钥位做出猜测决定，1 比特位窗口需要两次猜测迭代。若窗口大小为 m，则攻击必须对每个窗口执行 2^m 次猜测迭代，则每个密钥位平均需要 $2^m/m$ 次迭代。如果 Kocher 攻击方法的时间是一个单位，则非重叠滑动窗口（窗口大小为 m）方法的攻击时间可以描述为

$$T_{\text{non-overlap}} = \frac{2^m}{m} \tag{3-2}$$

而使用重叠滑动窗口攻击方法的每个密钥攻击的时间是

$$T_{\text{overlap}} = \frac{m \cdot 2^m}{m} = 2^m \tag{3-3}$$

为验证滑动窗口方法的攻击效果，我们使用与 Kocher 攻击实验相同的测试向量对 RSA 密钥进行破解，其中滑动窗口大小设置为 2 比特。表 3-2 显示了滑动窗口（窗口大小为 2）攻击过程的方差分析结果。在每个猜测步骤中，我们处理 2 个密钥位，因此每个窗口需要 4 次猜测迭代。表 3-2 中详细列出了每个窗口的剩余方差和对应的方差减小值。例如，初始方差为 11249.6；在第一个猜测步骤（对应于最低两个密钥位）之后，正确猜测使方差减少 82.1 至 11167.5；错误猜测分别使方差减小 41.3、37.3 和 0。第 12 个窗口显示正确猜测不会导致方差减小，但其他错误猜测会使方差值增大。因为这个窗口的正确猜测值是 00，模幂运算不需要处理这 2 个密钥位，从而导致此处方差不发生变化。

如表 3-2 所示，方差的大幅度下降通常预示着滑动窗口猜测结果正确，而方差小幅度的减小甚至增加倾向于预示着错误的猜测（粗体数字表示），这与滑动窗口攻击的理论分析一致。我们可以看到，表 3-2 中最后剩余方差的值（即 611.7）远小于表 3-1（即 1091.2），而非重叠滑动窗口攻击结果只有 17 个密钥位猜测错误，对比 Kocher 攻击方法 31 个密钥位的错误猜测，攻击成功率显著提升。

表 3-2 滑动窗口(窗口大小为 2)攻击过程的方差分析

Bits 0~9	Variance	11249.6	11167.5	**10973.1**	10648.3	**10454.8**	**10442.0**
	ΔVar_key_guess	—	82.1	**194.4**	324.8	**193.5**	**12.8**
	ΔVar_Others	—	41.3	**164.9**	275.5	**161.1**	**0.0**
	ΔVar_Others	—	37.3	**156.4**	170.4	**140.9**	**−35.6**
	ΔVar_Others	—	0.0	**0.0**	0.0	**0.0**	**−43.5**
Bits 11~21	Variance	**10234.5**	**10176.8**	**10159.9**	9961.7	9813.6	9420.5
	ΔVar_key_guess	**207.5**	**57.7**	**16.9**	198.2	148.1	393.1
	ΔVar_Others	**173.9**	**0.6**	**1.6**	153.5	127.5	327.0
	ΔVar_Others	**155.8**	**0.0**	**0.0**	0.0	91.3	233.2
	ΔVar_Others	**0.0**	**−38.7**	**−16.6**	−14.4	0.0	0.0
Bits 22~33	Variance	9420.5	9208.9	9040.0	8831.9	8555.7	8375.4
	ΔVar_key_guess	0.0	211.6	168.9	208.1	276.2	180.3
	ΔVar_Others	−2.3	187.7	118.7	183.7	255.8	150.6
	ΔVar_Others	−56.7	61.4	0.0	120.2	108.4	15.7
	ΔVar_Others	−66.0	0.0	−31.4	0.0	0.0	0.0
Bits 34~45	Variance	8117.5	7941.7	**7879.8**	7712.3	7577.7	**7546.2**
	ΔVar_key_guess	257.9	175.8	**61.9**	167.5	134.6	**31.5**
	ΔVar_Others	216.7	129.0	**30.0**	145.5	74.9	**0.0**
	ΔVar_Others	163.0	0.0	**6.0**	20.7	0.0	**−12.9**
	ΔVar_Others	0.0	−26.1	**0.0**	0.0	−46.6	**−19.6**
Bits 46~57	Variance	7293.8	6955.6	6812.0	**6564.5**	6399.3	6237.1
	ΔVar_key_guess	252.4	338.2	143.6	**247.5**	165.2	162.2
	ΔVar_Others	209.4	285.8	127.7	**199.7**	163.7	160.3
	ΔVar_Others	154.8	169.3	90.4	**198.4**	114.3	134.1
	ΔVar_Others	0.0	0.0	0.0	**0.0**	0.0	0.0
Bits 58~69	Variance	6053.3	**5990.1**	**5820.9**	5651.5	5463.3	**5440.2**
	ΔVar_key_guess	183.8	**63.2**	**169.2**	169.4	188.2	**23.1**
	ΔVar_Others	147.7	**32.7**	**153.3**	130.0	158.0	**11.6**
	ΔVar_Others	106.7	**19.5**	**130.8**	0.0	14.3	**0.0**
	ΔVar_Others	0.0	**0.0**	**0.0**	−4.9	0.0	**−5.3**
Bits 70~81	Variance	5313.4	**5103.8**	4782.6	4583.0	4434.1	4257.6
	ΔVar_key_guess	126.8	**209.6**	321.2	199.6	148.9	176.5
	ΔVar_Others	67.7	**191.0**	273.9	173.1	147.2	146.6
	ΔVar_Others	40.6	**157.3**	164.2	27.9	107.9	110.1
	ΔVar_Others	0.0	**0.0**	0.0	0.0	0.0	0.0

Bits 82~93	Variance	4077.6	3814.2	**3791.5**	3612.5	3366.4	3106.8
	ΔVar_key_guess	180.0	263.4	**22.7**	179.0	246.1	259.6
	ΔVar_Others	139.2	241.2	**0.0**	159.7	228.4	228.5
	ΔVar_Others	14.8	117.3	**−1.4**	108.4	132.4	132.9
	ΔVar_Others	0.0	0.0	**−9.1**	0.0	0.0	0.0
Bits 94~105	Variance	2958.3	2653.2	2368.4	**2251.4**	**2213.5**	1939.4
	ΔVar_key_guess	148.5	305.1	284.8	**117.0**	**37.9**	274.1
	ΔVar_Others	98.9	270.4	238.7	**113.1**	**0.0**	234.3
	ΔVar_Others	0.0	136.5	165.3	**93.6**	**−4.2**	158.6
	ΔVar_Others	−27.2	0.0	0.0	**0.0**	**−12.1**	0.0
Bits 106~117	Variance	1652.0	1498.7	**1434.3**	1164.4	1008.2	810.2
	ΔVar_key_guess	287.4	153.3	**64.4**	269.9	156.2	198.0
	ΔVar_Others	250.5	148.8	**25.7**	237.0	155.9	194.0
	ΔVar_Others	142.0	108.7	**25.2**	134.2	113.6	149.8
	ΔVar_Others	0.0	0.0	**0.0**	0.0	0.0	0.0
Bits 118~127	Variance	611.7	611.7	611.7	611.7	611.7	
	ΔVar_key_guess	22.7	−179.0	−247.8	−315.3	−399.4	
	ΔVar_Others	153.6	−139.9	−222.4	−275.3	−357.2	
	ΔVar_Others	153.6	−139.9	−222.4	−275.3	−357.2	
	ΔVar_Others	0.0	−283.9	−356.6	−412.5	−509.1	

3.2.4 OpenSSL RSA 攻击方法

模幂运算 $m = c^d \bmod N$ 是 RSA 解密过程的核心，其中 $N = p \cdot q$ 是 RSA 的模，d 是私钥，c 是待解密的密文。OpenSSL 使用中国剩余定理(CRT, Chinese Reminder Theorem)来执行这个模幂运算。中国剩余定理算法中，函数 $m = c^d \bmod N$ 分两步进行计算。首先，评估 $m_1 = c^{d_1} \bmod p$ 和 $m_2 = c^{d_2} \bmod q$(这里 d_1 和 d_2 都是根据 d 预先计算获得的)；然后，使用 CRT 算法组合 m_1 和 m_2 得到 m。使用 CRT 进行 RSA 解密的速度可提高四倍，从而使得基于 CRT 算法的 RSA 实现的性能更具优势。基于 CRT 算法的 RSA 实现不易受到 3.2.2 节中介绍的 Kocher 时序分析方法的攻击。尽管如此，使用 CRT 算法的 RSA 实现要在计算过程中使用模 N 的分解因子，这样时序攻击就可能会破解这些因子。因此，一旦能够对模 N 进行正确的因式分解，就可通过计算 $d = e^{-1} \bmod (p-1)(q-1)$ 轻易获得解密密钥。

在使用 CRT 算法进行 RSA 解密运算时，OpenSSL 首先计算 $c^{d_1} \bmod p$ 和 $c^{d_2} \bmod q$。两种计算都使用相同的代码完成。简单起见，我们描述 OpenSSL 如何计算 $g^d \bmod q$。计算 $g^d \bmod q$ 最简单的算法是平方乘算法。该算法将对 g 进行大约 $\log_2 d$ 次的平方操作，并且对 g 执行大约 $\log_2 d/2$ 次的额外乘法操作。在每一步之后，乘积会再进行模减运算，保证结果小于模数 N。OpenSSL 使用平方乘算法的一种优化算法实现，该实现称为滑动窗口模幂方法。当使用滑动窗口模幂方法时，每次迭代中处理窗口大小为 w 比特的密钥块，而使用平方乘算法每次迭代只处理 1 比特密钥。滑动窗口模幂方法需要预先计算一个乘法表。对于大小为 w 的窗口，其时间与 $2^{w-1} + 1$ 成正比。因此，存在一个最佳的窗口大小可以平衡预计算时间和实际模幂运算所花费的时间。例如，对于一个 1024 位的模，OpenSSL 使用的窗口大小为 5 比特，因此每次迭代计算中处理的密钥位数为 5。

在 OpenSSL 的 RSA 实现中存在关于密文 g 的多次乘法操作，通过尝试查询不同的输入密文 g 可以暴露 q 的分解因子的密钥位。使用时序攻击方法攻击滑动窗口模幂运算比攻击平方乘算法更加困难，因为在滑动窗口模幂算法的实现中，g 的乘法操作显著减少。因此需要探索其他的时序攻击方法来破解 OpenSSL 中的时间旁路信道滑动窗口的模幂运算。

滑动窗口幂指数运算的每一步执行一个模乘计算。给定两个整数 x, y，计算 $x \cdot y \bmod q$。首先要计算 $x \cdot y$ 的乘法结果，然后对乘法结果进行模减操作（模为 q）。之后，我们会看到每个模减操作还需要一些额外的乘法。我们首先简要介绍 OpenSSL 的模减方法，然后描述其整数乘法计算。

原始的模减操作就是通过多精度除法进行计算并返回余数的，但是它的计算代价非常高。1985 年，Peter Montgomery 提出了一种高效的算法来实现模减操作，称为 Montgomery 约简。

Montgomery 约简将以 q 为模的约简转化为以 2^n 为模的约简，以 R 表示约简操作。以 2^n 为模的约简比以 q 为模的约简速度更快，因为许多算术运算操作可直接在硬件中实现。然而，为了使用 Montgomery，所有变量必须首先转化为 Montgomery 形式。数字 x 的 Montgomery 形式是 $xR \bmod q$。为了在 Montgomery 形式中对两个数字 a 和 b 做乘法运算，我们做以下操作：首先，将它们的整数乘积计算出来：$aR \cdot bR = cR^2$。然后，使用快速 Montgomery 约简算法来计算 $cR^2 \cdot R^{-1} = cR \bmod q$。值得注意的是，计算结果 $cR \bmod q$ 采用 Montgomery 形式，可以直接在随后的 Montgomery 域运算操作中使用。而在模幂运算操作末尾，结果输出通过乘以 $R^{-1} \bmod q$ 而被转回到标准形式（非 Montgomery 域）中。

虽然将输入 g 转换为 Montgomery 形式会花费额外的计算时间，但在模减操作期间会获得更大的时间上的收益。通过 RSA 参数设置，Montgomery 模减操作的时间收益大于数据在 Montgomery 域转化所花费的时间开销。

关于 Montgomery 约简的一个重要的事实是在约简操作结束时会检查输出 cR 是否大于 q。如果是，则从输出中减去 q，以确保输出 cR 在区间 $[0, q]$ 内。此额外的步骤被称为额外约简，将导致不同的输入产生时间差异。Schindler 注意到模幂运算 $g^d \bmod q$ 发生额外约简的概率同 g 与 q 的接近程度成正比。Schindler 指出额外约简的概率为

$$\Pr[\text{额外约简}] = \frac{g \bmod d}{2R} \qquad (3-4)$$

因此，当 g 从最小值接近分解因子 p 或 q 时，模幂运算算法中额外约减的次数将会大大增加。在 p 或 q 的整数倍数下，额外约简的数量会急剧下降。图 3-2 显示了这种关系，在 p 和 q 的整数倍数处均出现不连续性。通过检测由额外约简导致的时间差异，我们可以判断 g 与多个分解因子之间的接近程度。

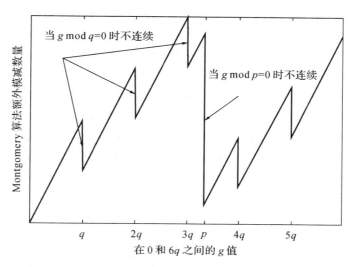

图 3-2 g 与 Montgomery 乘法发生额外约简次数的关系

RSA 运算，包括使用 Montgomery 方法的运算，必须使用多精度整数乘法。OpenSSL 实现了两种乘法例程：Karatsuba 乘法和一般乘法。多精度库使用一个字序列表示大整数。当表示两个大整数的字序列的长度相同时，OpenSSL 使用 Karatsuba 乘法。Karatsuba 乘法耗时 $O(n^{\log_2 3})$，即 $O(n^{1.58})$。当 OpenSSL 使用一般乘法运算时，其运算时间为 $O(nm)$，此时，两个大整数字序列的长度不同，分别为 m 和 n。对于长度近似相同的数字（即 n 接近于 m），一般乘法运算需要 n^2 的时间。因此，OpenSSL 的整数乘法例程也会泄漏重要的时间信息。由于 Karatsuba 乘法速度通常更快，所以两个字长度不等的大整数乘法所需时间比两个字长度相等的大整数乘法所需时间要长。我们在 OpenSSL 的时序攻击中利用了此项事实特征。

在这两种算法中，乘法最终都是在单个字上完成的，底层基于字的乘法算法决定了解密的总时间。例如，在 OpenSSL 中，底层字乘法例程通常占总运行时间的 30% 至 40%，而单个字的乘法时间又取决于每个字的比特位数。

OpenSSL 中存在两种 RSA 运行时间与输入数据的依赖关系，这些数据依赖关系会导致 RSA 解密的时间差异，具体表现为：（1）Schindler 观察到的 Montgomery 算法中额外约简的数量；（2）由于乘法例程选择 Karatsuba 乘法或一般乘法导致的时间差异。但是这两种优化算法对计算时间的影响是相互抵消的。考虑一个针对解密密文 g 的时序攻击，当 g 从最低值接近因子 q 的倍数时，Montgomery 模减操作中额外约简的次数增加。当其刚好超过 q 的倍数时，额外约简的数量会大大减少。换句话说，$g<q$ 的解密速度应该比 $g>q$ 的解密速度慢。Karatsuba 乘法和一般乘法表现出相反的效果。当 g 刚好低于 q 的整数倍数时，OpenSSL 几乎总是使用快速 Karatsuba 乘法。当 g 恰好超过 q 的整数倍数时，$g \bmod q$ 很小，因此大多数乘法将使用不同长度的整数。在这种情况下，OpenSSL 使用较慢的一般乘法进行计算。换句话说，$g<q$ 的解密应该比 $g>q$ 的解密更快。这与 Montgomery 算法中额外约简造成的时间消耗效果完全相反。具体哪种效应占优势是由实际环境决定的。时序攻击利用了这两种效果，但每种效果在攻击的不同阶段占据不同的主导地位。

OpenSSL 攻击针对 RSA 模的分解。设 $N = p \cdot q$，$q<p$。随着攻击的进行，我们逐渐接近 q 的近似值，并把这些称为近似猜测。我们从最高位一直到最低位一次一位恢复 q 的密

钥位，从而改进我们的猜测。因此，攻击步骤可以看作对 q 的二分查找。在恢复了 q 的前半部分高位的值后，我们可以使用 Coppersmith 算法来实现完整的因式分解。最初，我们对 q 的猜测位于 2^{512} 和 2^{511} 之间。然后，我们测量解密最高几位（通常为 2～3 位）所有可能的组合的时间。当用图绘制时，解密时间将呈现两个峰值：一个对应 q，一个对应 p。我们选择对应第一个峰值的值，它在 OpenSSL 中总是为 q。

若我们已经恢复了 q 的最高 $i-1$ 位，则假设 g 是一个整数，它最高 $i-1$ 个比特位值与 q 相同，而 g 的其余比特位值为 0，即 $g<q$。我们恢复 q 的第 i 位，步骤如下：

步骤 1：使 g_{h_i} 的值与 g 相同，并将其第 i 位设置为 1。如果 q 的第 i 位为 1，则 $g<g_{h_i}<q$；否则，$g<q<g_{h_i}$。

步骤 2：计算 $u_g=gR^{-1} \bmod N$ 和 $u_{gh_i}=g_{h_i}R^{-1} \bmod N$。这一步是必需的，因为含 Montgomery 模减操作的 RSA 解密将要计算 $u_gR=g$ 和 $u_{gh_i}R=g_{h_i}$，从而在模幂计算之前将 u_g 和 u_{gh_i} 转化为 Montgomery 形式。

步骤 3：测量解密 u_g 和 u_{gh_i} 的具体执行时间。让 $t_1=\text{DecryptTime}(u_g)$，$t_2=\text{DecryptTime}(u_{gh_i})$。

步骤 4：计算时间差 $\Delta=|t_1-t_2|$。如果 $g<q<g_{h_i}$，则时间差 Δ 较大，q 的第 i 位为 0。如果 $g<g_{h_i}<q$，则时间差 Δ 较小，q 的第 i 位为 1。可使用 Δ 值的大小判定时间差。因此，我们使用 $|t_1-t_2|$ 值作为 q 的第 i 位的预测器。

当第 i 位比特值为 0 时，大时间差的值可能为正值或负值。因此，如果 t_1-t_2 为正值，则 $\text{DecryptTime}(g)>\text{DecryptTime}(g_{h_i})$，而且 Montgomery 模减占主导地位控制时间差；如果 t_1-t_2 为负值，则 $\text{DecryptTime}(g)<\text{DecryptTime}(g_{h_i})$，则多精度乘法运算占主导地位控制时间差。

我们希望当 $g_1<q<g_2$，且 $g_3<g_4<q$ 时，$|t_{g_1}-t_{g_2}|\gg|t_{g_3}-t_{g_4}|$，具有此属性的时间测量值我们称之为 q 的密钥位的强指示符，而不包含此属性的时间测量则是 q 密钥位的弱指示符。使用平方乘的模幂结果会导致一个强指示符，因为在解密期间大约有 $\frac{1}{2}\log_2 d$ 个乘法操作使用 g。然而，在窗口大小为 w 的滑动窗口（在 OpenSSL 中 $w=5$）中，使用 g 的乘法操作预期数量仅为

$$E[\text{使用 } g \text{ 的乘法的数目}]\approx\frac{\log_2 d}{2^{w-1}(w+1)} \tag{3-5}$$

这将导致一个弱指示符。

为了克服此问题，我们在 g 值附近查询 g，$g+1$，$g+2$，$\cdots$，$g+n$，并将其计算时间作为 g 的解密时间（对于 g_{h_i} 也是类似的）。G 或 g_{h_i} 的总解密时间为

$$T_g=\sum_{i=0}^{n}\text{DecryptTime}(g+i) \tag{3-6}$$

我们将 T_g 定义为考虑 g 相近值时的滑动窗口算法计算时间。当 n 增加时，$|T_g-T_{gh_i}|$ 将会变成猜测 q 的比特位值的一个更强的指示符。

3.2.5 Cache 时间信道及攻击技术

随着 Cache 分析技术的发展，目前比较常见的引起 Cache 访问信息泄露的情况主要有

三种，分别是密码执行时间、查找表访问 Cache 组地址、Cache 访问命中和失效序列。基于上述情形进行的 Cache 分析分别为时序驱动 Cache 分析、访问驱动 Cache 分析和踪迹驱动 Cache 分析。下面对此进行简要的介绍。

1. 时序驱动 Cache 分析

时序驱动 Cache 分析主要利用密码算法整体执行时间。信息采集阶段，攻击者只需采集发送明文和接收密文的时间差即可；信息分析阶段，通过分析密码运行时某个操作执行时间同加解密时间的关系，结合该操作同密钥的相关性进行密码破解。对于分组密码来说，此类攻击一般针对 S 盒查表操作的执行时间差异。

时序驱动 Cache 分析的具体步骤如下：

（1）攻击者生成一定的输入，向密码服务器发送加解密请求，并利用计时器采集系统当前时间戳 T_1。

（2）密码服务器执行密码服务请求，将加解密结果发送给请求方，即攻击者。

（3）攻击者收到密码服务结果后，利用计时器采集系统的当前时间戳 T_2，并利用 $T_2 - T_1$ 近似得到密码服务器的执行时间。

（4）攻击者猜测部分密钥字节的值，推断由明文字节和部分密钥字节计算得到的查表索引所对应的多次加解密的执行时间的特征。并判断该特征是否同实际加解密平均执行时间的特征一致。如果一致则说明密钥字节猜测正确，否则说明猜测错误。

（5）攻击者推断出多个密钥字节的值，直至能够恢复出主密钥信息。

根据对 S 盒查表操作的关注点不同，可将其分为两类：一类是利用同一加密运算多次查找同一个表 Cache 访问命中和失效的时间差异，经分析分别恢复两个相关密钥块的异或结果，此类攻击一般又称 Cache 碰撞计时攻击；另一类是利用加密运算查找同一个表不同索引的执行时间差异，构建时间模板，然后进行密钥分析，攻击利用的时间差异主要是由 CPU 架构、操作系统等自然条件造成的，很难从根本上消除，此类攻击又称 Cache 计时模板攻击。

2. 访问驱动 Cache 分析

访问驱动 Cache 分析面向加密查表访问 Cache 组地址。现代主流处理器中的 Cache 结构大都采用组相连映像方式，不同进程的数据可被映射到同一 Cache 组中，共享 Cache 存储空间。恶意进程可通过对私有数据 Cache 访问时间差异来监测其他进程访问的 Cache 组地址。基于此进行的 Cache 攻击又称访问驱动 Cache 攻击。

攻击者可设计一个间谍进程 SP，并为之分配一个同 Cache 大小相同的数组，在密码进程 CP 执行前访问数组清空 Cache；然后触发 CP 加密，并在加密（或加密某个操作）完成后对该数组进行二次 Cache 访问。SP 通过二次 Cache 访问的命中和失效时间差异，预测 CP 加密（或加密某个操作）访问的 Cache 组地址集合。通过上面方式可获取密码查表访问 Cache 组的地址，并转化为查表索引，结合明文和密文推断密钥。

具体攻击步骤如下：

（1）加解密前，攻击者启动 SP，每隔一个 Cache 行访问一个数组元素，并清空 Cache。

（2）触发密码进程 CP，执行密码加解密操作，不可避免地要将 SP 的数据从 Cache 中替换出来。

（3）在 CP 执行部分或者全部查表操作后，启动 SP 再次对数组中的数据进行二次访问，并测量每个数组元素的访问时间。若时间较长，则发生 Cache 失效，表示该数组元素地址映射的 Cache 组被 CP 访问过；否则发生 Cache 命中，表示该 Cache 组未被 CP 访问过。

（4）反复执行步骤（1）至步骤（3），攻击者可得到 CP 多次加密查表访问的可能 Cache 组地址集合或不可能 Cache 组地址集合，并转化为查表索引，最后基于直接分析或者排除分析的策略进行密钥破解。

在访问驱动 Cache 分析中，为了能够采集密码算法查表访问的 Cache 组地址，攻击者需要能够定位出密码算法查找表对应 Cache 中的位置，同时能够将每个 Cache 组地址映射到查找表索引中。

3. 踪迹驱动 Cache 分析

踪迹驱动 Cache 分析是针对加密运算查表访问命中和失效序列的。密码算法在执行过程中，由于多次对同一个 S 盒查表访问 Cache，所以一个 Cache 行对应多个查表元素。首次查表访问 Cache 往往会发生 Cache 失效，需要将整个主存块对应的多个元素加载到 Cache 中。第二次查同一个查找表索引时，根据该索引是否已经加载到 Cache 中，可能会发生 Cache 命中和失效两种现象。通过采集密码算法每次查表的命中和失效信息，可以进行密钥分析，此类攻击称为踪迹驱动 Cache 攻击。

踪迹驱动 Cache 分析主要针对公钥加密算法。公钥加密算法由于其执行时间较分组密码要长，多达上千万个时钟周期，所以攻击者可以使用访问驱动方式采集公钥密码的执行踪迹（如平方乘操作序列），并在此基础上进行密钥恢复。

执行公钥密码踪迹驱动 Cache 分析的基本流程描述如下：

（1）利用间谍进程，基于访问驱动方式采集密码进程执行过程中访问 Cache 组地址踪迹的信息。

（2）由采集到的踪迹与平方乘操作序列的相关性，推导模幂运算平方和乘法操作序列。

（3）依据操作序列与幂指数的相关性推导出幂指数的位。

（4）利用数学分析方法，根据获取的部分离散幂指数的位信息恢复完整的密钥。

3.3 AES 功耗旁路信道及攻击技术

加密卡通常作为加密设备为用户或者机密信息提供严格的加密或认证服务，是现代安全系统最关键的部件之一。Kocher 指出，功耗旁路信道攻击能够有效提取加密卡等加密设备中的机密信息。

数字电路在运行过程中会消耗能量。整个 CMOS 电路的功耗是电路中每个逻辑单元的功耗之和。因此，整个电路的功耗基本上取决于电路中逻辑单元的数目、电路逻辑单元之间的相互连接以及电路逻辑单元的实现。这些物理属性是由设计的多个层次所决定的，包括系统层次（整个系统体系架构、使用的算法、软硬件划分等）、体系结构层次（硬件和软件模块的特定实现）、单元层次（逻辑单元的设计）和晶体管层次（实现逻辑单元的 MOS 晶体管的半导体技术）。

当操作一个 CMOS 电路时，电路由恒定电压 V_{DD} 和其他输入信号决定。其中，逻辑单元从电源吸收电流，并处理电路的输入信号。我们使用 $i_{DD}(t)$ 表示整个暂态电流，使用 P_{cir}

表示暂态功耗。因此，整个电路在 T 时间内的平均功耗 P_{cir} 为

$$P_{cir} = \frac{1}{T}\int_0^T p_{cir}(t)dt = \frac{V_{DD}}{T}\int_0^T i_{DD}(t)dt \qquad (3-7)$$

CMOS 电路的功耗主要分为两部分，一部分是静态功耗 P_{stat}，当逻辑单元中不存在转换动作时的主要能量消耗；另一部分是动态功耗 P_{dyn}，除了静态功耗之外，如果一个逻辑单元的内部信号或者输出信号发生变化，该逻辑单元将会发生动态功耗，而一个逻辑单元的功耗则是静态功耗和动态功耗的总和。

CMOS 逻辑电路单元的上拉网络和下拉网络在同一时间对恒定的输入信号不会同时导电。如图 3-3 所示，以 CMOS 反相器电路模型为例。当输入 a 接地时，V_1 导电而 V_2 绝缘；反之，当输入 a 设置为 V_{DD} 时，V_1 绝缘而 V_2 导电。在两种情况下，在电源线 V_{DD} 和地线 GND 之间都不存在直接的连接。因此，只有非常小的泄露电流流经关闭的 MOS 晶体管。我们用 I_{leak} 表示漏极电流，因此静态功耗计算如下：

$$P_{stat} = I_{leak} \cdot V_{DD} \qquad (3-8)$$

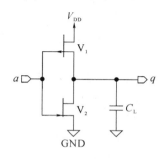

图 3-3　CMOS 反相器电路模型

一般来说，漏极电流的值 I_{leak} 在 $10\sim12\ \mu A$ 范围内。因此，CMOS 电路的静态功耗一般是比较低的。

CMOS 电路的动态功耗的第一部分是充电电流。当进行输出转换时，CMOS 单元将会吸取一个充电电流为电容 C_L 充电，CMOS 单元的电容主要包括连接在 CMOS 输出上的固有内部电容、CMOS 单元中的导线电容和逻辑单元之间的输入电容。C_L 严重依赖于处理技术的物理性质、连接导线的长度以及逻辑单元的数目。C_L 的值一般为 $10\sim15\ F$ 或 $10\sim12\ F$。以 CMOS 反相器为例，C_L 通过 PMOS 晶体管 V_1 进行充电。这个充电只有在输入 a 发生 1 到 0 的转换时才会发生。作为输入转换的结果，输出 q 的值也将会从 0 变成 1。因此，C_L 获得充电，并导致从电源的电流。当输入 a 从 0 变为 1 时，输出 q 的值将会从 1 变成 0。此时，C_L 通过 NMOS 晶体管 V_2 进行放电。

一个逻辑单元在时间 T 内的充电过程的平均功耗 P_{chrg} 计算过程如下

$$P_{chrg} = \frac{1}{T}\int_0^T p_{chrg}(t)dt = \alpha \cdot f \cdot C_L \cdot V_{DD}^2 \qquad (3-9)$$

式中：$P_{chrg}(t)$ 表示逻辑单元消耗的暂态充电功耗，f 表示时钟频率，α 表示转换事件因子，对应着逻辑单元在一个时钟周期内输出发生从 0 到 1 的平均转换数量。例如，当一个时钟周期内逻辑单元输出的值从 0 到 1 发生的次数为 1 时，α 的值等于 1。

然后是短路电流。CMOS 单元的动态功耗的第二部分是由 CMOS 单元输出发生转换时的暂态短路电流引起的。同样以 CMOS 反相器为例，当一个转换事件发生时，存在一小段

时间两个 MOS 晶体管（V_1 和 V_2）同时导电。无论发生 0 到 1 还是 1 到 0 的转换事件，都会产生短路电流。

一个逻辑单元短路电流造成的暂态功耗在时间 T 内的值计算如下

$$P_{SC} = \frac{1}{T}\int_0^T p_{SC}(t)\,\mathrm{d}t = \alpha \cdot f \cdot C_L \cdot V_{DD} \cdot I_{peak} \cdot t_{SC} \tag{3-10}$$

式中：$P_{SC}(t)$ 表示逻辑单元短路电流的瞬态功耗；在转换事件中由短路造成的电流峰值为 I_{peak}；短路存在的时间为 t_{SC}。

在功耗攻击中，将被攻击设备中处理的数据值映射为功耗值是必要的。这是对设备的一种功耗仿真。值得注意的是，功耗攻击与功耗的绝对值并不紧密相关。对于一个攻击者而言，只有仿真功耗的相对差值才是最重要的。由于攻击者一般对被攻击的加密设备了解有限，所以我们主要讨论两种不同的功耗建模技术，即汉明距离模型和汉明重量模型。

（1）汉明距离模型。

汉明距离模型的基本观点是计算某一时间间隔内数字电路中发生的 0→1 和 1→0 转换的数量。这个转换数量被用来描述这一时间间隔内电路的功耗。若将一个电路的整个仿真切分成小的间隔，则会产生出一条功耗曲线。此功耗曲线并不是实际消耗的功耗值，而是在对应时间间隔内发生转换的数量。

当使用汉明距离模型仿真电路功耗时，必须遵从以下假设：首先，电路中从 0→1 的转换和从 1→0 的转换将会导致相同的功耗；其次，所有 0→0 的转换和 1→1 的转换对功耗具有相同的作用和贡献。汉明距离模型并不会考虑导线或者逻辑单元的电容差异，它认为所有的单元对功耗的影响都是相同的，并忽略了逻辑单元的静态功耗。

由于汉明距离模型简单，故它被广泛用于功耗仿真。基于汉明距离模型的功耗仿真提供了一种粗粒度的快速功耗分析方法。两个变量 v_0 和 v_1 的汉明距离（HD，Hamming Distance）对应于两个变量异或的汉明重量（HW，Hamming Weight）。汉明重量指的是变量中被设置为 1 的比特位的数量。关系式如下：

$$HD(v_0, v_1) = HW(v_0 \oplus v_1) \tag{3-11}$$

在实际中，攻击者能够了解部分网表信息，并仿真这部分的功耗。如果受到攻击的设备是一个微控制器，那么这个微控制器的构造很可能与大多数控制器类似，包含寄存器、数据总线、内存、算术逻辑单元和一些通信总线等模块。而这些模块一般包含一些广为人知的属性，例如，一个数据总线通常较长并连接到多个模块，这使得总线的电容负载非常大，并对整个微控制器的能量消耗产生非常显著的影响。此外，我们通常认为一个总线的所有单个导线的电容负载大致是相同的。

基于这些观测，汉明距离模型非常适合描述数据总线的功耗。一个攻击者没必要了解设备网表信息也能够将总线传输的数据值映射到功耗值。总线从 v_0 到 v_1 的改变值引起的功耗与 $HD(v_0, v_1) = HW(v_0 \oplus v_1)$ 成正比。相似的观测结果对其他总线如地址总线也是成立的。

除了总线的能量消耗外，加密算法硬件实现中的寄存器功耗也能够使用汉明距离模型进行良好的描述。由于寄存器使用时钟信号进行触发，因此只有在每个时钟周期触发时才会改变它们的值。一个攻击者通过计算连续时钟周期值的汉明距离能够仿真寄存器的功耗。一般来说，只要攻击者知道电路处理的连续数据值，就能够用汉明距离模型仿真这部分电路的功耗。由于在组合逻辑电路中可能存在毛刺，攻击者一般很难了解这部分数据值。

因此，汉明距离模型主要用来描述寄存器和总线的功耗。

（2）汉明重量模型。

汉明重量模型比汉明距离模型更简单。当攻击者对网表没有任何了解或者攻击者对已知电路网表的连续数据值不了解的情况下，通常会使用汉明重量模型。例如，攻击者只了解总线中传输的一个数据值时，为了使用汉明距离模型，攻击者必须了解总线以前的数据值或者接下来的数据值。如果二者都无法获得，则汉明距离模型并不能用来仿真总线的功耗。

在汉明重量模型中，攻击者假设电路功耗与处理的数据比特位为 1 的数量成正比，而在此数据之前或者之后处理的数据值可忽略。因此，此模型通常并不非常适合描述一个 CMOS 电路的功耗。一个 CMOS 电路的功耗通常由电路中发生的 $0 \rightarrow 1$ 转换所决定，而不是由其所处理的数据决定。但是，实际中一个数据值的汉明重量也不是与功耗完全不存在任何联系的。接下来，描述几种场景来说明它们存在一定的联系。假设被攻击设备的一部分首先处理 v_0，然后处理 v_1，最后处理 v_2。在所有的场景中，我们最终的目的就是为了仿真设备处理 v_1 时的功耗，即使不知道 v_0 和 v_2 的信息。v_1 涉及两部分的转换，即 v_0 到 v_1 和 v_1 到 v_2 的转换。在下面的描述中我们主要关注 v_0 到 v_1 的转换，当然其原理也同样适用于 v_1 到 v_2 的转换。

第一种情形是 v_0 的所有位是相同并且恒定的。每次发生 v_0 到 v_1 的转换时，v_0 的所有位都是相同的。这种场景的一个例子就是一个 n 比特总线在处理 v_1 值之前总是处理 $v_0 = 0$（所有 n 位都被设置为 0），此时汉明距离模型与汉明重量模型是等价的，即 $HD(v_0, v_1) = HW(v_0 \oplus v_1) = HW(v_1)$。而在 v_0 的 n 位都设置为 1 时，存在 $HD(v_0, v_1) = HW(v_0 \oplus v_1) = n - HW(v_1)$。仿真功耗与实际功耗存在正比或反比关系对功耗攻击影响不大，只要二者存在比例关系即可。因此，在 v_0 到 v_1 转换之前 v_0 的所有位被设置为 0 或 1 时，汉明距离模型和汉明重量模型是等价的。

第二种情形是 v_0 的比特位是恒定的，且不要求所有位都相同。也就是说，v_0 是一个攻击者不知道的恒定值。在这种情况下，我们就不能获得如上个场景一样很好的观测结果，除非我们只关注 v_0 到 v_1 转换过程中的某一个比特位。如果我们只考虑一个比特位，对于功耗攻击而言，汉明重量模型和汉明距离模型是等价的。只要 v_0 到 v_1 发生转换之前 v_0 被设定为同样的恒定值，由 v_1 的一个比特位导致的功耗将会正比或反比于这个比特位的值。如果同时考虑 v_0 和 v_1 的所有比特位的值，汉明重量模型就不能很好地描述 v_0 到 v_1 转换过程的功耗。但很清楚的一点是，越多的 v_0 的比特位被设置为同样的值，v_1 的汉明重量就与 $0 \rightarrow 1$ 转换发生的数量越相关，而攻击者的功耗攻击效率也越好。

第三种情形是 v_0 的比特位是均匀分布而且独立于 v_1 的。在这种场景下，对于攻击者的每次仿真，v_0 的所有位并不是恒定的，而是随机的。$HW(v_1)$ 也独立于 $HW(v_0 \oplus v_1)$，基于汉明重量和汉明距离模型的仿真输出也不相关。但这并不是说基于汉明重量模型的功耗仿真就没有任何用处。一个加密设备的功耗只与设备发生 $0 \rightarrow 1$ 转换的数量存在笼统的比例关系。一般汉明距离模型认为 $0 \rightarrow 1$ 的转换和 $1 \rightarrow 0$ 的转换消耗相同的功耗，但这只在某种程度上成立。实际中，$0 \rightarrow 1$ 和 $1 \rightarrow 0$ 两种转换并不完全相同。例如，一个从 $0 \rightarrow 1$ 的转换的功耗比一个从 $1 \rightarrow 0$ 的转换要大。在这种情况下，汉明重量的值越高，其功耗越大。这是由于 CMOS 单元的上拉网络和下拉网络将会导致不同的功耗特征。但是由于差异较小，因此汉明距离模型比汉明重量模型更适用于这种情景。因此攻击者一般只在汉明距离模型无法使用的情况下才会借助于汉明重量模型。汉明距离模型与汉明重量模型仿真技术对比如表 3 - 3 所示。

表 3 - 3　汉明距离模型与汉明重量模型仿真技术对比

仿真层次	行　为　层	行　为　层
功耗模型	汉明距离模型	汉明重量模型
关于电路知识的了解	处理数据和结构猜测	处理数据
资源使用	很低	很低
考虑的信号转换	所有位相同	所有位相同
考虑毛刺	否	否
仿真结果	转换数量	逻辑 1 的数量

除了汉明距离模型和汉明重量模型之外，我们也可以扩展汉明距离模型获得新的功耗仿真模型。例如，汉明距离模型中假设一个数据的所有位对功耗的贡献都是相同的(逻辑单元的输出阻抗在处理数据值的不同位时是相同的)。如果一个攻击者知道电路的某些单元对功耗的贡献高于其他单元，那么在处理数据不同位的模型时就可以引入不同的权重。汉明距离模型的另外一个扩展就是针对不同类型的转换引入不同的权重参数。比如，假设 0 到 1 转换的权重是 1 到 0 转换的权重的两倍。除扩展汉明距离模型之外，还可引入描述更大电路的功耗模型。例如，乘法器的一个操作数是 0 时通常消耗很少的功耗，因此描述这个乘法器的更合适的功耗模型是当其中一个操作数为 0 时，其功耗为 0，其他情形下功耗为 1。一个典型功耗攻击的测量模型框图如图 3 - 4 所示。图中，数字指示模块之间以什么序列交互，从而获得功耗曲线。

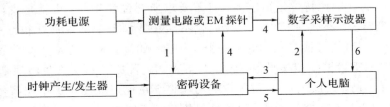

图 3 - 4　一个典型功耗攻击的测量模型框图

3.3.1　SPA 攻击方法

简单功耗分析(SPA, Simple Power Analysis)攻击方法本质上是通过功耗轨迹(对密码在运算时的功耗情况进行采样所获取的曲线)猜测，诸如，密码在一个特定时间执行了什么特定的指令，以及指令中涉及的参量代表什么的。因此，攻击者需要掌握密码算法实现的技术细节以便进行攻击。在执行算法时，电路在不同时期处于不同的状态，如存数据、取数据、算术运算或者逻辑运算等。假设将电路运行时间分成不同电路状态时间段，那么在每个时间段内电路功耗是不相同的。简单功耗分析就是通过对一定时间范围内的电路功耗进行分析，区分电路的不同状态，从而识别算法实现的技术细节。例如，RSA 算法中的平方乘运算就可以通过直接观察功耗轨迹的形状进行区别。这是因为电路在处理这些操作时产生的功耗会出现非常大的差别。在高精度的测量下，电路执行的每一条指令都可以通过简单功耗分析观察到。

简单功耗分析攻击方法的步骤如下：

（1）运行一段加密或者解密过程，监控和记录该过程中整个设备的功耗信息，表现为一组电压值或者电流值。

（2）根据整个设备的功耗信息，直接推测或者计算加解密过程中所使用秘密信息（如私钥或者随机数）的部分或者全部比特位值。如果攻击者知道密码实现过程中使用了哪些操作，且知道使用各个操作的执行条件（一般根据秘密信息的某一比特位或者某几位确定），则能够轻易破解秘密信息。

3.3.2　DPA 攻击方法

DPA（Differential Power Analysis）攻击方法是最常用的功耗分析攻击方法之一，这是由于 DPA 攻击并不要求攻击者掌握被攻击设备的实现细节。此外，即使采集到的功耗曲线包含很多噪声，攻击者也能够恢复出设备的密钥。DPA 攻击和 SPA 攻击的一个重要差别是二者对功耗曲线的处理分析方式不同。在 SPA 攻击中，设备的功耗主要按照时间进行分析，攻击者试图在一个单独的功耗曲线中发现一种模式或者匹配模板。而在 DPA 攻击中，按照时间分析功耗曲线形状并没有如此重要。DPA 攻击主要分析在固定的时间点设备的功耗曲线如何依赖于被处理的数据。因此 DPA 攻击非常关注功耗曲线的数据依赖性。

所有 DPA 攻击都包含一个比较通用的攻击策略，这一攻击策略主要包含 5 个步骤：

（1）选择被攻击算法的一个中间结果。DPA 攻击的第一步就是要选择被攻击设备执行加密算法的一个中间运行结果，而此中间结果需要是一个函数 $f(d, k)$，其中 d 是一个已知的非恒定数值，而 k 则是密钥的一小部分。满足此条件的中间结果一般就能够用来恢复密钥 k，而在大多数情况下，d 一般选取为明文或者密文。

（2）测量功耗。DPA 攻击的第二步就是测量密码设备加解密 D 个不同数据分组时的功耗。对每一次加解密，攻击者都需要了解对应的数据值 d，因为 d 参与到步骤（1）中的中间结果的计算。我们将这些已知的数据值定义为向量 $\boldsymbol{d}' = (d_1, d_2, \cdots, d_i, \cdots, d_D)'$，$d_i$ 表示第 i 次加解密运行时的数据值。

在每一次加解密运行时，攻击者都会记录一条功耗曲线。我们将对应于数据块 d_i 的功耗曲线定义为 $\boldsymbol{t}_i' = (t_{i,1}, \cdots, t_{i,T})$，其中 T 表示功耗曲线的长度。攻击者为 D 个数据分组中的每一个测量一个功耗曲线，因此，整个曲线也可以被写作一个 $D \times T$ 维的矩阵 $\boldsymbol{T}$。DPA 攻击要求测量到的功耗曲线对齐，也就是矩阵 $\boldsymbol{T}$ 的每一列 $\boldsymbol{t}_j$ 对应的功耗值都必须是由同一个操作造成的。为了获得对齐的功耗曲线，示波器的触发信号必须按照以下方式产生：在每一次加解密运行时，示波器记录相同操作序列的功耗曲线。如果没有此触发信号进行对齐，则必须依赖于其他技术将相应的功耗曲线进行对齐。

（3）计算假设的中间值。DPA 攻击的下一步就是为每一个可能的 k 值计算一个假设的中间值。我们将这些可能的 k 值写作 $\boldsymbol{k} = (k_1, \cdots, k_K)$，其中 K 表示 k 值所有可选项总数目。在 DPA 攻击场景中，我们将此向量的元素称为密钥假设。考虑到数据向量 $\boldsymbol{d}'$ 和密钥假设 $\boldsymbol{k}'$，一个攻击者对所有 D 次加密运行和所有 K 个密钥假设都能够很容易地计算出假设的中间值 $f(d, k)$，如下式计算将会产生一个 $D \times K$ 维的矩阵 $\boldsymbol{V}$：

$$v_{i,j} = f(d_i, k_j) \quad i = 1, \cdots, D, j = 1, \cdots, K \tag{3-12}$$

矩阵 V 的第 j 列包含了依据密钥假设 k_j 计算出来的中间结果，同时 V 的每一列都包含了那些在 D 次加解密运行中已经被计算出来的中间值。值得注意的是，k' 包含了 k 所有可能的选项值。因此，在设备中使用的 k 值只是向量 k' 中的某个元素。我们将这个元素的下标表示为 ck，因此，k_{ck} 就表示这个设备的部分密钥。DPA 攻击的目的就是要找到在 D 次加解密运行中向量 V 的哪一列被处理。一旦我们知道 V 的哪一列被处理，就能够立即知道 k_{ck}。

(4) 将中间值映射到功耗值。DPA 攻击的下一步就是要将 V 的假设中间值映射到一个假设功耗值的矩阵 H，如图 3-5 所示。为了达到这个目的，我们就需要使用功耗仿真技术，

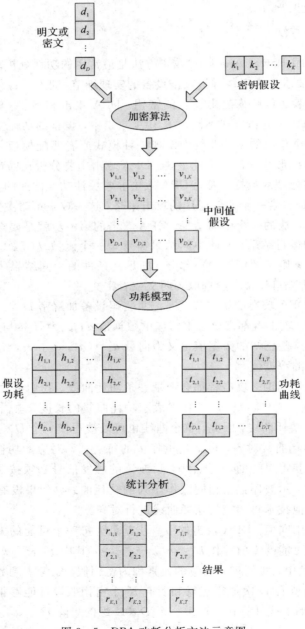

图 3-5　DPA 功耗分析方法示意图

如汉明距离模型和汉明重量模型。这样，每一个假设的中间值 $v_{i,j}$ 对应的设备功耗值就能够被仿真出来，从而获得假设的功耗值 $h_{i,j}$。仿真的效果依赖于攻击者对被分析设备的了解程度。攻击者的仿真与设备实际的功耗特征越匹配，DPA 攻击就越有效。最常用的将矩阵 V 映射到 H 的功耗模型就是汉明距离模型和汉明重模型，同时也存在许多其他的方式将数据值映射到功耗值，在此不再赘述。

（5）对比猜测的功耗值与实际功耗曲线值。在将 V 映射到 H 之后，将进行 DPA 攻击的最后一步。在此步骤中，矩阵 H 的每一列 h_i 将与矩阵 T 的每一列 t_j 进行对比，也就是攻击者在各个位置对比每一个密钥假设的功耗值和实际记录的功耗值。其结果将产生一个 $K \times T$ 维的矩阵 R，其中每一个元素 $r_{i,j}$ 包含了列 h_i 和列 t_j 的对比结果。对比过程将采用一定的算法实现，所有的算法都有同一个特征。也就是 $r_{i,j}$ 的值越高，h_i 和 t_j 的匹配程度越好。

在设备使用不同的数据输入执行一个加密算法时，设备产生相应的功耗曲线。在步骤（1）中选择的中间结果就是算法的一部分，因此，在加密设备针对不同输入执行时，设备需要计算中间值 v_{ck}。因此，在某些位置，记录的功耗曲线将依赖于这些中间值。我们将功耗曲线的这些位置称为 ct，例如，列 t_{ct} 包含依赖于中间值 v_{ck} 的功耗值。

攻击者基于 v_{ck} 仿真出假设的功耗值 h_{ck}。因此，列 h_{ck} 和 t_{ct} 是强相关的。实际上，这两列的值将导致矩阵 R 中的最高值，比如矩阵 R 中最高值就是 $r_{ck,ct}$。而 R 中其他值都要比这个值低，因为 H 和 T 的其他列并不是强相关的。攻击者通过寻找矩阵 R 中的最高值就能够恢复正确密钥的索引 ck 和时间 ct，而此最高值的索引也就是 DPA 攻击的最终结果。需要指出的是，在实际中，R 的所有值可能近似相等。在这种情况下，攻击者可能没有测量足够多的功耗曲线去评估 H 和 T 的列之间的关系。攻击者测量越多的功耗曲线，H 和 T 中的元素也就越多，攻击者亦能够越精确地确定两列之间的关系。这也同时暗示着测量越多的曲线，才能够确定列之间越微小的关系。

Kocher 等人首先提出差分功耗分析方法，并通过计算密码设备处理 0 和 1 功耗的平均值的差来衡量矩阵 H 和矩阵 T 之间的相关性。攻击者建立一个二元矩阵 H，并假定特定中间值引起的功耗要比其他值造成的功耗更加显著。假设 H 中的每个元素是关于 d_i 和 k_j 的分类选择函数 $h_{ij} = f(d_i, k_j)$，函数 f 根据中间值的功耗模型输出 0 或 1 两种不同结果（比如，汉明重量大于某值时为 1，小于等于某值时为 0）。为了检测密钥猜测 k_i 是否正确，攻击者根据 h_i 的值为 0 还是为 1 将矩阵划分为两个子集，即两个功耗曲线的集合。第一个集合中包含 T 中某些行，这些行的索引值对应于向量 h_i 中元素 1 的索引。第二个集合中包含 T 中所有剩下的值。向量 $m_i^{0'}$ 表示第一个集合中行的均值，向量 $m_i^{1'}$ 表示第二个集合中行的均值。

如果 $m_i^{0'}$ 和 $m_i^{1'}$ 在某个时间点产生非常显著的尖峰，那么密钥的猜测 k_i 就是正确的。$m_i^{0'}$ 和 $m_i^{1'}$ 之间的差值表明在 h_i 和 T 的一些列之间存在相关性。这个差值尖峰在对应 h_i 中间值的时刻精确发生，其他所有时刻向量之间的差基本等于 0。也就是说，当密钥猜测错误时，在所有时刻 $m_i^{0'}$ 和 $m_i^{1'}$ 之间的差几乎等于 0。均值差分攻击方法将产生矩阵 R，其每一行对应于一个密钥猜测的均值向量 $m_i^{0'}$ 和 $m_i^{1'}$ 之间的差。计算公式如下：

$$r_{i,j} = \frac{\sum\limits_{m=1}^{D} F(d_i, k_j) \cdot t_{m,j}}{\sum\limits_{m=1}^{D} F(d_i, k_j)} - \frac{\sum\limits_{m=1}^{D} (1 - F(d_i, k_j)) \cdot t_{m,j}}{\sum\limits_{m=1}^{D} (1 - F(d_i, k_j))} \tag{3-13}$$

式中，$r_{i,j}$ 表示第 i 个猜测密钥功耗曲线上第 j 个点位置所对应的功耗模型和测量功耗值之间的均值差分结果。F 表示一个关于 d_i 和 k_j 的二值选择函数，根据中间值的功耗模型输出 0 或 1。

3.3.3　CPA 攻击方法

CPA(Correlation Power Analysis)攻击方法是攻击基于相关性系数的能量攻击。相关性系数是决定数据之间线性关系最通用的一种方法。因此，这也是进行 DPA 攻击时一种非常有效的方法。图 3-6 显示了 CPA 攻击方法的基本原理。其基本思想是通过示波器等设备采集密码计算平台在加密多条明文时的能量消耗情况，获得实测能量轨迹。然后，对于相同的密码算法实现，猜测密钥的值，并在相同的明文输入下，根据特定的能量模型计算得到估算能量轨迹。最后，对估算能量轨迹和实测能量轨迹之间执行相关性分析，当且仅当密钥猜测正确时，相关系数达到最高，因此，此时估算能量轨迹应该最接近实测能量轨迹。

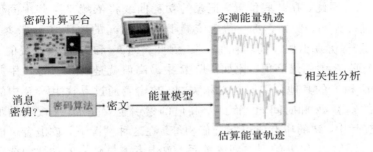

图 3-6　CPA 攻击方法的基本原理

以 AES 密码算法为例，其 CPA 攻击位置通常选在第一轮或最后一轮。因为对于第一轮而言，明文是已知的，而对于最后一轮而言，密文是可观测的。图 3-7 显示了 AES 密码算法 CPA 攻击的方法。AES 密码算法的 CPA 攻击是以字节为单位的，每次猜测并恢复一个字节的密钥。当攻击第一轮时，直接按字节猜测密钥，然后根据 S 盒置换操作的输入(S-Box IN)和输出(S-Box OUT)，采用汉明距离模型估算能量轨迹，或者根据 S 盒置换的输出，采用汉明重模型估算能量轨迹。当攻击最后一轮时，按字节猜测最后一轮的轮密钥，然后，从密文逆推 S 盒置换操作的输入和输出。类似的，根据 S 盒置换操作的输入和输出，采用汉明距离模型估算能量轨迹，或者根据 S 盒置换的输出，采用汉明重模型估算能量轨迹。

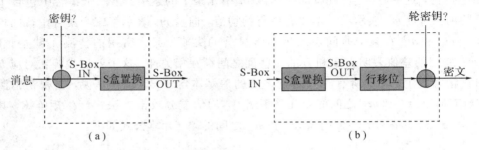

图 3-7　AES 密码算法 CPA 攻击的方法

(a) 攻击第一轮；(b) 攻击最后一轮

在 CPA 攻击中，相关性系数被用来确定列 h_i 和列 t_j 之间的线性相关关系，这就会产生一个评估相关系数的矩阵 $\boldsymbol{R}$。我们基于列 $\boldsymbol{h}_i$ 和列 $\boldsymbol{t}_j$ 的 D 个元素评估每个值 $r_{i,j}$。由相关系数的定义，我们可以得到 $r_{i,j}$ 计算如下：

$$r_{i,j} = \frac{\sum\limits_{d=1}^{D}(h_{d,i} - \overline{h}_i)(t_{d,j} - \overline{t}_j)}{\sqrt{\sum\limits_{d=1}^{D}(h_{d,i} - \overline{h}_i^2)\sum\limits_{d=1}^{D}(t_{d,j} - \overline{t}_j)^2}} \tag{3-14}$$

式中，$\overline{h}_i$ 和 $\overline{t}_j$ 分别表示列 $\boldsymbol{h}_i$ 和 $\boldsymbol{t}_j$ 的平均值。

图 3-8 显示了 CPA 攻击方法中某个密钥字节猜测的相关系数结果示意图。

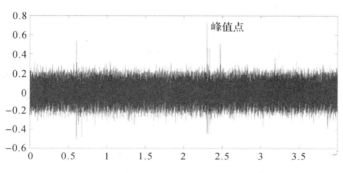

图 3-8　CPA 攻击方法中的相关系数结果示意图

图 3-8 中，横轴表示时间，纵轴表示相关系数。当密钥猜测正确时，在相关系数图中会出现一个峰值点，表明列 $\boldsymbol{h}_i$ 和 $\boldsymbol{t}_j$ 具有很强的相关关系，即表明估算能量轨迹最接近于实测能量轨迹。当密钥猜测错误时，相关系数图中不会出现峰值点。

3.3.4　互信息攻击方法

基于互信息的攻击方法在 2008 年 CHES 会议中被提出来，该方法将互信息作为一个通用的分类器。其目的是在尽可能少掌握目标设备信息的情况下就能够成功实现攻击。互信息经常作为信息理论度量对旁路信道的信息泄露进行测量。其主要特点是能够检测任何形式的数据依赖关系，不仅仅是线性关系或者单调性关系。因此，互信息攻击方法是评估一种设计实现安全性的有效工具。而其他分类器由于捕获数据依赖关系的不通用性，可能会给出错误的安全评估。

首先我们给出信息理论的相关定义。其中，信息熵的定义如下

$$H(X) = -\sum_{x \in X} p(X = x)\log p(X = x) \tag{3-15}$$

而随机变量 (X, Y) 的联合信息熵为

$$H(X, Y) = -\sum_{x \in X, Y=y} p(X = x, Y = y)\log p(X = x, Y = y) \tag{3-16}$$

条件熵 $H(X|Y)$ 表示当已知变量 Y 的信息时 X 的不确定性，具体如下

$$H(X \mid Y) = -\sum_{x \in X, Y=y} p(X = x, Y = y)\log p(X = x \mid Y = y) \tag{3-17}$$

互信息表示为

$$I(X; Y) = -\sum_{x \in X, Y=y} p(X = x, Y = y)\log \frac{p(X = x, Y = y)}{p(X = x)p(Y = y)} \tag{3-18}$$

同时

$$I(X;Y) = H(X) - H(X \mid Y) = H(X) + H(Y) - H(X, Y) \qquad (3-19)$$

CPA 攻击中的重要一步是计算 h_i 和 t_j 的相关系数，而基于互信息的攻击则是计算二者之间的依赖性。依照互信息的计算公式可得，互信息值越高表示仿真的功耗与实际的功耗匹配程度越高，即猜测的密钥越有可能是正确的。

3.3.5 模板攻击方法

模板攻击方法是对功耗曲线随机变量的统计特征进行建模，并利用判别方法恢复功耗曲线中隐含的秘密信息，如密钥等。

经过研究，一个功耗曲线每个点的噪声是正态分布的。但是，功耗模型并不会考虑相邻点之间的相关性。为了考虑不同点之间的相关性，有必要将功耗曲线建模为一个多变量正态分布。而多变量正态分布也是正态分布模型向高维的扩展。可以通过一个均值向量 m 和一个协方差矩阵 C 进行描述。而多变量正态分布的概率密度函数可以依据式（3-20）进行描述：

$$f(x) = \frac{1}{\sqrt{(2\pi)^n \cdot \det(C)}} \cdot \exp\left\{ -\frac{1}{2}(x-m)' \cdot C^{-1} \cdot (x-m) \right\} \qquad (3-20)$$

式中，协方差矩阵 C 包含了在时间索引 i 和 j 处点的协方差 $c_{ij} = \mathrm{cov}(X_i, X_j)$；均值向量 m 为曲线中所有点列出了各均值 $m_i = E(X_i)$。将 C 和 m 代入式（3-20），则取得向量 x 的概率密度函数值。其中，C 和 m 为

$$\begin{cases} C = \begin{bmatrix} c_{11} & c_{12} & \cdots \\ c_{21} & c_{22} & \cdots \\ \cdots & \cdots & \cdots \end{bmatrix} \\ m = (m_1, m_2, m_3, \cdots) \end{cases} \qquad (3-21)$$

模板攻击同样利用功耗依赖于被处理数据这一特征。在模板攻击中，我们使用一个多变量正态分布对功耗特征进行描述，而此分布可用一个均值向量和一个协方差矩阵进行定义，我们将这对值 (m, C) 称为模板。在一个模板攻击中，我们假设能够特征化受攻击的设备，也就是说我们能够为一些指令序列确定其模板。例如，我们拥有另外一块同类型的设备，此设备与我们控制的受攻击设备一样。在此设备中，我们使用数据 d_i 和 k_j 执行这些指令序列从而记录其功耗，然后对应着每一对 (d_i, k_j) 我们将这些曲线进行分组，并评估多变量正态分布的均值向量和协方差矩阵。因此，我们为每一对数据和密钥 (d_i, k_j) 建立一个模板。

然后，我们使用构造的特征模板和受攻击设备的一条功耗曲线决定其密钥。也就是说，我们使用 $(m, C)_{d_i, k_j}$ 和受攻击设备的功耗曲线评估多变量正态分布的概率密度函数。换句话说，给定受攻击设备的一条功耗曲线以及模板 $h = (m, C)_{d_i, k_j}$，我们可以计算以下概率：

$$p(t; (m, C)_{d_i, k_j}) = \frac{1}{\sqrt{(2\pi)^T \cdot \det(C)}} \cdot \exp\left\{ -\frac{1}{2}(t-m)' \cdot C^{-1} \cdot (t-m) \right\} \qquad (3-22)$$

式中，T 表示功耗曲线的长度，我们为每个模板做这样的计算，然后获得概率 $p(t; (m, C)_{d_1, k_1}), \cdots, p(t; (m, C)_{d_D, k_K})$。这些概率值测量了各模板对给定功耗曲线的匹配程度。直观上讲，最高的概率一般指示最正确的模板。因为每个模板都和一个密钥相关，我们能够获得关于正确密钥的指示，这种直观性的假设同时受到统计学的支持。如果所有密钥都

可能相等，那么对于 $\boldsymbol{h}_{d_i, k_j}$，如果

$$p(\boldsymbol{t}; \boldsymbol{h}_{d_i, k_j}) > p(\boldsymbol{t}; \boldsymbol{h}_{d_i, k_l}), \quad \forall \ell \neq j \tag{3-23}$$

那么使概率最小化的判定规则就是错误的，这也就是最大似然估计判定规则。模板攻击分以下几个阶段：

（1）模板构造阶段。为了对一个设备进行特征化，我们需要为不同的明文密钥对 (d_i, k_j) 执行一定的指令序列并记录其功耗。然后将对应的曲线进行分组并评估多变量正态分布的均值向量和矩阵协方差。协方差矩阵的大小将会随着曲线中点的数量呈平方增长。因此，我们需要寻找一个策略，从而确定感兴趣点。我们将这些感兴趣点表示为 N_{IP}，这些感兴趣点包含特征化指令的重要信息。在实际应用中，存在多种方式构建模板，例如，攻击者能够为特定的指令如 mov 指令建造模板，或者攻击者能够为一个更长的序列指令建造模板。下面简要介绍几种构造模板策略。

第一个就是为数据和密钥对构造模板。例如为每一个数据密钥对 (d_i, k_j) 构造模板，被用来构造模板的功耗曲线感兴趣点就是那些与数据密钥对存在相关性的点。这也暗示所有涉及 d_i、k_j 和 (d_i, k_j) 的函数指令都会产生感兴趣点。例如，我们能够为 AES 实现的 AddRoundKey、SubBytes 和 ShiftRows 等指令序列建立模板，或者我们能够为 AES 实现中 key schedule 中的一轮操作建立模板。

第二个是为中间数据构造模板。也就是，为一些合适的函数 $f(d_i, k_j)$ 构造模板，被用来构造模板的功耗曲线感兴趣点就是那些与函数 $f(d_i, k_j)$ 相关的指令所有点。例如，我们为 AES 实现中的 mov 指令构造模板，该指令将 S-box 的输出从累加器回送到状态寄存器。也就是说，我们构造模板，从而允许我们给定 $S(d_i \oplus k_j)$ 推断 k_j。除了为每一个数据密钥对 (d_i, k_j) 构造 256^2 个模板，我们也可以简单地构造 256 个模板 $h_v(v = S(d_i \oplus k_j))$，每个模板对应着 S-box 的每个输出。256 个模板能够被分配给 256^2 个数据密钥对 (d_i, k_j)。

对于前面叙述的两种策略，也可以将功耗特征的知识包含进去。例如，一个设备泄露了数据的汉明重，那么移动数值 1 和移动数值 2 将会导致消耗相同的功耗。因此，与值 1 相关联的模板和与值 2 相关联的模板都会与移动值 1 的曲线相匹配。也意味着，并不需要为相同的汉明重值建立不同的模板。假设我们想要为 S-box 的输出建立模板，我们只需要建立 9 个模板就可以，每个模板对应 S-box 输出的一个汉明重值。也就是，我们使用 $v = S(d_i \oplus k_j)$ 建立模板 $h_{HW(v)}$。9 个模板也可以被分配给 256^2 个数据密钥对 (d_i, k_j)。值得注意的是，如果一个设备只泄露了汉明重的值，一般不可能使用同一条功耗曲线确定密钥值。

（2）模板匹配阶段。在实际的模板攻击中，模板匹配阶段会存在很多困难，这些困难与协方差矩阵有关。首先，协方差矩阵的尺寸依赖于感兴趣点的数目。因此，感兴趣点的数目必须小心地进行挑选。其次，协方差矩阵很难处理。也就是说，我们在计算矩阵的逆的时候会遇到数值计算问题，而以幂形式计算的值通常偏小，从而导致更多的数值计算问题。

在理论上讲，模板匹配就是在给定曲线上评估式（3-22），依据式（3-23），导致最高概率的模板通常预示着最正确的值。即

$$p(\boldsymbol{t}; \boldsymbol{h}_{d_i, k_j}) > p(\boldsymbol{t}; \boldsymbol{h}_{d_i, k_l}), \quad \forall l \neq j \tag{3-24}$$

为了避免幂计算，我们可以对式（3-22）进行对数计算，而导致概率计算最小绝对值的模板通常指示正确的密钥。即

$$\ln p(\boldsymbol{t}; (\boldsymbol{m}, \boldsymbol{C})) = -\frac{1}{2}(\ln((2\pi)^{N_{IP}} \cdot \det(\boldsymbol{C})) + (\boldsymbol{t} - \boldsymbol{m})' \cdot \boldsymbol{C}^{-1} \cdot (\boldsymbol{t} - \boldsymbol{m}))$$

$$| \; p(t \, ; \, \boldsymbol{h}_{d_i, \, k_j}) \; | < | \; p(t \, ; \, \boldsymbol{h}_{d_i, \, k_l}) \; | \, , \qquad \forall \, l \neq j \qquad (3-25)$$

为了避免计算协方差矩阵的逆的问题，我们可以将协方差矩阵设置为单位矩阵，也就意味着我们并不需要将点之间的协方差矩阵考虑进去。一个只包含均值向量的模板通常被称为一个简化的模板。将协方差矩阵设为单位矩阵就能够简化多变量正态分布，即

$$p(t \, ; \, \boldsymbol{m}) = \frac{1}{\sqrt{(2\pi)^{N_{\text{IP}}}}} \cdot \exp\left\{ -\frac{1}{2}(t-\boldsymbol{m})' \cdot (t-\boldsymbol{m}) \right\} \qquad (3-26)$$

为了避免幂计算中的数值计算问题，我们再次使用对数，概率的对数计算简化如下：

$$\ln p(t \, ; \, \boldsymbol{m}) = -\frac{1}{2}(\ln(2\pi)^{N_{\text{IP}}} + (t-\boldsymbol{m})' \cdot (t-\boldsymbol{m})) \qquad (3-27)$$

由前文所述，导致最小对数绝对值的模板指示正确的密钥。此方法中使用的简化模板，在文献中也称为最小平方测试。因为式(3-27)中的计算只涉及 t 和 $\boldsymbol{m}$ 的平方差，所以简化模板的判定规则如下：

$$(t-\boldsymbol{m}_{d_i, \, k_j})' \cdot (t-\boldsymbol{m}_{d_i, \, k_j}) < (t-\boldsymbol{m}_{d_i, \, k_l})' \cdot (t-\boldsymbol{m}_{d_i, \, k_l}), \; \forall \, l \neq j \qquad (3-28)$$

即导致最小平方差的简化模板通常预示着最正确的密钥。

3.3.6　基于机器学习的功耗旁路信道攻击方法

基于机器学习的功耗旁路信道攻击方法是近些年逐渐发展起来的一种有学习的旁路信道攻击方法。从最原始的模板攻击方法，到二次判别分析（Quadratic Discriminant Analysis）方法，再到着重于为中间值变量或中间操作建立以平均值向量和协方差矩阵为代表的功耗模型。依赖于这些方法也产生了不同的变种，例如使用单个协方差矩阵（如线性判别方法，Linear Discriminant Analysis），设置矩阵非对角元素的值为0（如简单贝叶斯方法，Naïve Bayes），去除协方差矩阵只使用一个简单的欧几里得距离作为一个简化模板。同时随机模型（Stochastic Models）也被提出来作为一个线性回归方法。

近几年来，支持向量机（Support Vector Machine）、随机森林（Random Forests）、神经网络（Neural Networks）和自组织映射神经网络（Self Organizing Maps）也相继被应用于功耗旁路信道分析。另外一种 Profiling 攻击方法是基于多变量回归分析的，类似于先前的随机模型使用线性回归建模，但是在分类步骤中仍然使用 CPA 攻击方法（或者其他Non-profiling分类器）进行密钥恢复。同时，高斯混合模型（Gaussian Mixture Models）也被用来攻击 AES 的掩码实现，从而处理未知掩码值引起的不稳定性。

我们主要以 DPA contest V4 中的掩码 AES 作为攻击目标，并介绍机器学习方法在功耗旁路信道中的具体使用方法和流程。

为了提取正确密钥，我们需要分两个独立步骤进行。一是建立模型确定掩码值，二是使用掩码知识去除随机化保护并建立模型恢复密钥字节值。我们通常认为攻击者是在Profiling 阶段了解掩码的。机器学习方法在功耗旁路信道中的具体使用方法如下：

首先是特征点的选择，Profiling 旁路信道攻击的一个重要步骤就是要选择相关的特征去构建模型。虽然攻击者可直观确定攻击目标的轮数或者操作，但是功耗曲线中很多点并不发生与目标中间值相关的信息泄露。同时，很多方法被提出来用于进行特征选择和特征点选取，例如均值之差（Difference-of-Means）、T 检验（T-test）、归一化类间方差（Normalized Inter-class Variance）、互信息（Mutual Information）、主成分分析法（PCA，Principal

Component Analysis)等。图 3-9 所示为使用相关性分析获得的功耗值和偏移量(offset)之间的相关性系数。

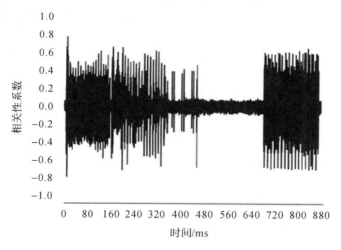

图 3-9 功耗值与偏移量(offset)之间的相关性系数

我们可以依据测得的相关性系数,选择相关性程度最高的点作为功耗曲线的特征点。另外,对特征进行预处理能够显著减少有学习的攻击的错误率。如果使用神经网络作为攻击的分类器,特征输入点范围差异过大会减弱变量差异对神经网络的影响,因此可以使用归一化方法将输入特征范围限制在[-1,1]之间。另外一种方法是计算每个特征的 z-score,将输入特征进行归一化,从而对大小输入都给出同样的权重。另外,主成分分析法(PCA)是一种常用的降维技术,通过 PCA 作预处理去除冗余特征,能够有效地减少神经网络的训练时间并增加神经网络的稳定性。

然后是破解掩码。通过上一步选取特征点,在这一步骤中的掩码恢复过程就是一个分类问题。因此,传统的机器学习方法就可以应用在本步骤中,已有的文献中使用的攻击方法包括支持向量机(Support Vector Machine)、随机森林(Random Forest)、模板攻击(Template Attack)、随机攻击(Stochastic Attack)、多变量回归分析(Multivariate Regression Analysis)、神经网络(Neural Network)等有学习的功耗攻击流程图如图 3-10 所示。

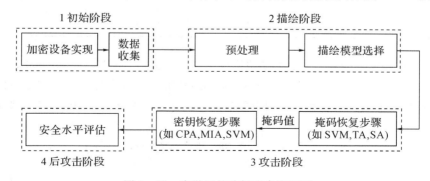

图 3-10 有学习的功耗攻击流程图

最后一步是进行密钥的破解。通过上一步计算,掩码的偏移量被破解出来,在这一步骤中将恢复 AES 算法的密钥。现有文献中通常使用 CPA 方法进行攻击。已有参考文献显示的常用攻击策略及其结果汇总如表 3-4 所示。

表 3-4　常用攻击策略及其结果汇总

策　略	需要的功耗曲线数目
非掩码实现	
SVM	6.1
CPA	16.3
掩码实现	
SVM/SVM	7.8
Multivariate CPA（均值函数）	20.9
Multivariate CPA（权重均值函数）	20.9
Multivariate CPA（最大函数）	23
SVM/CPA	26
SA/CPA	27.8
TA/CPA	56.4
SA	107

在密钥恢复阶段亦有文献使用神经网络进行破解，其结果如表 3-5 所示。

表 3-5　每个字节的攻击错误率结果

S-Box	1	2	3	4	5	6	7	8
错误率	0.128	0.065	0.061	0.130	0.156	0.046	0.040	0.192
S-Box	9	10	11	12	13	14	15	16
错误率	0.154	0.112	0.188	0.196	0.160	0.077	0.150	0.110

由于基于机器学习的攻击方法都是假设攻击者能够了解其所控制的 Profiling 设备的随机掩码。尽管这种假设在主流的破解基于掩码的 AES 研究中普遍存在，但是在实际的攻击场景中可能并不存在。因此，不依赖于此假设的破解方法将是未来研究工作的一个重要方向。

3.4　其他旁路信道

除了前面描述的时间信道和功耗信道，还存在着其他通过物理现象泄露机密信息的旁路信道，如与功耗旁路信道类似的电磁旁路信道、声学旁路信道和故障注入分析等。本节简要介绍这三种旁路信道攻击。

3.4.1　电磁旁路信道攻击

密码芯片的电磁辐射也是旁路信号的一种，它与流过芯片的电流相关。对于执行密码算法的设备而言，芯片辐射的电磁信号与芯片中处理的数据是相关的。因此，执行密码算法的设备辐射的电磁信号中蕴含着和密钥相关的有用信息。

我们以反相器为例进行简要分析，如图 3-11 所示。

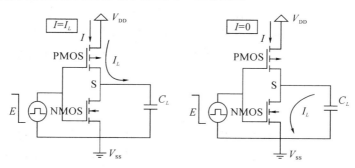

图 3-11　CMOS 反相器在输入信号 E 出现上升沿和下降沿时的动态电流

反相器是 CMOS 数字电路的基本组成单元。反相器可以看作是一个推拉开关。输入接地时，切断下面的晶体管，产生高电平输出；高电平输入时刚好相反，将输出接地拉到低电平。当一个比特位从 1 转换到 0 或者从 0 转换到 1 时，反相器的 PMOS 管或 NMOS 管会导通一小段时间。这就导致一个从 V_{DD} 到 V_{ss} 的短暂电流脉冲，而这个在 CMOS 门的输出变化时产生的电流会在芯片周围产生一个变化的电磁场，这个变化的电磁场可以用感应探头检测到。根据楞次定律，穿过探头的电感量取决于磁通量的变化率，其表示如下

$$v = -\frac{\mathrm{d}\Phi}{\mathrm{d}t} \tag{3-29}$$

$$\Phi = \iint \boldsymbol{B} \cdot \mathrm{d}\boldsymbol{S} \tag{3-30}$$

式中，v 表示探头的输出电压，ϕ 表示探头感应的磁通量；t 表示时间；$\boldsymbol{B}$ 表示磁场；$\boldsymbol{S}$ 表示磁力线穿透的区域。基于安培定理的麦克斯韦方程将磁场的产生表示如下：

$$\boldsymbol{\Delta} \times \boldsymbol{B} = \mu \boldsymbol{J} + \varepsilon\mu \frac{\delta \boldsymbol{E}}{\delta t} \tag{3-31}$$

式中，$\boldsymbol{J}$ 表示电流密度，$\boldsymbol{E}$ 表示电场，ε 表示电导率，μ 表示磁导率。式(3-29)、式(3-30)和式(3-31)说明探头的输出电压 v 和电流密度 $\boldsymbol{J}$ 以及电场 $\boldsymbol{E}$ 成正比，也就是探头的输出电压和芯片内部翻转的晶体管数量成正比。一个微控制器可以被建模成一个依靠时钟信号触发在不同状态之间转换的状态机，而这些状态又和 CMOS 电路的逻辑门翻转有关，这样在一定时间内通过物理旁路泄漏的数据取决于该时间内从一个状态到另一个状态的转换数。假设用到的状态是一个定长的机器字 R，那么可以用汉明重量或汉明距离对旁路信号进行建模。汉明重量指的是一个机器字中比特位值为 1 的比特位个数。如果一个 m 位的数据编码为

$$D = \sum_{j=0}^{m-1} d_j 2^j \tag{3-32}$$

其中 $d_j = 0$ 或 1，它的汉明重量为

$$H(D) = \sum_{j=0}^{m-1} d_j \qquad\qquad (3-33)$$

那么从 R 转换到 D 的翻转位数就是 $H(D \oplus R)$，这就是 D 和 R 之间的汉明距离。在操作数一级，微控制器的内部电流可以用源操作数和目的操作数之间的汉明距离来表示，即

$$I_R = \lambda \cdot H(D \oplus R) + \mu \qquad\qquad (3-34)$$

式中，λ 是一个和系统相关的常数，μ 是随机噪声。从式(3-34)可以看出，微控制器内部电流大小是和操作数的汉明重量(汉明距离)相关的。结合式(3-29)、式(3-30)和式(3-31)，微控制器工作时辐射的电磁信号也与其内部处理的数据是相关的。建立的基于汉明重量或者汉明距离的电磁泄漏仿真模型与功耗分析相似。同时，电磁旁路信道的分析手段和方法与功耗旁路信道类似，在此不再详细展开。

3.4.2　声学旁路信道攻击

　　声学旁路信道攻击是一种通过捕捉装置采集设备在运行过程中产生的声音信号来获取敏感信息的技术。声学旁路信道攻击较早用于老式密码键盘的攻击。一些老式的密码键盘，如早期的取款机键盘，在按下不同的按键时，设备会发出不同的声音，通过监听设备发出的声音，即可完全获知用户输入的密码。这些老式密码键盘安全漏洞暴露出来以后，设备生产商取消了按键音之间的差异，但是，这并未完全消除声学旁路信道攻击。这是由于虽然不能从按键音直接推断输入的内容，但是，由于机械键盘往往有固定的布局，按键所产生的声音序列往往有一定的模式，例如，按键1、按键2、按键4是紧邻的，输入1后紧接着输入2和4所产生的声音序列与输入1之后再输入3、6、7、8、9等非紧邻的按键所产生的声音序列是存在细微差异的。虽然人耳可能发现不了这种差异，但是，利用大量的样本训练机器，却能够达到很高的识别精度。类似的分析方法也适用于全键盘的声学旁路信道攻击。研究表明：利用机器学习方法来攻击全键盘的击键录音，结合英语的语法分析，能够达到90%以上的识别正确率，甚至通过智能手机屏幕虚拟键盘输入的内容，研究人员也能以一定的精度检测出来。因为机械键盘在输入时会发出可供分析输入内容的声音，人们通常认为数字虚拟键盘比机械键盘更安全。现在，研究人员的结果却表明，虚拟键盘也挡不住这些声学旁路信道攻击。

　　上面的例子都属于人耳能听见的声音，还有一些声学攻击利用了人耳无法听到的超声波。最近，计算机科学家提出了一种可靠提取密钥的新攻击技术，捕捉计算机在执行加密运算时产生的高声调音频(超声波)。这项密码破解技术属于物理攻击，攻击者需要将智能手机的麦克风直接对准目标计算机的风扇通风口。研究人员提出可以用监听声音的恶意程序感染智能手机，或者其他方法在目标计算机附近安放监听设备。攻击利用了运行 GnuPG 的计算机 CPU 产生的不同声波特征，研究人员发现他们能区分不同 RSA 密钥之间的声波特征，通过测量 CPU 解密密文时的声音，能完整提取出解密密钥。在演示中，研究人员成功利用一部三星 Note II 智能手机恢复了一个 4096 位的 RSA 密钥。GnuPG 已经发布了更新，反制这种攻击方法。

　　2018 年 8 月，研究人员展示了一种通过分析显示器附近收集的直播流或录音，比如网络电话或视频聊天，来发起各种隐秘监视的技术。攻击者还可基于声学泄漏，抽取出屏幕上显示的内容信息。虽然信号会随距离增大而衰减，但是是在使用低品质麦克风的时候，

研究人员仍能在某些情况下从 9 米范围内收集的录音中提取出显示器超声放射物。

研究人员发现，很多显示器的电源板在调制电流时都会发出高频或者人耳听不到的杂音。这种杂音会随显示器内容渲染处理器的不同电力需求而改变。这种用户数据与物理系统之间的联系为窃听创造了始料未及的机会。所有电子产品都会有嗡嗡响的杂音，但显示器的声学放射物却对攻击者特别有用。它们发出的是高频杂音，能承载更多调制信息；而显示器的调制，正是基于屏幕上显示的信息。

证实了这种超声波杂音后，研究人员便开始着手利用这些杂音抽取信息。他们创建了一个可令黑白线条或色块按不同模式交替出现的程序，然后录制下程序运行时的环境音频。积累到充足的数据基础后，研究人员开始测量显示流行网站、谷歌群聊和人脸时的显示器超声放射物，想要验证他们是否能够从录音中区分出这些内容。

研究团队将这些信息作为训练数据馈送给机器学习算法，然后便开始产生越来越准确地从环境超声放射物到屏幕显示内容的转译结果了。一些黑白条纹模式和网站的识别成功率高达 90%～100%。研究人员甚至还注意到，他们的系统有时候能从机器学习模型从未遇过的显示器环境音频中，抽取出有意义的数据。

3.4.3　基于故障分析的旁路信道攻击

故障注入攻击，是指通过在密码算法中引入错误，导致密码芯片设备产生错误结果，对错误结果进行分析从而得到密钥的攻击方法。它比前面所介绍的简单能量攻击、差分能量攻击、电磁分析攻击都更强大，往往只需要数条数据轨迹即可恢复整个密钥。

故障分析一般分为故障注入和故障利用两个阶段。故障注入就是要在某个合适的时间将故障注入密码运行中的某些中间状态位置，其技术实施和实际效果依赖于攻击者使用的工作环境和实验设备。故障利用则是利用错误的结果或者意外的行为，使用特定的分析方法来恢复部分甚至全部的密钥。故障利用既依赖于密码系统的设计和实现，也依赖于不同的算法规范。通常故障利用都要与传统的密码分析方法相结合，如差分故障分析和碰撞故障分析就是故障分析和传统的差分、碰撞分析方法的完美结合。

故障注入攻击一般可分为以下类型：

（1）毛刺攻击。毛刺攻击是通过扰乱外部电压或者外部时钟使设备失灵对设备进行攻击的，其优点是易于实施，但无法对某一个特定的部分进行攻击。现在的大多数芯片都有毛刺检测器或者电源滤波器来抵抗此攻击。

（2）温度攻击。温度攻击是通过改变外部的温度来扰乱设备的正常运行，从而得到错误结果的。

（3）光攻击。光攻击是通过激光或高能射线照射，利用光子扰乱密码设备的正常运行的。它可以选择攻击的位置，是最强的攻击方式。由于芯片主要都是在正面进行保护的，背面很少采用保护措施，可通过照射背部进行攻击。

（4）电磁攻击。电磁攻击一般利用强大的磁场对设备进行干扰。其优势在于廉价，但不如光攻击有效。

故障分析主要分为四个步骤：

（1）选定故障模型。攻击者在故障分析开始时需要明确给出故障时机、位置、动作、效果四元组模型。典型的故障模型为：加密某中间轮的单字节（或部分字节比特）瞬时随机故障。

（2）故障注入。根据故障模型，攻击者选定故障注入手段，如电源、时钟、激光、射线等干扰方式进行故障注入。

（3）故障样本筛选。在故障注入完成后，攻击者根据故障模型，参考密码运行最终输出的故障宽度、故障位置、故障值，甚至自故障注入后密码运行的时间长短来筛选理想的故障样本。该步骤对于故障分析效率具有较大的影响。

（4）基于故障的密钥分析。在筛选出理想的故障样本后，攻击者需要根据密码正确运行和故障输出之间的关系，使用一定的故障分析方法结合密码算法设计破解相关密钥值。

对于 AES 密码算法，通常选择在倒数第二轮（可以在 S 盒置换、行移位或者列混合之前）或最后一轮（S 盒置换之前）注入故障，因此需要控制故障注入的位置和时机。通常采用电压和时钟毛刺、降低供电电压、激光或高能射线照射等方式注入故障。以 128 位 AES 密码算法的故障注入攻击为例，假设在第 9 轮的列混合之前注入故障，如图 3-12 所示。为便于攻击，通常需要控制所注入故障的数量，一般而言，出错的位数越少越好。在实际攻击中，可以逐步降低供电电压，提高时钟信号的频率或者辐射的能量强度等方法，使得 AES 密码核从正常工作到刚好出现故障的临界状况。此时，通常能够保证所注入的故障数量较少，能够取得较好的分析效果。

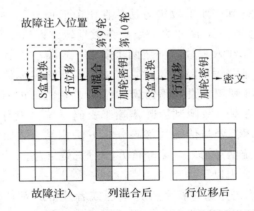

图 3-12　AES 故障注入及故障效应传播示意图

假设在第 9 轮的列混合操作之前注入故障，使得 AES 密码算法的 128 比特（16 个字节）状态字中有一个字节出现了故障。根据 AES 的算法流程，当经过列混合之后，16 个字节的状态字中将会有四个字节受到影响出错。加轮密钥和 S 盒置换都不会导致更多的状态字节受到影响，因此，第 10 轮的 S 盒输出仍然只有四个字节出错。行移位操作在不改变状态字内容的情况下对各个字节的位置进行移位，因此，只是这四个出错的字节分别循环左移了 0、1、2、3 位，值未发生变化。

在对 AES 故障注入攻击的位置和错误传播有一定了解的基础上，可以进一步讨论故障分析和密钥恢复的方法。故障注入攻击方法的基本原理如图 3-13 所示。

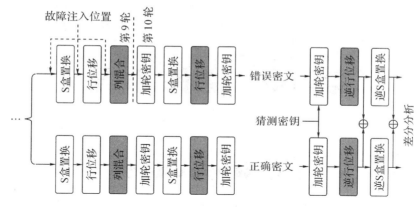

图 3-13 故障注入攻击方法的基本原理

故障注入攻击一般采用差分分析方法。给定一条明文，需要在未注入故障的情况下获得正常加密的密文，同时，在注入故障的情况下，获得错误的密文。然后，以字节为单位对最后一轮的轮密钥进行猜测，根据正确密文和错误密文逆推，依次执行加轮密钥、逆行移位和逆 S 盒置换操作，并对逆推的中间结果进行差分分析或者错误密度分析等。

故障注入攻击除了能够通过差分分析恢复密钥之外，还提供了一种激活基于无关项硬件木马的有效方法。正常工作情况下，无关项是无法覆盖到的，基于无关项的木马设计是无法激活的。但是，可以通过故障注入手段（如提高工作频率使关键路径失效等），使得设计出错，从而进入无法覆盖到的无关项来触发木马，并达到泄露敏感信息等目的。

本 章 小 结

本章针对常见的几种旁路信道攻击进行了介绍。由于硬件 RSA 时间信道和 AES 功耗信道的广泛存在及其攻击方法的典型特征，本章对 RSA 时间信道和 AES 功耗信道的旁路信道攻击进行了详细的分析和阐述。本章对 Cache 时间信道攻击、电磁信道攻击、声学信道攻击和基于故障分析的旁路信道进行了简要的概括，有兴趣的读者可查阅相关书籍和论文对其进行更加深入的理解和掌握。

思 考 题

1. 常见的旁路信道有哪些？不同旁路信道的原理是什么？
2. 请简述 Kocher 攻击方法的基本步骤和算法。
3. OpenSSL RSA 时间旁路信道的特征是什么？
4. Cache 时间旁路信道攻击方法有哪些？每种攻击方法的步骤是什么？
5. 简述 AES 功耗旁路信道产生的机理。
6. DPA 攻击和 CPA 攻击的具体步骤是怎样进行的？
7. 请简述基于机器学习方法的旁路信道攻击技术的基本步骤和原理。

第四章 硬件木马

4.1 硬件木马概述

硬件木马攻击是近年来集成电路(IC, Integrated Circuit)领域新兴的一种硬件攻击模式。现代集成电路的设计和生产依赖一种全球化、多方合作的产业链结构。该产业链包含多个环节,包括芯片设计公司、第三方 IP 提供商、电子设计自动化工具供应商、流片工厂等,而且通常会涉及海外合作。这种支持设计重用、分离设计和流片的产业链结构能极大地缩短产品设计时间,进而使产品的上市时间提前,提高企业在市场上的竞争力。但同时也由于不可信任因素的增加使得集成电路生产的可信任性受到威胁。硬件木马是指集成电路在设计和生产过程中可能发生的恶意设计修改。这种恶意设计修改可能发生在设计公司或流片加工厂,或来源于不可信的第三方 IP 核等。其结果可能会导致 IC 的功能异常或拒绝服务(DoS, Denial of Service),提供隐藏通道导致敏感信息的泄露,以及制造硬件后门使攻击者能够对芯片进行远程操控和破坏。硬件木马也可能导致芯片性能下降,加速老化,可靠性降低等问题。图 4-1 显示了集成电路中硬件木马的一般结构。该木马通过改变电路内部某些节点的逻辑值造成电路的功能错误。电路功能异常只有当木马被激活时才会发生,即其激活逻辑输出逻辑 1。硬件木马这种恶意电路可以类比成芯片中的间谍,一旦激活可能对整个系统产生严重的影响。例如,如果硬件木马被植入到应用于军事、医疗、民用基础设施等领域的芯片内部,一旦其激活就可能会对国家和人身安全造成重大影响。

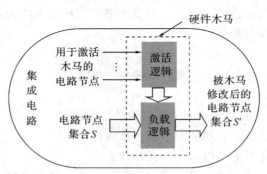

图 4-1 集成电路中硬件木马的一般结构

在不精确的意义上,硬件木马对于集成电路硬件的破坏功能可以类比通常用于攻击计算机操作系统的软件木马。木马这个名词来源于古希腊传说,其本意是特洛伊人(Trojan)。在特洛伊战争中,一个木制的马被作为礼物送给特洛伊军队。特洛伊军队把这个木马带进城门却没有意识到敌方希腊士兵藏在木马中。这个看起来可信任的木马在一定条件下转变为了强有力的恶意工具，戏剧性地反转了特洛伊战争的结果。所以人们用特洛伊这个词表示木马，也就是潜藏的恶意间谍。与其名字来源相对应，硬件木马的两个主要特征包括：

（1）它的植入具有一个恶意的目的。

（2）木马电路具有隐蔽性，能够不被标准的芯片测试和验证过程所发现。

攻击者在芯片中植入木马时通常需要使木马电路具有隐蔽的特征，以便逃避标准加工后的测试，同时又要保证木马对电路的影响在应用领域长时间运行之后或在某种特定条件的激活下表现出来。对于一个中等复杂度的芯片，可能植入的木马数量会相当巨大，并且其激活机制和激活后对系统的影响效应千差万别。

当前的经济趋势使得集成电路产业受到硬件木马攻击的威胁日益显著。IC 的设计和生产过程越来越依赖多个可信性无法保证的供应商。经济因素导致目前大多数的芯片在不可信的工厂里生产，这些工厂经常位于海外国家。不仅如此，现代芯片的设计极为复杂，单个芯片的规模可达数十亿个逻辑门。这样复杂的片上系统（SoC，System-on-Chip）中通常包含相当数量的功能模块。对于任何一个设计公司，为满足其产品的功能需求和上市时间以获得良好的市场竞争力，都需要集成第三方设计的硬件模块，也就是第三方硬件知识产权核（ThirdParty IP cores）。这样就在 SoC 设计中引入了不可信任因素。此外，由于所有的设计公司都要采用第三方公司提供的电子设计自动化（EDA，Electronic Design Automation）工具，同时 IC 的验证流程也严重依赖 EDA 工具来完成。如果 EDA 工具来自不可靠的供应商，其内嵌的恶意功能可能会在芯片设计中安插令设计人员难于发现的硬件木马。综上所述，现代集成电路产业的经济模型在很大程度上削弱了设计公司对于其 IC 生产流程的控制，为硬件木马电路的植入制造了很多机会。图 4-2 显示了一个典型的 IC 生命周期的不同阶段可能发生的硬件木马攻击。设计生产中的每一方都有可能是一个潜在的篡改电路设计的攻击者。这种篡改可以通过更改电路结构来实现，或者通过修改加工过程的特定步骤

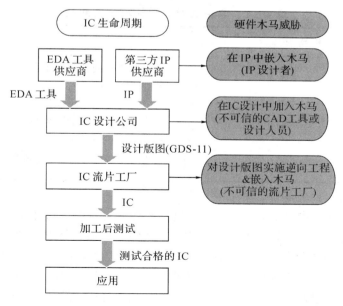

图 4-2　IC 生命周期的不同阶段面临的硬件木马威胁

或参数造成电路性能和可靠性等方面的问题。从攻击者的角度来讲，攻击的目标可能多种多样。比如，损害其他公司的名誉来提高本公司在市场的竞争力；造成执行关键任务的大型国家基础设施的功能紊乱；或通过泄露秘密信息非法获取某安全系统的访问权等。最近的研究表明，一个聪明的攻击者可以在超百万门级的 SoC 设计中仅通过加入几个晶体管，或者有选择性地改变某些流片工艺流程参数来影响电路的操作可靠性。这就使得成功检测硬件木马相当困难。

在理想情况下，对电路的任何修改都可以在流片前验证和仿真或在流片后的测试中发现。但实际情况是，对芯片的验证和测试需要整个芯片的完整功能模型，而这通常都难以获得，尤其是目前的芯片通常都包含多个来自不同供应商的第三方 IP 核。而且，对大规模的复杂设计进行穷举验证通常是不现实的。在流片后的测试方面，传统的出厂测试对于木马检测几乎是无效的，因为攻击者会将木马设计得很隐蔽而难以激活。理论上可以通过对芯片进行破坏性的逆向工程获得其全部信息，但是这种方法会使得芯片无法使用，而且其代价高昂。而且攻击者可能只在一批次芯片的少量样本中加入木马，使得逆向工程未必有效。

在这里有必要澄清一下硬件木马和电路故障以及软件木马的区别。电路故障一般是指在电路的生产加工过程中由于工艺环境或者流程不完美造成的电路缺陷。比如，固定型故障（指电路的某一节点固定在某个逻辑值无法翻转）和电路延时故障都是这些物理缺陷的逻辑模型。相反，硬件木马是指由人为蓄意加入的在指定功能之外的恶意电路功能。IC 流片后的结构测试和功能测试都旨在检测电路故障。电路故障通常能够被检测到并能够在已知的常见电路状态利用特定的输入向量激活。与之不同，硬件木马的激活条件可以设计得非常复杂，通常无法在正常的流片后测试中被检测到。在后续章节中我们会看到研究人员们提出了各种不同的方法以期实现相对有效的木马检测。但这些方法的有效性通常是有限的，并且只针对特定类型的木马有效。表 4-1 综合了电路故障和硬件木马的不同属性。

表 4-1　电路故障和硬件木马的对比

	电 路 故 障	硬 件 木 马
激活	通常在已知的功能状态下	任意电路中间节点特定状态的组合或序列（可为数字或模拟信号）
植入	偶然（由于流片过程中的某些缺陷）	蓄意（由 IC 产业链中的攻击者植入）
作用	电路功能或参数错误	电路功能参数错误或信息泄露

软件木马是一种含有恶意代码的软件。这种软件通过获取对操作系统的特权访问来窃取信息或对主机造成伤害，如擦除或修改数据。软件木马通常能够在应用领域内解决，如通过防木马软件来监测和移除木马。而硬件木马是在 IC 设计生产过程中加入的电路实体。一旦电路完成流片，将木马电路移除就不再可能。但是，仍然有硬件、软件和系统级的技术能够在一定程度上对硬件木马起到弥补和容忍的作用，这在后续章节会进行介绍。表 4-2 总结了硬件木马和软件木马的不同属性。

表 4 - 2　软件木马和硬件木马的对比

	软　件　木　马	硬　件　木　马
激活	一种存在恶意代码的软件,在代码运行过程中激活	存在于 IC 硬件中,在 IC 运行过程中激活
感染	通过用户交互传播(例如从网络下载或打开文件)	由 IC 设计生产流程中不可信任的参与方植入
补救措施	可通过软件更新移除	IC 流片加工后不能移除

4.2　硬件木马的机理

从概念上讲,硬件木马电路在功能上可以分为激活逻辑和负载逻辑两部分,如图 4 - 1 所示。激活逻辑负责控制木马电路处于闲置状态还是激活状态。在激活逻辑被启动之前,木马电路对原电路功能不造成影响。在木马被激活之后,负载逻辑负责实施木马对原电路功能的恶意影响,比如泄露关键信息或造成系统功能故障等。攻击者会尽量隐藏木马电路的存在以便逃避流片后的 IC 测试。为了达到这一目的,攻击者需要使木马效应在极少数情况下才显现出来,最好是经过长时间的 IC 运行才可能将木马激活。在数字电路中,实现这种目的通常可以采用两种手段:(1)选择电路中小概率节点状态的集合作为木马的激活条件;(2)利用特定小概率事件的序列作为木马的激活条件。也就是说,单一事件并不能激活木马,而需要一个小概率事件的时序序列来完成木马的激活,这样可以进一步降低木马被随机激活的概率。这两种木马设计可以分别用数字电路的组合逻辑和时序逻辑实现,也就是组合逻辑木马和时序逻辑木马。

图 4 - 3(a)和 4 - 3(b)显示了组合逻辑木马与时序逻辑木马的示例和一般模型。在图 4 - 3(a)中,组合逻辑木马选取电路中的 k 个内部节点(信号 a)。当这些节点全部达到其小概率逻辑值(数值 b)的时候,比较器会输出逻辑 1 并将木马激活。激活的木马负载将造成电路内部节点 ER 的逻辑值翻转,也就是造成电路的一个功能错误,它是这个组合逻辑木马的有效负载。在木马被激活之前,比较器的输出保持在逻辑 0,不会影响 ER 信号的状态。组合逻辑木马的一般模型可以抽象成图 4 - 3(b)左图所示。

图 4 - 3(a)给出了时序逻辑木马的一个示例。这是一个基于 k 位计数器的木马。为了将木马激活设计成小概率事件序列,计数器的时钟信号采用 $p\&q$,其中 p 和 q 是原电路的内部节点。其选取原则是 p 和 q 为逻辑 1 的概率均较小,也就使得 $p\&q=1$ 为一小概率事件。每一次 $p\&q$ 从 0 到 1 的翻转均会使得计数器输出增加 1。当计数器达到其最大值时,木马被激活,造成 ER 信号逻辑值翻转。由此可见,时序逻辑木马可能会需要相当长的时间才会激活。如果想要使木马的激活变得更困难,我们可以将计数器设计成一个一般性的有限状态机(FSM,Finite State Machine),即在每一个状态转换之后,如果没有相应的下一个激活向量造成 FSM 向下一个激活状态转换,那么 FSM 回到初始状态,使得激活向量序列需要重新输入。在实际应用中,激活节点的选取有可能是随机的电路内部节点,也有可能是用户可访问的寄存器等逻辑单元。例如,在一个微处理器中,激活节点可以选取处理器的

指令寄存器或数据寄存器，这样在应用领域，攻击者可以操控木马的激活，而一般在电路正常运行过程中，这种木马被意外激活的概率极低。综合来讲，时序逻辑木马的激活控制机制可以用一般的有限状态机来完成，其一般模型如图 4-3(b) 右图所示。

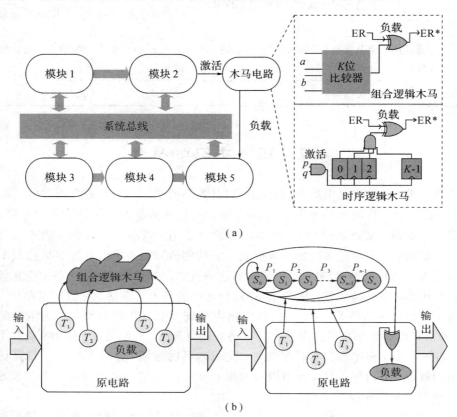

（a）

（b）

图 4-3　组合逻辑木马和时序逻辑木马

（a）示例；（b）一般模型

硬件木马的负载效应不仅限于影响电路的正常功能。有些木马主要用来泄露系统内的关键信息，如加密系统的密钥。通过关键信息的泄露，攻击者能够掌握系统内被保护的数据，如被加密保护的消息或数据。这种木马可能对电路的正常运行不造成任何影响，但是通过其他隐通道，例如电路的能量信道或电磁信道将关键信息泄露。硬件木马不可避免地会造成电路引入面积、功耗和性能等方面的额外开销。攻击者会尽量最小化这些影响，使木马更加隐蔽，从而使其难以用侧（旁路）信道分析等方法检测。例如，攻击者可以重用原电路的一些逻辑或有限状态机中未定义的状态来实现木马，这样可以减少木马电路产生的额外开销。此外，大规模复杂集成电路的版图通常会有一些未利用的闲置空间，攻击者可以利用这些空间植入木马以减少木马电路产生的芯片面积开销。

4.3　硬件木马的分类

硬件木马可以从不同角度分类，并且可能随着新攻击模式研究的发展而不断更新。图

4-4 显示了常见的硬件木马分类。

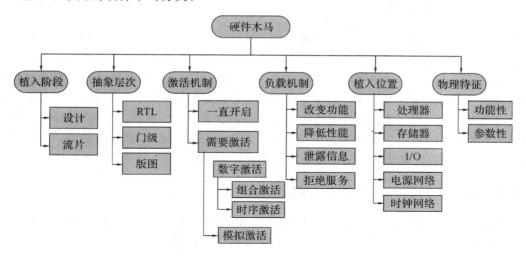

图 4 - 4　常见的硬件木马分类

4.3.1　按植入阶段和抽象层次分类

从植入阶段来说，硬件木马可以在芯片设计阶段或流片加工过程中植入。设计阶段硬件木马的主要来源包括不可信的第三方硬件 IP 核，以及设计公司内部不可信的员工或者不可信的 EDA 工具。例如，在存储器管理单元中加入的用于实现特权提升木马就比较适合在设计阶段植入。因为该木马是功能较复杂、电路规模较大的逻辑电路木马。流片加工过程中植入的木马主要来源于不可信的流片加工工厂。由于流片加工经常在海外的工厂进行，所以有充分的理由怀疑加工工厂的可信性。这也是学术界普遍认为可能性较大的一种威胁模型。例如，可靠性木马就是在流片加工过程中通过恶意修改工艺参数植入的。

从木马电路的抽象层次来说，木马可以在硬件设计代码（HDL）或版图中加入，前者包括寄存器传输级（RTL）和设计综合后的门级网表两种情况。

4.3.2　按激活机制分类

从木马的激活机制来讲，硬件木马包括一直开启的木马和需要激活的木马两类。例如，利用能量侧信道泄露信息的木马就是可以一直开启的木马。因其利用侧信道泄露信息，所以具有一定的隐蔽性，即使一直开启也较难被发现。在需要激活的木马中，其激活机制可以是数字激活或者模拟激活。数字激活是指利用布尔逻辑功能激活，包括组合电路激活和时序电路激活两种情况。例如，利用电路中一些小概率节点值来激活的木马激活机制就是组合电路激活。时序电路激活机制利用有限状态机定义更为复杂的小概率激活条件，通常是一组特定的小概率事件序列。模拟激活是指利用芯片的一些物理参数激活或模拟电路行为，如温度、延时、电路老化效应等，或电路节点充放电等电气行为。从另一个角度讲，木马激活机制也可以分为内部激活和外部激活。内部激活是指在芯片运行一定长的时间之后会以一定的概率被随机激活。外部激活是指需要攻击者在外部施加一定的输入来激活木马，如攻击者可以远程操控某个芯片后门的开启。4.4 节中存储器管理单元中的木马也是外部激活的一个例子，攻击者可以通过向存储器写一个特定的数据来激活木马。

4.3.3 按负载机制分类

硬件木马的负载机制包括改变电路功能、降低性能、泄露关键信息和拒绝服务等。恶意改变电路功能是常见的木马负载机制。硬件木马还可以造成电路性能的下降。例如，激活的木马可以使闪存控制器周期性地向闪存发出睡眠指令来降低系统工作的性能。此外，一些通过修改版图参数植入木马的主要负载机制也通常是降低电路的性能或产生故障。硬件木马还可以利用逻辑端口或者侧信道向片外泄露关键信息。例如，木马可以通过射频信号或者芯片闲置的串口泄露加密单元的密钥。硬件木马还可以造成拒绝服务，这在军事、医疗、民用基础设施等关键应用领域会造成灾难性的后果。

4.3.4 按植入位置和物理特征分类

硬件木马可以植入在芯片的不同位置，比如木马可以有针对性地影响处理器特权寄存器，影响存储器单元稳定性，通过 DoS 攻击降低 I/O 端口性能，影响时钟网络和电源分配网络以及信号质量等。从物理特征上看，硬件木马可以分为功能性木马和参数性木马。功能性木马主要影响电路的逻辑功能。参数性木马包括在版图中修改设计参数和在流片加工过程中修改工艺参数植入的木马等。

4.4 常见硬件木马介绍

如前所述，硬件木马电路主要包含激活逻辑和负载逻辑两部分。其可选的激活部分通常是用来监测 IC 中某个特定的小概率事件。当事件发生时，负载机制被启动，对 IC 功能造成破坏性影响，或实现利用侧信道泄露信息等目的。因而针对硬件木马设计的研究工作主要集中在提出创新性的激活机制和负载机制方面。由于在 IC 中植入木马电路会不可避免地产生一些副作用，如对 IC 面积、功耗、路径延时或电磁辐射特征的影响，这些参数的改变都有可能被防御者用于木马检测。因此，也有少部分的研究工作致力于优化木马电路设计，使其对原电路产生的改变尽可能小，以便更好地隐藏木马电路。本节以几种典型的常见木马电路设计为例，讲解这些木马电路的设计特点、工作原理和检测方法。

4.4.1 硬件木马篡改存储访问保护机制

研究者们提出了一种具有一般性的硬件木马设计方法。对比大量"定制性"较强的硬件木马设计，这种木马设计方法适用于多种硬件平台，并且具有两个突出的优点：（1）利用软件激活，这使得硬件木马攻击的可控性和实用性显著提高；（2）木马负载机制启动某种硬件后门，该硬件后门可被软件利用进行形式多样的攻击，其具体功能取决于恶意软件。这种设计在很大程度上丰富了硬件木马攻击的负载空间，使得硬件木马不仅限于完成某种特定平台下的特定负载功能。下面以一个篡改处理器中的存储访问保护机制的木马为例说明这种木马的设计原理。

该类硬件木马为无特权的恶意软件访问特权存储区提供硬件支撑。木马激活电路监视存储器的数据总线，当数据总线上出现一长串特定的字节序列时木马激活。因此该木马激活可以利用用户软件进行操控。例如，任意无特权的恶意软件可以通过把这个特定的字节序列写入内存来激活木马电路。注意，这里的恶意软件从软件安全的角度没有任何违规行为，因而在杀毒软件眼里这是一个完全安全的软件。其特别之处在于这个被写入的"魔法"数据序列能够开启木马所定义的硬件后门。为了避免其他软件无意激活木马而导致木马被发现，可以将这个激活序列设计得相当长。通常，处理器的存储访问由存储器管理单元（MMU，Memory Management Unit）保护，任何访问都需要经过 MMU 授权其可以访问的区域。但是，当木马激活后，MMU 将忽略 CPU 的权限等级，不再对访问数据缓存的请求进行判断，直接允许任何特权或无特权软件访问所有内存区，包括诸如操作系统内存等特权内存区。这也就相当于 MMU 对存储器存取的保护机制被旁路。简单来说，该木马通过写入一个特别的数据实现对内存访问保护的禁用。

无特权的恶意软件由于可以访问特权内存区，因而它可以进一步控制整个操作系统，继而对系统进行任意想要的攻击。为了实现这一目的，攻击者可以利用该硬件木马对一个恶意软件进行特权提升。首先，该恶意软件利用木马关掉对特权内存区的保护。然后，它访问特权内存区找到自己的进程结构，并把相应的用户 ID 改成 root。然后，该恶意软件就可以以完全的系统特权运行，任意读取或修改数据或进行其他攻击。可见，这种硬件木马设计能够支持软件攻击实现较大的负载空间。

这种硬件木马设计在硬件上需要在数据缓存中嵌入一个有限状态机来检测数据总线上的特定模式，也就是其激活机制。同时它还需要在 MMU 中加入一个小规模逻辑电路实现其负载功能。总硬件开销约为 1000 个逻辑门。针对这种木马，逻辑功能测试显然很难激活它并检测到。但由于木马电路引入了相对比较显著的面积、功耗开销，并且势必对原电路的某些路径延时产生影响，因此，基于侧信道分析的木马检测方法或可信性设计技术可以用来检测该类木马。

4.4.2　MOLES 硬件木马：利用能量侧信道泄露信息

利用硬件木马对芯片的逻辑功能造成破坏性的影响是比较常见的木马负载机制。此外，研究者们提出了一种创新性的负载机制，即利用木马通过侧信道泄露芯片内部的关键信息，例如加密单元的密钥。这种木马对电路的逻辑功能不造成任何影响，因而利用逻辑功能检测无法检测到木马的存在。

MOLES 是 Malicious Off-chip Leakage Enabled by Side-channels 的首字母缩写，意为利用侧信道实现的恶意片外信息泄露。MOLES 木马选择利用能量信道泄露信息。通过产生密钥数据相关的动态功耗，密钥信息被包含在芯片的动态功耗中。对于了解密钥信号调制方式的芯片使用者，他可以通过测量芯片的动态功耗，经过统计分析恢复所泄露的密钥。图 4-5 为该木马工作原理示意图。MOLES 木马利用密钥位控制一个电容的充放电，而该电容的充放电产生的功耗会成为整个电路的动态功耗的一部分。为了更好地隐藏木马的信息泄露，MOLES 木马将密钥数据扩频调制后再泄露。具体来讲，其利用一个二进制伪随机数发生器（PRNG，Pseudo Random Number Generator）生成伪随机数序列，将每个密钥位与伪随机数序列中的一位异或，并用异或后的输出控制用来泄露信息的负载电容。对于 MOLES 木马来说，其信噪比（SNR，Signal-to-Noise Ratio）是一个重要参数。这里信噪比是指侧信道信息泄露的功耗水平与芯片的总功耗水平之比。MOLES 木马的信噪比既不能太高以便将泄露的信息较好地隐藏，又要足够高以便攻击者能够通过统计分析从芯片的动态功耗中恢复密钥。因而，其设计采用扩频技术将每个密钥位的数值通过多个时钟周期泄露，从而保证每个时钟周期内其信噪比足够低。这也就是说，攻击者想要从芯片功耗测量值中恢复密钥，需要对多个时钟周期内的功耗做平均。

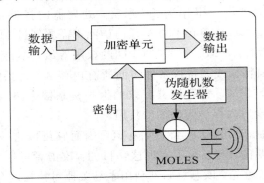

图 4-5　MOLES 木马通过能量侧信道泄露加密单元密钥

攻击者需要利用差分能量分析（DPA，Differential Power Analysis）方法从功耗测量值中提取密钥。具体来讲，攻击者首先要测量芯片在 N 个周期内的动态功耗，并将这 N 个功耗轨迹根据猜测的密钥值分组。由于 PRNG 的序列值对攻击者来说是已知的，当对当前泄露的密钥做出一个猜测（0 或 1）之后，攻击者可以据此计算密钥与 PRNG 异或之后的输出序列。根据这个数值，功耗轨迹被分成 0 组和 1 组。然后，攻击者对每个时钟周期内的功耗轨迹积分得到该时钟周期的平均功耗，并分别对所有 1 组和 0 组的平均功耗求和，再将二者相减。如果所得的值为正值，则表示密钥的假设值是正确的。反之，如果所得的值为负，则密钥为假设值的非。图 4-6 显示了 8 位的密钥 01010110 所得到的差分能量曲线。从图中可以看到，随着功耗的测量周期数逐渐增加，正确（rg）和错误（wg）的密钥假设值所对应的差分能量曲线分别稳定地保持在正值（实线）和负值（虚线）上，这就表示密钥位已经被恢复。之所以需要大量的功耗测量轨迹才能恢复密钥，除了 MOLES 木马设计本身将信噪比设置得较低（例如通过将负载电容值设置的较小）之外，还主要是由于工艺浮动产生的噪声以及测量噪声的影响。由于 MOLES 木马对芯片的逻辑功能不产生影响，所以基于逻辑功能测试的木马检测无法检测到 MOLES 木马，而利用基于侧信道分析的木马检测方法则可以检测到 MOLES 木马。

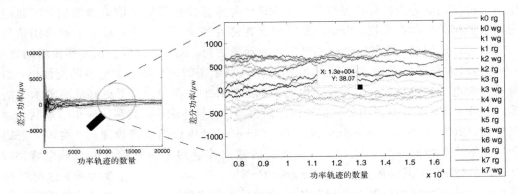

图 4-6　差分能量曲线显示正确的密钥值为 01010110

4.4.3　利用电路无关项触发的硬件木马

常见硬件木马的激活机制一般依赖于电路中的小概率事件，例如利用计数器或者选择电路中的小概率节点并用组合逻辑生成木马激活条件。尽管激活概率很低，但是理论上这种显式的激活设计在电路正常运行中还是有可能被激活。研究者们提出利用电路内部的无关项设计硬件木马的激活机制。这种木马设计的特点是植入木马后的电路与无木马的原电路在逻辑功能上是等价的，也就是在电路的正常运行过程中木马不可能被激活。

一个组合逻辑函数的无关项是指一组输入状态，在这组输入状态下输出值是无关的。无关状态主要包括外部无关项（EDC，External Don't Cares）、可满足性无关项（SDC，Satisfiability Don't Cares）和可观测性无关项（ODC，Observability Don't Cares）。外部无关项一般是由不完全的电路规范导致，例如该输入状态在电路的功能定义下是不合法的。例如，一个组合逻辑函数的功能是判断一个十进制数是否为偶数，该逻辑电路的输入为 4 位的二进制输入 IN[3:0]。在该功能定义下，电路输入只可能是 4'b0000（十进制 0）到 4'b1001（十进制 9）之间，所以 4'b1010 到 4'b1111 这六个输入状态就是无关项。可满足性无关项（SDC）和可观测性无关项（ODC）是电路内部的两种无关状态。其中，SDC 是指某个不可能达到的电路内部状态；ODC 是指在一个输入状态下一个逻辑门或子电路的输出是无关的，即其不影响电路的最终输出。图 4-7 给出了 SDC 和 ODC 情况的一个例子。图 4-7 中的或门 g_7 有一个 SDC 状态，即 g_7 的两个输入 n_5 和 n_6 不可能同时为 1。因为 n_5 为 1 需要 n_2 和 n_3 同时为 1，在这种情况下 n_6 必然为 0。从这里可以看出，电路内部无关项产生的主要原因是扇出重回聚现象，即图中的 n_5 和 n_6 不是两个完全独立的信号，而是都依赖 n_2 和 n_3。图 4-7 中的 g_4 和 g_5 都有 ODC 状态。具体来讲，当 n_2 和 n_3 同时为 0 时，g_4 的输出会决定最终输出端 O。因而 g_5 的输出对 O 没有影响。也就是说，输入 00 对 g_5 是一个 ODC 状态。同样，11 是 g_4 的一个 ODC 状态。

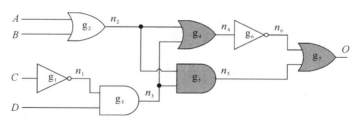

图 4-7　SDC 和 ODC 举例

利用无关状态设计木马电路的原理是利用内部无关状态信号控制电路的某输出端，当无关状态出现时将输出端的信号修改为异常值，例如用来泄露芯片内部关键信息。由于 SDC 是电路不可能出现的稳定中间状态，即可以利用该 SDC 作为选择信号，当这个"不可能的"SDC 状态（$n_5=1$，$n_6=1$）出现时，木马被激活导致输出 O_tj 被替换成恶意输出函数 $f(\cdots)$，而在其他状态下 O_tj 保持正常的输出值，如图 4-8(a) 所示。因为该 SDC 状态不可能在正常的电路中出现，所以该木马理论上永远不可能被激活。那么问题是，攻击者最终要如何激活该木马呢？注意，图中的 n_5 和 n_6 不可能同时为 1，是指这个状态不可能成为电路的稳态。但是，在信号传播过程中，由于信号到达 n_5 和 n_6 的路径延时不同，两个信号的更新会有时间差，在这个中间状态下，可能会有短暂的时间里该 SDC 被满足。因而，攻击者可以从芯片外部施加一个故障攻击，使得该暂态被锁定，在后面的木马示例中会看到具体的实现细节。图 4-8(b)是一个利用 ODCs 设计的硬件木马，即当 n_2 和 n_3 同时为 0 时，将 n_5 信号修改为异常。由于 n_2 和 n_3 同时为 0 会使 n_5 成为无关状态，所以在正常电路运行中这个木马不会对输出造成影响。

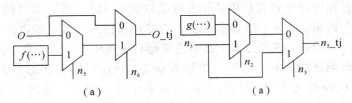

图 4-8　基于电路内部无关状态的硬件木马
(a) 一个基于 SDC 的硬件木马；(b) 一个基于 ODC 的硬件木马

图 4-9 显示了基于 SDC 的硬件木马在 AES 加密单元中的实现。木马的激活原理是利用 SDC 两个信号的路径延时差实施故障攻击。为了实现这一目的，木马设计在 n_5 和 n_6 两个控制节点各加入一个触发器。在电路正常运行状态下，SDC 状态不会满足，因而木马不会被激活。但是，由于 n_5 和 n_6 的信号更新存在一个时间差，如果能让两个寄存器中的一个发生时序错误而锁存一个错误的逻辑值，则有可能使两个触发器的输出同时为 1，继而激活木马。为了实现这一目的，首先要使电路运行在其正常的时钟频率下，此时电路功能正常。然后，逐渐提高时钟频率。在起初的一些频率点上，两个触发器都没有发生时序错误。随着时钟频率继续提高，路径延时较长的触发器会先发生时序错误，这就可能导致 SDC 状态被满足而激活木马。如果继续提高时钟频率，两个触发器最终都会发生时序错误，有可能使木马重新恢复闲置状态，同时导致电路其他位置出现大量的时序错误而使电路输出随机值。该木马的负载功能是在激活后，将本该输出的密文修改为密钥值泄露到芯片外部。

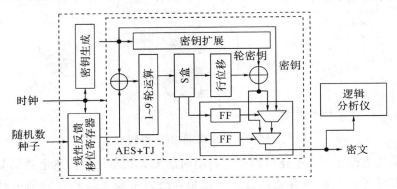

图 4-9　植入 SDC 硬件木马的 AES

图 4-10 显示了包含 SDC 木马的 AES 电路在不同时钟频率下一个密文字节输出值出现频率的统计。可以看到，在时钟频率低于 200 MHz 的情况下，该字节在各个值上的分布比较平均，这符合我们的预期，即在这期间电路是正常运行。当时钟频率到达 220 MHz 时，该字节在 170 这个数值上出现一个频率峰值，并且在 240 MHz 时 170 出现的频率继续提高。这表明这期间木马电路频繁被激活，导致该字节输出密钥字节，其值为 170。当时钟频率继续提高到 260 MHz 时，该峰值消失，输出看起来又变成随机值，表明这个时钟频率导致了电路出现

大量的时序错误，并且木马激活重新失效。这个实验结果表明如果电路植入了 SDC 木马，只要攻击者调整芯片运行的时钟频率，就可以在一定的频率区间读出木马想要泄露的信息。

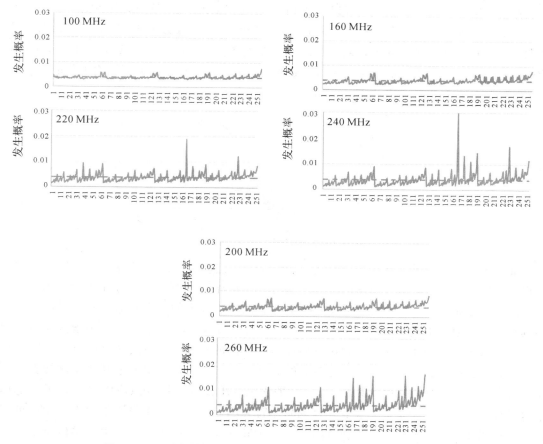

图 4 - 10　不同时钟频率下一个密文字节输出值出现频率的统计

　　在木马检测方面，逻辑功能测试无法检测该类木马，因为其在电路正常工作情况下不影响电路功能。基于侧信道分析的木马检测方法也不是特别有效的手段，因为该类木马电路规模较小。针对该类木马比较有效的防御方法包括芯片设计前端的安全验证，例如形式化验证和门级信息流追踪等方法，以及集成电路的可信性设计技术，这些技术通过植入一些片上硬件结构使得对集成电路的篡改显现出比较明显的侧信道影响。

4.4.4　可靠性木马

　　可靠性木马设计的特点是不需要对逻辑电路做出任何修改，而是通过恶意调整集成电路流片过程中的工艺参数加速电路的老化，使得在应用过程中电路提前老化失效。负偏压温度不稳定性（NBTI，Negative Bias Temperature Instability）和热载流子注入效应（HCI，Hot Carrier Injection）是 CMOS 工艺集成电路老化的两种主要机制。其中，NBTI 是对 PMOS 晶体管比较显著的一种老化机制，而 HCI 主要针对 NMOS 晶体管。这两种老化机制都会导致电荷迁移到晶体管栅极氧化层中，继而影响晶体管内电势的分布并导致晶体管性能下降，包括阈值电压（V_{th}）升高、饱和电流（I_{Dsat}）和跨导（g_m）降低等。当电路老化到一定程度，会导致电路产生延时故障以及器件反应故障等问题，使得电路无法正常工作。通过调整集成电路流片加工中的某些关键工艺参数，例如漏极掺杂浓度、沟道长度、栅极氧化层厚度、温度和偏压状态等，可以人为地影响 NBTI 和 HCI 效应并影响芯片寿命。图 4-11 显示了同一批次芯片工艺参数的正态分布曲线由木马导致的偏移。图 4-11 中右侧的曲线表示同一批次芯片在保证的生命周期内发生老化故障的概率。从右侧两条曲线间的重叠部分可以看出，加入了可靠性木马之后的一部分芯片会在其生命周期内发生故障。

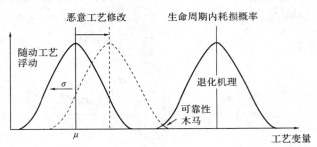

图 4-11　可靠性木马导致工艺浮动曲线的偏移

如果不了解电路的具体设计，那么改变流片的工艺参数可能会导致一个硅片上很多芯片出现故障，无法通过出厂测试。可靠性木马可以有针对性地影响部分晶体管的参数。例如，在一个处理器芯片上，缓存模块可以是可靠性木马攻击的一个对象，因为缓存被频繁地读写所以更容易老化。图 4-12 显示了一个 6 管 SRAM 单元结构，其中用于读写访问的通道晶体管就是一个很好的、可利用可靠性木马攻击的对象，因为其在存储单元读写过程中频繁开关。一个被恶意调整了工艺参数的通道晶体管会比存储单元中其他晶体管更快老化。电路运行一段时间之后，该通道晶体管的阈值电压会由于 HCI 效应而明显提高。此时，如果晶体管栅极电平不够高，就会导致该晶体管无法导通，从而使得该单元再也无法进行正常的写操作，因此缓存就会出现故障。这种可靠性木马对功能单元产生了类似于定时炸弹的效应。这种木马的检测比较困难。设计者可以利用可信性设计技术，在芯片或硅片内植入延时检测器来在线监测电路的老化程度。但是，这种机制不能保证能够检测到电路老化的原因是由木马还是由工艺问题导致。

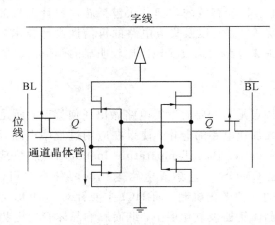

图 4-12　利用 HCI 效应影响 SRAM 单元的可靠性

本 章 小 结

　　本章介绍了集成电路的硬件木马攻击。硬件木马威胁是一种新兴的依赖集成电路产业链的硬件攻击模式，这种攻击模式可以影响电路设计的完整性和机密性，并在应用领域造成严重影响。硬件木马在原理上一般包括激活机制和负载机制两部分，可以在集成电路设计流片的不同阶段植入，并实现多种不同的负载功能。本章简要介绍了现有的硬件木马分类和代表性木马设计举例。由于硬件木马是一个持续发展的研究课题，木马设计还会不断发展和创新。硬件木马设计上的隐蔽性以及功能的多样性特点，使得木马检测是一个复杂的、具有挑战性的课题。硬件木马的检测将在本书的后续章节讲述。

思 考 题

1. 硬件木马一般具备哪些特点？
2. 硬件木马一般由哪几部分组成？
3. 根据硬件木马的分类法，硬件木马有哪些类型？
4. 利用存储器硬件木马的攻击方法有哪些？
5. 利用功能测试方法是否能够激活利用无关项触发的硬件木马？

第五章　密码技术

密码技术是信息安全的重要支撑技术。本章首先简要介绍密码技术的基本原理，然后介绍几种代表性的密码算法，接下来介绍密码技术的典型应用——可信平台模块，以及密码应用中经常涉及的随机函数，最后讨论密码技术中的一个新方向——物理不可克隆函数。

5.1　密码技术概述

图 5-1 给出了典型的密码技术示意图。未加密的原始数据，我们称之为明文。利用密码技术对明文加密得到的结果就是密文。将密文恢复为明文的过程，称之为解密。

图 5-1　典型的密码技术示意图

5.1.1　对称密码算法和非对称密码算法

现代密码技术可分为对称密钥与非对称密钥两种体系。在对称密钥体系中，加密和解密使用的是同样的密钥，或者可以从加密密钥推算出解密密钥，因此数据交换双方必须确保密钥的机密性。基于对称密钥的密码算法原理相对比较简洁且速度快。对称加密算法著名的有数据加密标准 DES（Data Encryption Standard）、高级加密标准 AES（Advanced Encryption Standard）、国际数据加密算法 IDEA （International Data Encryption Algorithm）、3-DES 算法、Blowfish 算法、RC5 算法等。

在非对称密钥体系中，加密和解密使用的密钥是不同的。加密密钥可以公开，被称为公钥，而解密密钥则需要确保机密性，称为私钥，如图 5-2 所示。非对称密钥体系又称为公钥密码体系，它的加密速度比较慢，消耗系统的资源比较多。公钥密码算法的安全性都是基于复杂的数学难题，如大整数因子分解系统（如 RSA）、椭圆曲

图 5-2　非对称密码算法的工作原理

线离散对数系统（如 ECC，Elliptic Curve Cryptography）和离散对数系统（如 DSA，Digital Signature Algorithm）等。非对称密码算法用于加密应用时，通常采用公钥加密、私钥解密

的方式，这样才能保证通信数据的机密性。

　　对称加密与非对称加密两种体系相比，对称加密速度更快，在具备专用的硬件设备的前提下，其速度可快于非对称加密两三个数量级。非对称密码算法的另一个缺点是，数据加密结果的长度可能比明文更长，相对而言，对称密码算法的明文和密文一般是等长的。

　　然而，对称密码体系的安全性更多依赖对密钥的管理。一旦密钥泄露出去，任何人都可以使用该密钥对加密的文本数据进行解密，得到明文数据。非对称加密体制的安全性则取决于密钥的长度，只要密钥长度够长，合理的时间[①]内就无法将算法破解，并且破解难度也成指数型增长。非对称加密的密钥管理较对称加密要容易实现，例如 N 个用户要进行加密和解密的操作，对于对称加密算法来说，需要使用 $N(N-1)/2$ 个密钥，而非对称加密机制只需要 N 个对密钥(即私钥和公钥对)，使用非对称加密机制可以大大降低密钥管理的时间和工作量。

5.1.2　密码算法的应用

　　密码算法的主要作用是保证数据的机密性、完整性和不可否认性。机密性是指信息在产生、传输、处理和存储的各个环节中不泄漏给非授权的个人和实体，机密性属性一般采用高强度的加密算法来保证。完整性是指信息在存储或传输过程中保持不被修改、不被破坏、不被插入、不延迟、不乱序和不丢失的特性(例如，加入时间戳和消息序列码)，使信息能正确生成、存储、传输，完整性属性一般利用散列和消息摘要算法来保证。不可否认性是指通信双方在信息交互过程中，确信参与者本身，以及参与者所提供的信息的真实同一性，即所有参与者都不可能否认或抵赖本人的真实身份，以及提供信息的原样性和完成的操作与承诺，不可否认性一般通过数字签名算法来保证。图 5-3 为公钥密码算法用于数字签名的原理。

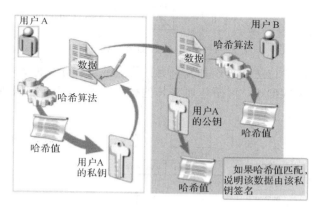

图 5-3　公钥密码算法用于数字签名

[①] 合理的时间有两方面的含义，一般是指现有的计算能力能够完成求解的时间，另一层含义是指在密钥更新之前。此处所讨论的时间是指采用暴力攻击破解密码算法的时间，不包含利用侧信道分析等更有效的攻击算法的情况。

5.2 密码算法实例

5.2.1 Mini-AES 密码算法

1997 年，鉴于当时广泛应用的 DES 对称加密算法的强度已经不足以对抗破译方法的发展。据报道，在最近的一次"挑战 DES"竞赛中，破译机仅用 22 个小时就破译了 DES 算法。美国国家标准和技术研究所 NIST 发起了征集 Advanced Encryption Standard 算法的活动，其目的是为了确定一个非保密的、公开的、免费使用的加密算法，用于保护下一世纪政府的敏感信息，也希望能够成为秘密部门和公开部门的数据加密标准。最终，比利时的 Joan Daemen 和 Vincent Rijmen 提交的 Rijndae 算法胜出，被选定为 Advanced Encryption Standard 算法。

AES 实现了分组密码，具有 128 位的分组长度，支持 128、192 和 256 位的密钥长度。AES 算法依据密钥的长度不同，运算的轮次分为 10 轮、12 轮和 14 轮不等。本节给出了一个迷你版本的 AES 算法。Mini-AES 算法具有和 AES 类似的算法结构，非常适用于密码算法的教学（而非实际的数据加密），以便于读者理解 AES 算法的内部工作原理。只需要对 Mini-AES 算法进行简单的位宽扩展即可得到 AES 算法。Mini-AES 的分组与密钥长度均为 16 位，运算只有两轮。每轮运算包含四个步骤，依次为：四元位替换（NibbleSub）、按行移位（ShiftRow）、按列混合（MixColumn）、轮密钥合并（KeyAddition）。

图 5-4 给出了 Mini-AES 的加密过程，包含了两轮运算，且在第一轮运算前额外执行了一次轮密钥合并操作，在第二轮运算中去掉了按列混合操作。

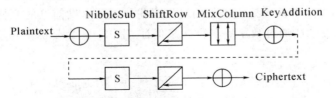

图 5-4 Mini-AES 加密运算过程

由于 Mini-AES 按 16 位进行分组加密，明文数据首先被分割为 16 位的二进制数据块。Min-AES 每次加密一个数据块，再循环加密其他数据块直到所有数据块被加密完成为止，如图 5-5 所示。

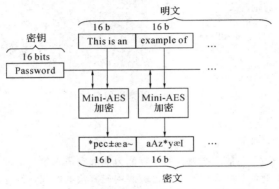

图 5-5 Mini-AES算法加密过程示意图

需要加密的 16 位二进制数据块，按 4 位划分为 4 块，每块相当于一个四元位，使用一个 2×2 的矩阵 $\boldsymbol{P}$ 表示，如图 5-6 所示。

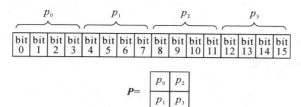

图 5-6　16 位明文数据块

下面依次介绍 Mini-AES 算法每轮运算包含的四个步骤。

（1）四元位替换（NibbleSub）：将矩阵 $\boldsymbol{P}$ 中的元素进行替换，替换过程可利用查表实现。表 5-1 给出了替换查找表的示例。图 5-7 给出了四元位替换运算，16 位的明文表示为矩阵 $\boldsymbol{A}=(a_0, a_1, a_2, a_3)$，经过替换运算输出矩阵 $\boldsymbol{B}=(b_0, b_1, b_2, b_3)$，例如对于四元组 $a_0=1111$，经过查表，对应输出四元组 $b_0=0111$。

表 5-1　替换查找表的示例

输入	输出	输入	输出	输入	输出	输入	输出
0000	1110	0100	0010	1000	0011	1100	0101
0001	0100	0101	1111	1001	1010	1101	1001
0010	1101	0110	1011	1010	0110	1110	0000
0011	0001	0111	1000	1011	1100	1111	0111

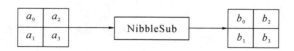

图 5-7　四元位替换运算

（2）按行移位（ShiftRow）：对输入的 2×2 矩阵按行进行循环移位操作。Mini-AES 中矩阵只有两行，第一行不移位，保持不变；第二行循环左移一个四元位，如图 5-8 所示。$\boldsymbol{B}=(b_0, b_1, b_2, b_3)$ 为按行移位操作的输入矩阵，$\boldsymbol{C}=(c_0, c_1, c_2, c_3)$ 为对应的输出矩阵。可见，输入数据序列为 (b_0, b_1, b_2, b_3)，输出数据序列为 (b_0, b_3, b_2, b_1)。

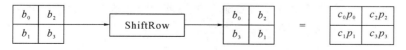

图 5-8　按行移位运算

（3）按列混合（MixColumn）：将一个 2×2 的常数矩阵乘以输入矩阵的每一列，获得新的输出列，如图 5-9 所示，$\boldsymbol{C}=(c_0, c_1, c_2, c_3)$ 为输入矩阵，$\boldsymbol{D}=(d_0, d_1, d_2, d_3)$ 为输出矩阵。

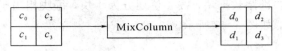

图 5-9 按列混合运算

假设，使用的常数矩阵为 $\begin{bmatrix} 3 & 2 \\ 2 & 3 \end{bmatrix}$，那么就有

$$\begin{bmatrix} d_0 \\ d_1 \end{bmatrix} = \begin{bmatrix} 3 & 2 \\ 2 & 3 \end{bmatrix}\begin{bmatrix} c_0 \\ c_1 \end{bmatrix}, \begin{bmatrix} d_2 \\ d_3 \end{bmatrix} = \begin{bmatrix} 3 & 2 \\ 2 & 3 \end{bmatrix}\begin{bmatrix} c_2 \\ c_3 \end{bmatrix}$$

（4）轮密钥合并（KeyAddition）：将输入矩阵 $\boldsymbol{D} = (d_0, d_1, d_2, d_3)$ 与每轮的子密钥 $\boldsymbol{K}_i = (k_0, k_1, k_2, k_3)$ 执行异或运算得到输出矩阵 $\boldsymbol{E} = (e_0, e_1, e_2, e_3)$，如图 5-10 所示。例如，对于输入矩阵 $\boldsymbol{D} = (d_0, d_1, d_2, d_3) = (1111, 0000, 1010, 1100)$，假设该轮密钥 $\boldsymbol{K}_i = (k_0, k_1, k_2, k_3) = (0101, 0011, 1111, 0000)$，则输出矩阵 $\boldsymbol{E} = (e_0, e_1, e_2, e_3)$ 计算如下：

$$\boldsymbol{E} = \boldsymbol{D} \oplus \boldsymbol{K}_i = (1111, 0000, 1010, 1100) \oplus (0101, 0011, 1111, 0000)$$
$$= (1010, 0011, 0101, 1100)$$

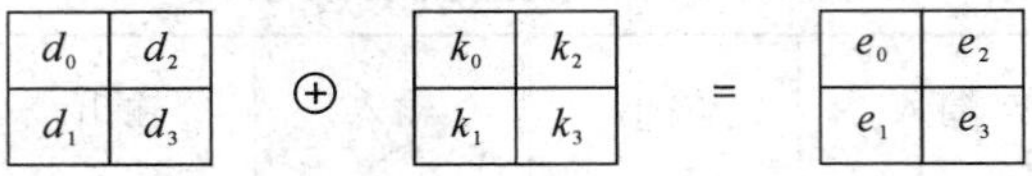

图 5-10 轮密钥合并运算

每一轮中参与运算的密钥 $\boldsymbol{K}_i$ 使用密钥分配算法生成。Mini-AES 加密过程只有两轮，共有三个密钥 $\boldsymbol{K}_0, \boldsymbol{K}_1, \boldsymbol{K}_2$。假设 $\boldsymbol{K} = (k_0, k_1, k_2, k_3)$ 为 16 位主密钥，那么 $\boldsymbol{K}_0 = (w_0, w_1, w_2, w_3)$，$\boldsymbol{K}_1 = (w_4, w_5, w_6, w_7)$，$\boldsymbol{K}_2 = (w_8, w_9, w_{10}, w_{11})$，其生成方法如表 5-2 所示。

表 5-2 子密钥生成

轮数	轮密钥生成方法
0	$w_0 = k_0, w_1 = k_1, w_2 = k_2, w_3 = k_3$
1	$w_4 = w_0 \oplus \text{NibbleSub}(w_3) \oplus \text{rcon}(1)$, $w_5 = w_1 \oplus w_4, w_6 = w_2 \oplus w_5, w_7 = w_3 \oplus w_6$
2	$w_8 = w_4 \oplus \text{NibbleSub}(w_7) \oplus \text{rcon}(2)$, $w_9 = w_5 \oplus w_8, w_{10} = w_6 \oplus w_9, w_{11} = w_7 \oplus w_{10}$

其中，NibbleSub( ) 表示四元位替换操作；rcon(i) 为常数，rcon(1) = 0001，rcon(2) = 0010。

Mini-AES 每轮运算的四个步骤：四元位替换、按行移位、按列混合、轮密钥合并都是可逆的，那么 Mini-AES 的整个加密过程就是可逆的，解密过程就是加密的逆过程。因此，利用 Mini-AES 就可以实现数据的加密和解密。

5.2.2 RSA 密码算法

RSA 算法是 1978 年由三位数学家 Rivest、Shamir 和 Adleman 根据 Whitfield 与 Martin Hellman 的理论框架设计出的一种非对称加密算法。RSA 密码体制的安全性取决于其加密算法的数学函数求逆的困难性，称之为大数因子分解的困难性。由于 RSA 算法方便理解、安全性好、算法完善，因此被广泛应用于各类安全系统、加密方案和产品中。

RSA 算法相关的概念：

（1）模运算：对于任意的正整数 n 和整数 x，存在整数 r 和 t，使得 $x=tn+r$，以模运算的形式呈现就是 $r=x \bmod n$。举个例子：假设 $x=15$，$n=7$，根据 $x=tn+r$，则 $15=2\times7+1$，所以 $t=2$，$r=1$，又 $r=x \bmod n$，所以模运算的形式为 $15 \bmod 7=1$。

（2）互素数：假设 t 是两个整数 n 和 x 的公因数，存在表达式 $GCD(n, x)=t$，即 n 和 x 的任意一个公因数一定是 t 的因数。如果 $GCD(n, x)=1$，即 $t=1$，则整数 n 和 x 称为互素数（简称互素）。

（3）欧拉定理：对于互素的两个正整数 x 和 n，$x^{\phi(n)}=1 \bmod n$。这里的 $\phi(n)$ 被称为欧拉函数，表示在正整数的范围内，小于 n 的正整数中与 n 互素的数的数目。

RSA 包含了产生密钥、加密信息和解密信息三个步骤，其中 RSA 的加密与解密过程是通过求幂模运算完成的。

（1）产生密钥。首先，选取两个大素数 p 和 q，$p\neq q$。计算乘积 $n=pq$，得到欧拉函数 $\phi(n)=(p-1)\times(q-1)$。然后，选择与 $\phi(n)$ 互素的整数 e，$1<e<\phi(n)$。最后，计算数 e 关于模 $\phi(n)$ 的乘法逆元 $d=e^{-1} \bmod \phi(n)$，满足 $e\times d=1 \bmod \phi(n)$。至此，就得到 RSA 密钥对，即公钥 (n, e)，私钥 d。

（2）加密信息。将明文数据 M 视为一个数，对其按指数 e 求幂并模 n 得到密文数据 C，即

$$C=M^e \bmod n$$

（3）解密信息。要解密 C，求幂模运算使用私钥 d 完成，即

$$M=C^d \bmod n$$

下面我们来看一个简单的例子：要生成 Alice 的密钥对，首先选择两个素数：$p=11$，$q=3$。那么，模数就是 $n=pq=33$，$\phi(n)=20$。选择整数 $e=3$，其与 $\phi(n)$ 是互素数。进而由 $e\times d=3\times7=1 \bmod 20$，可得 $d=7$。那么这里应用 RSA 算术，Alice 的公钥 $(n, e)=(33, 3)$，Alice 的私钥 $d=7$。Alice 的公钥是公开的，只需确保私钥 d 的机密性即可。

现在，假设 Bob 要发送一条消息 M 给 Alice。另外，假设该消息可用一个数字 15 表示，即 $M=15$。首先，Bob 查找 Alice 的公钥 $(n, e)=(33, 3)$，计算密文：

$$C=M^e \bmod n=15^3 \bmod 33=9 \bmod 33$$

Bob 将密文 $C=9$ 发送给 Alice，Alice 则使用她的私钥进行解密，计算如下：

$$M=C^d \bmod n=9^7 \bmod 33=(144938\times33+15)\bmod 33=15 \bmod 33$$

于是 Alice 就从密文 $C=9$ 恢复出了原始的明文消息 $M=15$。

在 RSA 密码应用中，公钥 (n, e) 是被公开的，破解 RSA 密码的问题就是从已知的 n 和 e 求出私钥 d，这样就可以得到私钥来破解密文。从 $d=e^{-1} \bmod (p-1)\times(q-1)$ 可见，密码破解就是要从 $n=pq$ 的数值中求出 $(p-1)$ 和 $(q-1)$。只要求出 p 和 q 的值，就能求出 d 的值而得到私钥。当 p 和 q 是一个大素数的时候，从它们的积 n 去分解因子 p 和 q，这是一个公认的数学难题。上面的例子中使用的两个素数 $p=11$，$q=3$ 并不是大素数，根据模数 n 很容易就能分解，因此不能保证加密数据的安全。但是，在实际应用中，模数 n 的大小通常至少是 1024 位。

由于 RSA 的分组长度太大，为保证安全性，故而运算代价很高，尤其是速度较慢，较对称密码算法慢几个数量级；且随着大数分解技术的发展，这个长度还在增加。一般来说 RSA 只用于少量数据加密。

5.2.3 PRESENT 密码算法

PRESENT 是一种超轻量级对称分组密码算法，它是在 2007 年的 CHES 2007 会议上由 A. Bogdanov，L. R. Knudsen 和 G. Leander 首次提出。该算法具有出色的硬件实现性能和简洁的轮函数设计，非常适合于 RFID 系统、传感器网络和智能卡等资源受限的环境。

PRESENT 算法采用 SPN 结构，支持 80 位和 128 位两种密钥长度，分组长度为 64 位，共迭代 31 轮。PRESENT 算法加密过程与伪代码如图 5-11 所示。每轮运算都包含了轮密钥加（addRoundKey）、S 盒代换层（sBoxLayer）、P 置换层（pLayer）这三部分。从伪代码可见，在 31 轮运算完成之后，该算法增加了一次轮密钥加运算。因此，PRESENT 算法需生成 32 个轮密钥。伪代码中 generateRoundKeys() 预先生成了每轮使用的密钥。

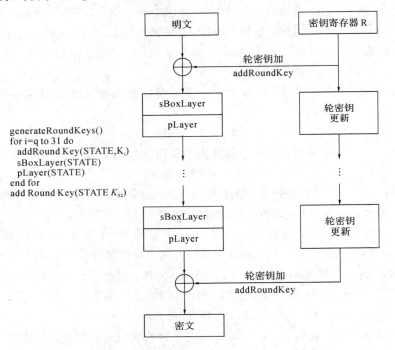

图 5-11 PRESENT 算法加密过程与伪代码

（1）轮密钥加（addRoundKey）。

每轮使用的密钥为 64 位，共有 32 个轮密钥，表示为 $K_i = k^i_{63} k^i_{62} \cdots k^i_0$，$1 \leqslant i \leqslant 32$。假设当前输入为 $b_{63} b_{62} \cdots b_0$，那么轮密钥加运算执行如下：

$$b_j \rightarrow b_j \oplus k^i_j$$

其中，$0 \leqslant j \leqslant 63$。可见轮密钥加就是将 64 位的输入同该轮密钥进行异或运算。

（2）S 盒代换层（sBoxLayer）。

PRESENT 使用了一个简单的 4 位 S 盒，如表 5-3 所示。对于 64 位的轮密钥加输入 $b_{63} b_{62} \cdots b_0$，可以划分为 16 个四元位组，表示为 $w_{15} w_{14} \cdots w_0$，很明显有 $0 \leqslant i \leqslant 15$，$w_i =$

$b_{4i+3}||b_{4i+2}||b_{4i+1}||b_{4i}$，那么每次 S 盒代换可通过查表 5-3 得到输出 $S(w_i)$。

表 5-3　S 盒代换表

x	0	1	2	3	4	5	6	7	8	9	10	11	12	13	14	15
$S(x)$	C	5	6	B	9	0	A	D	3	E	F	8	4	7	1	2

（3）P 置换层（pLayer）。

P 置换层运算对 S 盒代换层的 64 位输出重新排列，输出的第 i 个位置上的比特位被放置到第 $P(i)$ 位置。重新排列依据表 5-4 完成。

表 5-4　P 置换层使用的排列表

i	0	1	2	3	4	5	6	7	8	9	10	11	12	13	14	15
$P(i)$	0	16	32	48	1	17	33	49	2	18	34	50	3	19	35	51
i	16	17	18	19	20	21	22	23	24	25	26	27	28	29	30	31
$P(i)$	4	20	36	52	5	21	37	53	6	22	38	54	7	23	39	55
i	32	33	34	35	36	37	38	39	40	41	42	43	44	45	46	47
$P(i)$	8	24	40	56	9	25	41	57	10	26	42	58	11	27	43	59
i	48	49	50	51	52	53	54	55	56	57	58	59	60	61	62	63
$P(i)$	12	28	44	60	13	29	45	61	14	30	46	62	15	31	47	63

在明文进行运算的同时，密钥也同步按照相应规则进行更新。PRESENT 算法的密钥更新是基于 Bit Shifting 的方式来实现，采用了循环移位寄存器与 S 盒代换运算相结合的方法，综合考虑了性能与安全性的平衡。

PRESENT 算法的密钥长度为 80 位或 128 位，这里我们只考虑 80 位的情况。假设用户提供的 80 位算法密钥表示为 $k_{79}k_{78}\cdots k_0$，其被保存在寄存器 R 中。第 i 轮密钥 K_i 由当前寄存器 R 中的左侧 64 位比特组成，即

$$K_i = K_{63}K_{62}\cdots K_0 = K_{79}K_{78}\cdots K_{16}$$

然后，第 $i+1$ 轮密钥 K_{i+1} 通过以下方法更新：

① 将密钥 $\boldsymbol{K}$ 循环左移 61 比特，即

$$[k_{79}, k_{78}, \cdots, k_1, k_0] = [k_{18}, k_{17}, \cdots, k_{20}, k_{19}]$$

② 用 PRESENT 的 4 位 S 盒，将经过上一步循环左移操作之后的密钥 $\boldsymbol{K}$ 的最高位 4 比特输入进行置换，即

$$[k_{79}, k_{78}, k_{77}, k_{76}] = S[k_{79}, k_{78}, k_{77}, k_{76}]$$

③ 将当前加密轮数与 $[k_{19}, k_{18}, k_{17}, k_{16}, k_{15}]$ 进行异或操作，即

$$[k_{19}, k_{18}, k_{17}, k_{16}, k_{15}] = [k_{19}, k_{18}, k_{17}, k_{16}, k_{15}] \oplus \text{Round}$$

其中，Round 为当前的加密轮数。

完成上述操作后，取密钥 K_{i+1} 的高 64 位，即 $k_{79}, k_{78}, \cdots, k_{16}$ 作为新的轮密钥参与轮密钥加运算。

5.3 可信平台模块

5.3.1 可信平台模块简介

人们在实践中逐步认识到基于软件安全的解决方案存在着固有的安全缺陷，例如软件在编写实现过程中不可避免地会引入缺陷，即便是符合 CMM5 设计标准的软件实施过程，每千行代码包含的缺陷数也有 $3.2×10^{-4}$ 个。随着软件规模的不断扩大，其包含的缺陷也逐渐增多。另外，也很难区分运行的软件是否受到攻击。因此，许多信息安全专家认为某些安全问题如果不从计算机启动时就提供硬件保护，是不能得到解决的。

可信平台模块（Trusted Platform Module，TPM）就是这样一种能够从计算机启动即为平台提供保护的系统组件。TPM 是可信计算技术的核心，通过使用 TPM，可最大限度地和现有平台保持兼容，不需要改变现有平台的体系结构，只需要附加一个成本很低的 TPM 芯片，即可解决现有平台固有的安全缺陷。

TPM 目前已经作为一种安全密码处理器的国际标准推广，其由可信计算组织（Trusted Computing Group，TCG）编写，并于 2009 年作为 ISO / IEC 11889 由国际标准化组织（International Organization for Standardization，ISO）和国际电工委员会（International Electrotechnical Commission，IEC）进行标准化。TCG 对 TPM 规范陆续进行修改，目前 TPM 普遍使用的版本有 1.1、1.2、2.0 版本。

TPM 的运行是与其保护的平台相互独立的。TPM 和平台之间只能通过 ISO/IEC 11889 定义的安全接口进行交互。TPM 可采用硬件或软件实现：

（1）一些 TPM 被实现为单芯片组件，通过低性能接口（Low-performance Interface）与系统（通常是 PC）相连。这样的 TPM 实现包含有自己的处理器、RAM、ROM 以及 Flash 存储。TPM 与系统之间的交互通过低性能接口完成。平台系统不能直接更改 TPM 组件的内部状态，任何修改必须利用连接接口的 I/O 缓存区完成。这样就确保了被保护的平台与 TPM 之间是相互隔离的。图 5-12 展示了利用 LPC（Low Pin Count）接口连接到 PC 主板的独立 TPM 模块。

图 5-12 利用 LPC 接口与 PC 主板相连的 TPM 模块

（2）TPM 也可以直接运行在主机处理器中，但要求处理器实现一种特殊的执行模式。主机系统提供硬件隔离的内存供 TPM 使用，确保这块内存区域只能由处于特殊执行模式的处理器访问。类似于以独立单芯片组件实现的 TPM，主机处理器与 TPM 的交互也是通过定义好的安全接口完成。实现这种类型 TPM 的具体方案包括系统管理模式（System Management Mode）、Trust Zone™ 和处理器虚拟化等技术。这些形式的实现常基于软件形式的 TPM，故它易受内在软件缺陷的影响。

5.3.2　可信根

ISO/IEC 11889 对主机和 TPM 之间的交互进行了定义。定义的命令指示 TPM 对其内部存储的数据执行规定的动作。通过这些定义的命令确保平台拥有一个确定的可信状态。为了达到这个目标，TPM 依赖于可信根（Roots of Trust）的正确实现。可信根是实现可信目标的一种软件或硬件机制。TPM 标准定义了三个可信根，这些可信根可用来建立平台的可信性和保证平台安全机制的实现。

（1）可信测量根（Root of Trust for Measurement，RTM）：包含一套固化的且不可篡改的启动指令。当系统重置（如掉电重启）时，CPU 首先执行这套指令。由于启动指令最先执行且不可更改，因而其执行被认为是可信的。随着系统的启动，启动指令通过一种递归信任的过程将信任扩展到整个系统。在递归信任过程中，前一阶段的指令在把控制权传递给下一阶段前，会测量完整性相关的信息，并把测量值发送给可信存储根安全地保存起来，这个过程反复持续下去，直到可信的操作系统启动完成。

（2）可信存储根（Root of Trust of Storage，RTS）：保存所有委托给 TPM 的密钥和数据。TPM 内存对 TPM 以外的任何实体都是隔离的。TPM 可防止外部实体对其内存的不合规访问，因此 TPM 可以充当 RTS。TPM 内部保存的信息并不都是敏感的，如包含摘要的平台配置寄存器（PCR）数据，TPM 并不确保其不被泄露。而对一些敏感内容，如私钥，TPM 需确保只有获得相应权限才能访问。

（3）可信报告根（Root of Trust for Reporting，RTR）：用于报告 RTS 的内容。RTR 报告通常是 TPM 中选定值内容的数字签名摘要。RTR 允许经过验证的外部实体获取受 TPM 保护区域中的数据，包括平台配置寄存器（PCR）和非易失内存，并用密钥签名证实这些数据的真实性。

TPM 对存储数据的保护能力基于防护能力（Protected Capabilities）和防护对象（Protected Objects）两个概念。防护能力是一种必须正确执行的操作，以确保 TPM 的可信性。防护对象是必须受保护的数据（包括密钥），以使 TPM 操作可信。TPM 中的防护对象位于隔离位置（Shielded Location），仅能通过 TPM 的防护能力操纵隔离位置的数据与内容。存储在隔离位置外的防护对象，则通过加密保护其完整性和机密性。由于防护对象可能位于隔离位置保护之外，存在丢失或被篡改的可能性。因此，在加载带有外部对象的隔离位置之前，TPM 将使用安全散列函数来验证该对象是否被更改。如果完整性检查失败，则 TPM 返回错误并不加载对象。TPM 中的数据都可被认为是与外部隔离的（除了 I/O 缓存区）。针对 TPM 隔离位置数据的操作只能是 ISO/IEC 11889 中定义的防护能力（以及 TPM 供应商的特定操作）。

5.3.3　TPM 的结构

TPM 由 I/O 缓冲区、密码子系统、授权子系统、RAM、非易失性存储器、电源检测模块和执行引擎等组件构成,其结构如图5－13所示。

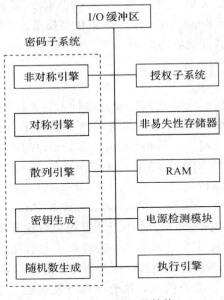

图 5－13　TPM 的结构

1. I/O 缓冲区

I/O 缓冲区是 TPM 和主机系统之间的通信区域。主机系统将要执行的命令数据放入 I/O 缓冲区,并从缓冲区中获取 TPM 的响应数据。ISO/IEC 11889 并不要求 I/O 缓冲区与系统的其他部分物理隔离。它可以是一个共享内存,但在开始处理命令时,必须确保 TPM 访问的是正确的未被篡改的值。

2. 密码子系统

密码子系统实现了 TPM 的密码功能。它可以由命令解析模块、授权子系统或执行引擎等其他 TPM 内部模块调用。TPM 采用的密码操作包括:散列(Hash)函数、对称签名和签名验证、非对称加密和解密、非对称签名和签名验证、对称加密和解密、密钥生成,以及随机数生成。

TPM 使用散列来提供完整性检查和认证,以及必要的单向函数功能(如密钥派生功能)。TPM 实现的哈希算法应具有与其最强大的非对称算法大致相同的安全强度。ISO/IEC 11889 要求 TPM 必须实现 ISO/IEC 9797－2 中规定的哈希消息认证码(HMAC)算法。HMAC 作为对某些数据的一种对称签名形式,可保证受保护的数据不被修改且来自于授权访问键值的实体。为了保护数据的有用性,键值通常是秘密或共享秘密。

TPM 使用非对称算法实现证明、识别和秘密共享。TCG 算法注册中心负责为支持的非对称密码算法分配一个标识符。目前,TPM 支持的非对称算法包括 RSA 和 ECC。TPM 需要实现至少一个非对称算法。

TPM 可以使用非对称算法或对称算法进行签名。签名方法取决于密钥的类型。对于非对称算法,签名方法为 RSA 或 ECC。对于对称签名,目前只定义了 HMAC 签名方案。针对不同的签名算法,TPM 都有对应的签名验证能力。

TPM 使用对称加密来加密某些命令参数（通常为认证信息），以及加密存储外部的受保护对象。ISO/IEC 10116：2006 中定义的密文反馈模式（Cipher Feedback Mode，CFB）是 ISO/IEC 11889 要求的唯一分组密码模式。任何由 TPM 支持的对称分组密码算法都可用于参数加密。另外，TPM 还应支持异或混淆（XOR Obfuscation）算法。这是一种基于散列的流密码算法，TPM 使用该算法实现秘密参数传递。

密钥生成可产生两种不同类型的密钥。第一种是普通密钥，通过使用随机数发生器（Random Number Generator，RNG）生成密钥，该密钥保存在 TPM 的隔离位置，可作为普通的密钥值。第二种是主密钥，它是从一个种子值派生的，而不是由 RNG 直接生成。种子值由 RNG 预先产生，并永久存储在 TPM 中。TPM 使用密钥导出函数（Key Derivation Function，KDF）从种子值中生成需要的主密钥。ISO/IEC 11889 中主要采用 SP 800－108 定义的 KDF。根据应用程序的需求，TPM 可选择不同的生成方法产生密钥。

RNG 是 TPM 中随机性的来源。TPM 使用 RNG 生成数据加密、密钥生成和签名中需要的随机数。RNG 由一个熵源及其收集器，一个状态寄存器和一个混合函数（通常是一个散列函数）组成。熵收集器从熵源收集熵并消除偏差。收集到的熵被用于更新状态寄存器，作为混合函数的输入，以产生随机数。混合函数可用伪随机数发生器（PRNG，Pseudo Random Number Generator）来实现。TPM 在每次调用时应该能够提供 32 位的随机数。TPM 应该至少有一个内部熵源，这些来源可能包括噪音、时钟变化、空气流动或其他类型的事件。熵源及其收集器向状态寄存器提供熵的过程应对外部或其他 TPM 不可见。

3. 授权子系统

授权子系统在命令执行之前与结束时，由命令调度模块调用。在命令执行之前，授权子系统会检查是否提供了适用于每个隔离位置的授权。某些命令在访问某些隔离位置时不需要授权，而访问某些地点可能需要单一因素授权，另外在访问其他隔离位置时可能需要使用复杂的授权策略。授权子系统唯一需要的加密功能是散列和 HMAC。

4. RAM

RAM（Random Access Memory）用于保存 TPM 的瞬态数据。在 ISO/IEC 11889 中，RAM 存储的数据具有易失的属性。RAM 中的数据在 TPM 掉电时可能会被移除，但这一要求并不是强制性的，而是取决于 TPM 的具体实现。ISO/IEC 11889 中提到的同时具有易失和非易失特性的数据，它们被保存在某些单一位置，该位置具有允许随机访问和永久可用的属性。需要注意的是，并非所有的 RAM 都是对外隔离的。如果将 RAM 用作主机与 TPM 交互的 I/O 缓冲区，这部分内存就不算是隔离的。主机可以修改这部分内存，但当 TPM 正在处理命令或生成响应时，主机是不能访问 I/O 缓冲区的。

加载到 TPM 中的项目可被赋予句柄，以便在随后的命令中引用它们。RAM 常用于 PCR 存储、外部对象存储、会话存储以及某些临时数据存储。

可信平台通常会以日志的形式记录影响平台安全状态的事件。当记录的事件被添加到日志中时，TPM 会收到日志描述的数据的摘要，这些数据以累积散列的形式保存在平台配置寄存器（PCR，Platform Configuration Registers）中。TPM 可根据 PCR 中的值验证日志内容的完整性。PCR 的存储可通过 TPM 的 RAM 完成。PCR 存储的数据属于隔离位置。

TPM 的 RAM 还常用于保存从外部存储器加载到 TPM 中的密钥和数据。一般而言，表示密钥或数据的对象只有通过特定的命令将其加载到 RAM 后，才能使用或修改。TPM 中特定的命令执行所需的参数也常保存在 RAM 中。这些参数数据是临时存在的，在命令完成后不用作为可识别的实体长期存储在 TPM 中。

TPM 使用会话来控制一系列操作。会话可以审计动作，为动作提供授权，或者加密在命令中传递的参数。创建会话需使用特定的命令，创建后 TPM 为每个会话分配一个句柄。TPM 根据不同的设计，可采用共享或者专用的形式与其他对象共同使用 RAM。

RAM 的大小在设计时应足够大，以保存执行任何命令过程中所需的瞬态、会话和对象等数据。ISO/IEC 11889 规定的 RAM 的容量应可包含以下情形：

- 两个加载实体（两个密钥，或一个密钥和一个密封数据对象，或一个散列/HMAC 序列和一个密钥）；
- 三个授权会话；
- 一个能够容纳最大命令的输入缓冲区，或一个可包含最大可能响应的输出缓冲区；
- 操作所需的任何供应商定义的状态；
- 所有定义的 PCR。

5. 非易失性存储器

非易失性存储器（Non-Volatile Memory）用于保存与 TPM 相关的持久状态数据。非易失性内存可供 TPM 所有者授权的平台或实体使用。TPM 的非易失性内存包含隔离位置，这些隔离位置只能通过 TPM 保护功能进行访问。

如果 ISO/IEC 11889 对参数的存储没有明确说明，那么该参数根据供应商的实现不同，可能保存在 RAM 或非易失性内存中。为了避免非易失性内存耗损，延长使用寿命，TPM 在将数据写入非易失性内存前，会检查写入的数据是否与当前存储位置的数据相同，如果相同，则不执行写入。

操作系统或平台定义了非易失性内存的数据结构以便存储持久数据值。非易失性内存也可被用于外部加载对象的长期存储。当在 TPM 命令中引用该持久对象时，TPM 可能会将该对象移动到对象槽中，以便更有效地访问它。对象槽使用的是 RAM，因此 TPM 需要确保有足够的 RAM 可用于对象的移动。TPM 在引用持久对象时，也可明确指示是否使用瞬态对象资源，也就是 RAM。如果是这样，TPM 需要确保每个被引用的持久对象都可在 RAM 中获得一个瞬态对象槽。

6. 电源检测模块（Power Detection Module）

电源检测模块结合平台电源状态对 TPM 电源状态进行管理。TCG 要求 TPM 能接收所有电源状态的变化。TPM 仅支持 ON 和 OFF 两种电源状态。任何系统电源状态的变化都会导致 TPM 复位，并重置 RTM。

7. 执行引擎

执行引擎运行程序代码来执行从 I/O 缓存区接收到的 TPM 命令。ISO/IEC 11889 描述了主机和 TPM 之间的交互命令。命令指示 TPM 对其保存的数据执行规定的操作，通过这些命令可确定平台的信任状态。

首先，主机系统将要执行的命令发送到执行引擎可访问的输入缓冲区中。执行引擎根据命令数据包含的一个标准头部验证命令的有效性。然后，执行引擎会判断命令是否需要访问任何隔离位置，并检查引用句柄的有效性，确定该句柄所代表的数据是否已经加载到 TPM 中。

其次，执行引擎继续检查命令头中的标签参数以确定命令是否提供授权值。执行引擎调用授权子系统来验证每个授权是否正确。验证授权后，执行引擎调用命令调度模块来解析其余的命令参数，并确保该命令的必需参数均已提供。

然后，完成参数解析，命令调度模块调用特定的库函数来执行对应的命令。除了确保所有命令参数均正确有效外，在命令执行前，执行引擎还需确保 TPM 有足够的内存可完成本次命令执行。命令执行完成后，命令调度模块将构建响应数据包将执行结果发送到输出缓冲区中。如果命令使用了授权，则还需要创建一个确认应答会话。如果命令执行遇到错误，则响应数据包将包含错误代码，以及与错误相关的句柄、授权会话或命令参数。在构建响应（包括确认应答会话）之后，TPM 向接口指示响应已准备好返回。

5.3.4 TPM 的应用

TPM 的应用非常广泛，其可用于平台完整性度量。在这种情况下，完整性意味着按预期运行，而平台通常是任何计算机平台（不限于个人电脑或特定操作系统）。通过应用 TPM，确保从受信任的状态启动开机，并将此信任延续到操作系统完全启动且应用程序开始运行。

TPM 也可用于磁盘加密。一些全盘加密技术，如 dm-crypt、BitLocker 等，可以使用 TPM 来保护用于硬盘加密的密钥，并为受信任者提供完整性验证引导路径（例如 BIOS、引导扇区等），许多第三方全磁盘加密产品也支持 TPM。

TPM 还可用于密码保护。操作系统经常在访问密钥、数据或系统时要求提供密码进行验证。如果验证机制仅用软件实现，则访问通常容易遭受字典攻击。由于 TPM 是在专用的硬件模块中实现的，可内置字典攻击防范机制。通过这种基于硬件的字典攻击防护，用户可以选择便于记忆的较短或者较弱的密码，若是没有这种保护级别，只有高度复杂的密码才能提供足够的保护。

另外，软件防盗版，如数字版权管理、软件授权，甚至防止网络游戏作弊等，都可以借助 TPM 实现。

5.4 硬件随机数发生器

5.4.1 随机数与随机序列

随机数在现代密码技术中有着非常重要的地位，数字签名、密钥管理和几乎所有的密码协议和算法都要用到随机数。能够产生并输出随机数的器件叫作随机数发生器（RNG，Random Number Generator）。随机数发生器是确保信息安全的基础模块，在网络安全防护中应用广泛。其典型应用如：

（1）网络传输层协议 TCP 在建立连接时会将 TCP 包头中的初始化序列号字段（ISN，Initial Sequence Number）设置为 $0 \sim 2^{32} - 1$ 中的某一个随机数值，以避免攻击者能很容易地猜测后续 TCP 数据包的序列号。

（2）序列加密算法会生成一个随机数序列，将明文与该随机数序列进行异或运算得到密文,随机数序列为加密的数据提供不确定性,使得加密后的数据流变得不可预测或使预测数据需要昂贵的代价。

使用随机数的信息系统的安全性在一定程度上取决于随机数的安全性。随机数发生器生成的随机数应符合以下三点要求:

(1) 不可预测性:当随机数产生算法或者硬件结构,以及之前产生的随机数均已知时,仍不存在任何方法能预测到它下一个随机数是什么。

(2) 不可重复性:有两个含义,一是生成的随机数序列无周期性;二是在相同的条件和操作下生成的随机数也不会相同。这一属性要求每次产生的随机数之间不应存在任何相关性。

(3) 均匀分布性:要求其使用的随机序列服从均匀分布,也就是说在同一范围内的任意数出现的概率都应该相等;同时每个随机数都是相互独立的,又称均匀分布且独立,即使知道一个序列的产生机制甚至知道它的部分元素,也完全无法推算出序列的其余元素。

研究人员专门开发了统计检验工具,如 TestU01、Diehard Tests 用于测试随机数生成器产生的序列是否满足要求,这些工具采用统计检验搜集证据来证明一个随机数发生器实际产生的数是否真的接近随机。

5.4.2 随机数发生器

图 5-14 是随机数发生器基本功能模型。根据熵源(随机源)状态的不同,可将随机数发生器细分为三类:确定型、非确定型和混合型,其中非确定型随机数发生器就是真随机数发生器(TRNG, True-Random Number Generator),而确定型随机数发生器是指伪随机数发生器(PRNG, Pseudo Random Number Generator)。PRNG 与 TRNG 的本质不同在于前者的熵源是一个随机数(种子),而后者的熵源来自真实世界中非确定的随机物理过程,因此 TRNG 也被称为物理随机数发生器。

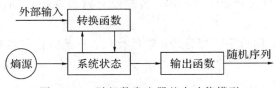

图 5-14 随机数发生器基本功能模型

任何产生随机数的方法都由两个基本功能单元构成,一个是非确定性单元,它是整个系统不可预测性的来源,也就是我们通常所说的熵源或随机源;另一个是确定性算法,它处理熵源提供的数据,产生均匀且相互独立的输出序列。熵源是整个设计中不确定性即熵的唯一来源,因此对于安全的随机数发生器设计至关重要。确定性算法设计则需要基于非确定性单元输出的性能,并考虑源的稳定性,以确保输出的随机性能。

TRNG 生成的随机数应严格遵循上一小节中的三点要求,即它不会周期性地重复且是不可预测的,它不能由纯数学随机算法来产生。TRNG 的安全性依靠的是熵源的不可预测性,因此它常常是选用一些随机的物理现象作为熵源,例如光噪声、振荡器中的相位抖动、电阻中的热噪声、粒子轨迹、放射性衰变、电路混沌现象以及生物的一些无规则现象等。这些物理现象都是人为不可控的,无法预测,没有规律,因此以它们作为熵源所产生的随机数序列也就没有规律可循,难以重现,即便截取了其中的某一段,也无法预测下一段随机数序列，能够满足随机数的性能要求，常常被应用到安全性要求高的系统中。

PRNG 生成的随机数输出有一定的规律性、重复性和周期性，不满足上述随机数的三点要求。在使用伪随机数发生器时，通常需要设定一个初始值，又称为种子。PRNG 按这个种子，依据一定的数学算法来生成随机数序列。伪随机数序列相当于种子的一个函数。例如，C 语言标准库＜cstdlib＞提供了一个伪随机数生成器，srand（）函数用于设置随机数种子，rand（）函数用于生成随机数序列。为了生成不同的随机数序列，就需要提供不同的初始种子。

伪随机数发生器通常是对一些数学算法赋予不同的种子，通过不断迭代来产生随机数，生成序列的随机性主要来自于种子的熵值。这种随机数发生器可通过计算机软件来实现，能够快速地生成具有一定周期且统计性能良好的随机数。伪随机数发生器的安全性依赖的是破解算法的计算复杂性以及种子的保密性。

虽然伪随机序列不能满足严格的随机数要求，但通过精心设计伪随机数生成算法，依然可以产生能够满足实际需要且在一定范围内具有随机性的序列。例如，Mersenne Twister 伪随机数生成器，其序列周期可达 $2^{19937} - 1$，对大多数的实际应用而言，这样长的周期是够用的。另外，该生成器产生的伪随机序列通过了 The Diehard Tests 随机数测试检验，以及 TestU01 中的部分测试。Mersenne Twister 方法被很多软件系统，如 Python、Matlab、Boost C++库等，用作随机数生成器。大多数伪随机数发生器有结构简单、易于实现和占用硬件资源少等特点，在一些对安全性要求不是很高的场合可以使用。

密码学安全的伪随机数发生器（CSPRNG，Cryptographically Secure PRNG）是一种可用于构建达到密码学意义上安全需求的应用的伪随机数发生器。在随机性上，CSPRNG 比普通 PRNG 具有更高的要求，要求通过严格的随机数测试检验。一方面，当已知给定的随机序列的一部分时，不能以显著大于 50％的概率在多项式时间内演算出序列的任何其他部分；另一方面，CSPRNG 在运行时均具有内部状态数据，这部分数据的作用之一是保证在一定输出范围内，CSPRNG 知道自己走在哪一步上，以避免其输出重复的值，从而破坏伪随机性。即使 CSPRNG 的部分状态数据被泄露，也不能恢复状态数据泄露时刻前产生的随机序列，也不能预测后续生成的随机序列。典型的 CSPRNG 算法有 FreeBSD 使用的 Yarrow 算法，微软 CryptoAPI 使用的 CryptGenRandom 算法等。

随机数发生器可以是软件形式，也可以是硬件形式，本书主要关注后者。下面我们将介绍几种可利用硬件实现的随机数发生器。

5.4.3　基于线性反馈移位寄存器的随机数发生器

反馈移位寄存器（FSR，Feedback Shift Register）方法通过对寄存器进行位移递推得到随机数。该方法由 Tauwsworthe 于 1965 年提出，非常适合高速实现的硬件电路，生成的伪随机序列具有周期长、结构简单、随机特性好、速度快、成本低的特点，因此该方法得到了广泛的应用以及发展，是常用的随机数产生方法之一。

图 5 - 15 给出了 FSR 的经典结构。a_1，a_2，…，a_n 表示每个寄存器的当前状态，一般为二元状态（即 0，1 值），采用一个比特表示。每一寄存器称为移位寄存器的一级，在任意时刻，这些级的内容构成该 FSR 的当前状态序列。FSR 工作时，反馈函数 $f(a_1, a_2, …, a_n)$ 根据每一级的状态进行运算，生成新的值移位到 a_n 所在寄存器。FSR 中每个寄存器的状态

依次向右移动，产生一个新的状态序列；而最右边的 a_1 寄存器的输出构成了输出序列。反馈函数一般是利用 a_1，a_2，$\cdots$，a_n 的状态值进行与、或、非等逻辑运算实现的，因此反馈函数又称 n 元布尔函数。

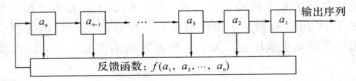

图 5-15 FSR 的经典结构

如果 FSR 的反馈函数 $f(a_1, a_2, \cdots, a_n)$ 是参数 a_1，a_2，$\cdots$，a_n 的线性函数，则称之为线性反馈移位寄存器（LFSR），此时反馈函数可表示为：

$$f(a_1, a_2, a_3, \cdots, a_n) = k_n a_1 \oplus k_{n-1} a_2 \oplus \cdots \oplus k_1 a_n$$

其中，$k_i \in \{0, 1\}$，$i = 1, 2, \cdots, n$。

如果当 $k_i = 1$ 时表示有反馈连接到异或门，$k_i = 0$ 时没有反馈连接到异或门，那么可得到如图 5-16 所示由 n 个 D 触发器和若干个异或门构成的典型 LFSR 电路结构图。

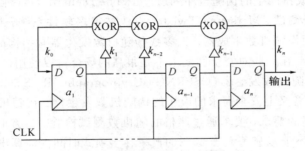

图 5-16 LFSR 典型电路结构图

由图 5-16 可见，LFSR 的结构主要由 $k_i(k \in \{0, 1\}$，$i = 1, 2, \cdots, n)$ 决定，参数 k_i 至少有一个不为 0，否则 $f(a_1, a_2, \cdots, a_n) = 0$，这样在 n 个脉冲后状态必然是 $00\cdots0$，输出比特将一直维持为 0。一般对于 n 级线性反馈移位寄存器，总是假设 $k_0 = 1$。

LSRF 输出序列的性质完全由其反馈函数决定。N 级 LFSR 最多有 2^n 个状态，LFSR 的输出序列是有周期性的，一旦 n 个寄存器上出现了以前经历过的状态，则以后的状态将周而复始。如果 n 个寄存器的初始状态全为 0，则 LFSR 的输出将保持为 0。在初始状态非全零的前提下，LFSR 输出序列的最大周期为 $2^n - 1$，最大周期序列又称作 m 序列。LFSR 的周期只与其反馈方式有关，而不依赖于其初始状态。只要选择合适的反馈函数，即可使输出序列达到最大值。

如果 n 级线性移位寄存器的输出序列 $\{a_i\}$ 满足递推关系：

$$a_{n+k} = k_1 a_{n+k-1} \oplus k_2 a_{n+k-2} \oplus \cdots \oplus k_n a_k$$

那么 $a_i \in \mathrm{GF}(2)(i = 1, 2, \cdots, n)$ 对任何 $k \geqslant 1$ 成立。这种递推关系可由 LFSR 的特征多项式唯一确定：

$$p(x) = \sum_{i=0}^{n} k_i x^i = k_n x^n + k_{n-1} x^{n-1} + \cdots + k_1 x + 1$$

要使 LFSR 的输出达到最长的周期，其充要条件是特征多项式不可约化，即不存在 $(x^k + 1)$

被 $p(x)$ 整除的情况，其中 $k<2^n-1$。此时特征多项式又叫作 m 序列的本原多项式。

在不同应用场合下，对 LFSR 所产生的随机序列的周期长度有不同要求。随着 n 的增大，LFSR 消耗的硬件资源线性增加，而 LFSR 输出的最长序列周期却呈指数增长，这一点对实际应用来说是非常有利的。当 $n=63$ 时，最大长度序列的周期可达 9.22337×10^{18}，如果 CLK 频率为 50 MHz，则重复周期超过 5800 年。在大多实际应用中，这样的序列长度是非常充裕的。

STM32F4 是由 ST(意法半导体)开发的一种高性能单片机。该系列单片机自带硬件随机数发生器。STM32F4 系列单片机包含了一个由若干个环形振荡器组成的硬件模拟电路，振荡器的输出经过异或运算以产生随机数种子，如图 5-17 所示，该种子馈入 LFSR 硬件电路以生成需要的随机数序列。

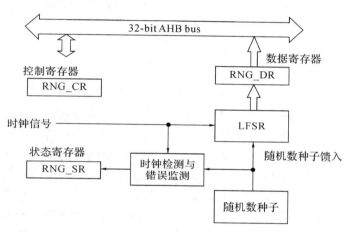

图 5-17　STM32F4 硬件随机数发生器电路结构图

5.4.4　基于电路噪声的真随机数发生器

电路中存在多种噪声，除了热噪声、分配噪声和散粒噪声等高斯白噪声外，还存在着雪崩噪声之类的其他噪声。对于高斯白噪声，其频谱分布满足均匀分布的特性，可以作为理想的随机数熵源使用，但是这类噪声信号通常情况下都是十分微弱的，不便于提取和直接利用，因此在实际应用中需要通过放大电路对噪声信号进行放大。最终的随机数序列通过对放大后的噪声信号进行采样获取，具体结构如图 5-18 所示。

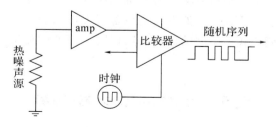

图 5-18　对热噪声进行直接放大的真随机数发生器

该方法的优点在于电路设计简单，非常容易实现。但由于电路中的串扰、$1/f$ 噪声以及电源衬底的耦合噪声和放大器的失调等非理想因素的影响，输出随机数序列的随机性将被降低，导致这类随机数发生器的随机数生成速率通常都比较低。

5.4.5 基于振荡器相位抖动的真随机数发生器

图 5-19 是基于振荡器相位抖动的真随机数发生器的基本模型。它主要由一个高频振荡器、一个低频振荡器以及一个 D 触发器构成。采样信号取自低频振荡器的输出信号，D 触发器采样信号的上升沿对高频振荡器的输出信号进行采样，由于电路中相位噪声以及相位抖动的影响，振荡器的输出信号会在中心频率附近发生波动。当采样信号刚好采样到抖动区域时，采样输出将具有不确定性。由于低频振荡器的抖动是不确定的，并且其抖动范围远远大于高频振荡器的周期，其输出 0 和 1 的概率基本相等，从而输出的序列是随机的。

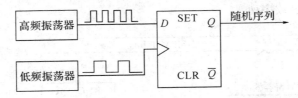

图 5-19   基于振荡器相位抖动的真随机数发生器的基本模型

输出序列的随机性能取决于低频振荡器抖动的范围及其分布，实际中受到各种因素的影响，如带宽、工艺偏差、确定性周期信号、$1/f$ 噪声和温度漂移等。各种因素都会影响低频时钟抖动的统计特性，使得产生的随机序列带有一些非随机的因素。高低频时钟的关系也对最终的输出序列的随机性有一定影响，可以通过调整两个时钟的关系来增强输出随机数序列的随机性。由于这种电路结构简单，对外界干扰有较好的鲁棒性和抵抗性，并且可以完全通过数字电路实现，因此它已经成为数字电路真随机数发生器的常用熵源结构。但是，这种类型的随机数发生器所产生的随机数序列相关性通常很大。只有当低频振荡器的周期间抖动 δ 与高频振荡器的周期 T 之间满足 $2\delta/T>1.5$ 时，才可以保证每次采样的信号之间不具有相关性。

硬件随机数发生器是 Intel 于 1996 年提出的公共数据安全体系结构（Common Data Security Architecture，CDSA）的一个重要组成部分。Intel 最早在 i810 系列芯片组中就集成了基于硬件的随机数发生器。随机数发生器被集成在 Intel 82802 固件集线器（FWH，Firmware Hub）中，使用了两个振荡器：低频振荡器使用 Johnson 热噪声调节其频率；另外一个频率比低频振荡器高 100 倍的高频振荡器收集数据，进而利用 John von Neumann 解相关算法对输出序列除偏，得到最后输出的随机数序列。该类型硬件随机数发生器的最大输出速率在 100 kb/s 左右。VIA C3 处理器也包含了类似的硬件随机数发生器，但没有使用热噪声，而是使用了四个频率不同的振荡器实现随机序列的输出，速率可达到每秒几兆的水平。

5.5   物理不可克隆函数

物理不可克隆函数（PUF，Physical Unclonable Function）电路是一种新型的密钥生成电路，它利用集成电路（IC，Integrated Circuit）制造过程中的工艺参数偏差，在相同的电路结构下产生多个不同的密钥数据，实现具有芯片身份标识的硬件函数功能。PUF 电路可用于数据加密、数字签名、消息认证以及硬件知识产权保护等多种信息系统，提高系统安全性。

PUF 的基本工作原理是对一个物理实体输入一个激励，利用其不可避免的内在物理构造的随机差异输出一个不可预测的响应。

5.5.1　PUF 的原理

PUF 是一种依赖集成电路本身特性的函数发生电路，产生的数字信号可以作为芯片唯一的身份标识。其中，集成电路的本身特性是指在其制造过程中由于不可控的工艺偏差，致使相同电路产生信号的大小及传输延迟情况出现偏差。其基本工作原理是对一个物理实体输入一个激励，利用其不可避免的内在物理构造的随机差异输出一个不可预测的响应。

PUF 借助集成电路制造时表现出的特性，通过对比或其他方式处理偏差信号，最终产生响应信号。由 PUF 的概念可以看出它是一种实现函数功能的硬件电路，对于某一个给定的 PUF 具有唯一的函数功能，且实现这个函数功能的电路不可以被复制。每个 PUF 都可以实现输入激励 C（Challenge）信号与输出响应 R（Response）信号之间某种确定的函数关系，如下式所示：

$$R_0, R_1, \cdots, R_{n-1} = f(C_0, C_1, \cdots, C_{m-1})$$

式中，C_0，C_1，$\cdots$，C_{m-1} 为 m 位输入激励信号，R_0，R_1，$\cdots$，R_{n-1} 为 n 位输出响应信号。施加于 PUF 的每一个激励信号，都有唯一的响应信号与其对应，称为 PUF 电路的激励响应对（CRPs, Challenge-Response Pairs）关系，CRPs 数量是 PUF 电路的一个重要性能指标。当把 PUF 电路应用于身份认证、射频识别以及硬件知识产权保护等领域中时，要求进行每次操作时利用不同的激励响应对，以此防御重放攻击，因此 PUF 电路激励响应对的数量越大越好。

5.5.2　PUF 的分类

物理不可克隆函数按照实现方法可分为非电子 PUF、模拟电路 PUF 和数字电路 PUF。

1. 非电子 PUF

非电子 PUF 中最具代表性的是 Pappu 等提出的光学 PUF，它也是安全应用中 PUF 概念的第一个正式描述。光学 PUF 的核心组件是一个随机掺杂光散射粒子的小光透明令牌，当用一个激光照射光透明令牌时，它就能辐射出一个有明暗斑点的复杂图像，即散斑。一个贾柏滤波器可以很好地提取这样一个散斑，并输出光学 PUF 的一个响应。所以在光学 PUF 中，激光的物理参数是激励，而滤波器的输出是响应。由于激光和散射粒子相互作用的复杂性质，响应被认为是高度随机和唯一的。光学 PUF 的响应依赖于光透明令牌的微观物理细节，这就会导致两个用同样方法生产的令牌将显示出一个根本不同的激励响应行为，从而防止克隆的发生。此外，令牌的一个小的物理变化，例如钻微观孔等，将会大大改变 PUF 的激励响应行为，也就是实现防篡改属性。其他的非电子 PUF 包括 Bulens 等提出的纸 PUF 概念，它的主要原理是利用纸文件不规则纤维结构的激光反射来作为防止伪造的"指纹"。Hammouri 等提出了 CD PUF 的概念，它的主要原理是在 CD 制造过程中，可变因素会影响平坦面的精确长度和光盘的坑，这可以被用来提取 CD 的"指纹"。

2. 模拟电路 PUF

模拟电路 PUF 中最具代表性的是 Tuyls 等提出的涂层 PUF。它的原理主要是通过集成 PUF 到集成电路(IC, Integrated Circuit)上来实现。在一个 IC 上喷上一种特殊的涂层，这种涂层包含一些小的随机的介质颗粒。在 IC 顶部的金属层上有电容式传感器，它用来测量介质造成的随机电容。当在 IC 上喷上这种涂层的时候，不同的电容式传感器就会测量这个涂层造成的随机电容，然后输出涂层 PUF 不同的响应。所以在涂层 PUF 上，电容式传感器是涂层 PUF 的激励，而介质造成的随机电容是涂层 PUF 的响应。其他的模拟电路 PUF 包括 Guajardo 等提出的一个类似于涂层 PUF 的概念，叫作 LC-PUF。Lofstrom 等通过芯片上的模拟测量电路直接测量 MOSFET 的阈值电压变化来实现 PUF 的功能。Helinski 等介绍了一种基于电阻值来识别 IC 电源分配系统的方法。

3. 数字电路 PUF

数字电路 PUF 除了具有 PUF 本身的条件外，还需要满足两个额外的要求：

· 一个完整的 PUF 要完全集成到嵌入式设备中，这里完整的 PUF 是指实现 PUF 的完整设备，如测量设备等。

· 标准的设备制造流程可以完全地执行这种集成，即不需要特定的 PUF 过程步骤或组件。

数字电路 PUF 可能提供更高的安全条件，但也有可能需要更多的实现成本。大部分数字电路 PUF 的实现方法都是基于数字集成电路提出的。其主要工作原理是，在同样的生产条件下，IC 之间会产生不可避免的随机制造差异，利用这个差异就可以实现数字电路 PUF。

数字电路 PUF 目前主要有两种实现方法：

(1) 利用数字信号的传播延迟变化来实现。一个数字信号的传播延迟就是信号在路径上遇到元器件电子参数的一个函数。这些元器件的电子参数例如 MOSFET 通道长度、宽度和阈值电压、氧化层厚度、金属线的形状等都会受到制造差异的影响。因此，一个数字信号的传播延迟将会有部分随机性，并且在测量时显示出类似于 PUF 的行为。目前有三种主要的具体实现方法，即基于仲裁器的 PUF、基于环形振荡器的 PUF 和基于毛刺的 PUF。基于仲裁器的 PUF 的主要原理是在 IC 上实现两个对称的数字信号延迟路径，一个激励控制着选择路径的确切延迟，引入判决条件是通过两个脉冲同时在两个路径上传播，看哪个路径传播更快并相应地由仲裁器电路输出一位响应。基于环形振荡器的 PUF 使用负反馈转化数字信号为振荡指标，通过测量振幅，就可以获得测量的延迟。这两种具体的实现方法都是在集成电路上实现和测试的，并且能够显示出一个很好的 PUF 行为。Suzuki 等提出了另一种利用延迟路径差异的 PUF，叫作基于毛刺的 PUF。毛刺的部分随机性是由于不可避免的制造差异引起的，所以通过观察一个随机逻辑电路的毛刺就可以显示出一个 PUF 的行为。

(2) 利用一些存储器单元结构稳定状态的制造变化来实现。一般情况下，完成存储器的数字存储是通过双稳态逻辑单元，也就是一个逻辑单元假设有两个不同的但是逻辑上稳定的状态。具体过程是，首先通过交叉耦合两个门器件(例如反相器)来构建一个双稳态逻辑单元，然后这个双稳态逻辑单元选择寄存在两个状态中的一个，就实现了存储一个二进制数值。但是，如果双稳态逻辑单元进入一个不稳定状态，它就可能在不稳定状态之间振荡，但最后还是会回到双稳态中的一个。而实验表明，大多数单元都会有其明确偏向。这个效果是由其对称设计单元参数间的不匹配造成的。而这种不匹配是由制造变化差异引起的，所以能够观察到这样一个存储单元的稳定状态显示出一个类似于 PUF 的行为。通过观察一个静态随机存取（SRAM，Static Random Access Memory）单元或一个触发器的稳定状态，就实现了 SRAM PUF 和触发器 PUF。而锁存 PUF 和蝴蝶 PUF 是通过破坏一个单元之后观察稳定的状态来实现的。所以总结所有的情况，PUF 的激励是一个特定单元的地址，而响应是单元的稳定状态。

5.5.3 PUF 的属性

PUF 并不是一个单纯的数学概念，而是嵌入了一些物理实体，包含诸多属性且有输入输出功能的函数。PUF 有如下七个属性：

（1）鲁棒性。

鲁棒性是指当用相同的激励 x 输入 PUF 时，在允许有一小部分错误的条件下，它总是返回相同的响应 $y = \Gamma(x)$。这个错误必须在一个很小的考虑距离度量之内。

（2）可计算性。

可计算性是指给定 PUF Γ 和激励 x，可以很容易地计算出相应的响应 $y = \Gamma(x)$。这里的"很容易"可以从不同的角度来解释。从理论的角度来看，它意味着在多项式时间和资源内计算是可行的；而从实际的角度来看，它意味着一个非常低的成本开销，即在有限的时间、空间、功耗和集成芯片能源等约束条件下，计算是可行的。

（3）唯一性。

唯一性是指 PUF 的响应 $\Gamma(x)$ 包含了物理实体嵌入物理不可克隆函数 Γ 的一些身份信息。从信息理论的角度来看，唯一性意味着在 PUF 全体中，一个特定 PUF 的一些激励响应对满足唯一标识。

（4）不可克隆性。

不可克隆性是 PUF 的根本属性，这从"不可克隆"函数的命名上就可以看出。不可克隆性其实是一个程序过程。这个过程可以是物理过程也可以是数学过程，所以不可克隆性可以分为物理不可克隆性和数学不可克隆性。一个 PUF 具有物理不可克隆性是指，给定物理不可克隆函数 Γ，构造一个物理实体包含另一个物理不可克隆函数 Γ' 使得对于任意 $x \in X$，在很小的错误情况下 $\Gamma'(x) = \Gamma(x)$ 是困难的。

（5）不可预测性。

不可预测性是指给定一个激励响应对集合 $Q = \{(x_i, y_i(x_i))\}$（$i = 1, 2, \cdots, q$），很难在一个很小的错误范围内预测响应 $\Gamma(x_c)$，其中 x_c 是一个随机激励且 $(x_c, \Gamma(x_c)) \notin Q$。

（6）轻量级属性。

轻量级属性是指实现物理不可克隆函数 Γ 元器件的数量和大小都很小，这在资源有限的设备当中有广大的应用前景。

（7）防篡改属性。

防篡改属性是指当把改变的物理实体嵌入到物理不可克隆函数 Γ' 中使得 $\Gamma \rightarrow \Gamma'$ 时，有非常高的概率 $x \in X : \Gamma(x) \neq \Gamma'(x)$。

5.5.4 弱 PUF 和强 PUF

弱 PUF 指的是具有有限数量的激励-响应对的 PUF。一个弱 PUF 可以被一个（或非常少量的）固定激励 x_i 所询问，在这个激励下，它产生响应 R_{x_i}，具体的响应取决于其内部的物理差异。

强 PUF 是一个无序的物理系统 S，具有非常复杂的输入-输出行为。该系统必须允许很多可能的激励，并且必须对所输入的激励和系统中存在的具体差异做出响应。具体地，强 PUF 是具有以下特征的无序物理系统 S：

（1）CRPs：强 PUF 可以通过激励 x_i 来询问，根据激励 x_i 产生响应 R_{x_i}。CRPs 的数量必须非常多。

（2）实用性和可操作性：CRPs 应该足够稳定，对环境条件和多个读数有效。

（3）访问模式：任何能够访问强 PUF 的实体都可以应用多种激励，并可以读出相应的响应。不存在受保护、控制或限制访问的 PUF 激励和响应。

（4）安全：若不具备物理上实际存在的强 PUF，攻击者和 PUF 的制造商都不能正确地预测随机选择的激励响应。即使上述两方能够访问强 PUF 达到相当长的时间，甚至进行正当的物理测量，也不能正确地预测随机选择的激励响应。

5.5.5 PUF 的应用

PUF 主要有四种应用：认证、随机预言机、可计算函数和密钥生成器。

（1）认证是 PUF 最基本的应用。由于 PUF 的不可克隆、防篡改和轻量级等属性，PUF 用于认证是一种非常有用的防伪技术。

（2）随机预言机（Random Oracle）是指一个确定性的公共可访问的随机均匀分布函数。对于任意长度的输入，在输出域中均匀选择一个确定性长度的值作为询问的回答，可以使用 PUF 作为一个随机预言机来实现安全与隐私保护。

（3）由于基于延迟的数字电路 PUF 可以采用线性不等式来表示，所以它可以用来作为一个可计算函数。这意味着服务器不需要存储 CRPs，而是直接利用 PUF 计算出预计的响应。

（4）使用 PUF 作为密钥生成器主要考虑使用的是数字电路 PUF。因为在集成电路中，数字电路 PUF 有很好的属性用于密钥生成和存储。通过采用适当的后处理技术，PUF 可用于生产一个加密强密钥，使得方案更具有安全性。

本 章 小 结

密码技术是整个信息安全的重要基础，对硬件系统安全而言，其作用和意义重大。本章首先介绍了密码技术的发展现状，列举了目前广泛应用的密码算法，包括 Mini-AES、RSA、PRESENT 等。然后，进一步介绍了可信平台模块 TPM，其作为可信计算技术的核心，被广泛应用于信息系统的安全防护。最后介绍了随机数发生器，以及其利用硬件系统的实现。

思　考　题

1. 对称密码算法和非对称密码算法的主要区别是什么?
2. 简述 Mini-AES 算法的基本结构。
3. 简述 RSA 算法的基本结构。
4. TPM 有哪些应用?
5. 伪随机数发生器和真随机数发生器的区别是什么?
6. PUF 函数有哪些特点及用途?

第六章 隔离技术

本章主要讨论安全隔离技术，主要包括存储器隔离和保护机制，重点介绍嵌入式计算平台常用的 TrustZone 和通用计算平台隔离技术的典型代表 Intel SGX，最后对安全隔离技术的应用发展方向进行探讨。

6.1 隔离技术概述

6.1.1 隔离机制的作用

现代计算机系统大多数都属于多任务系统，通常由若干多核心处理器组成，一些系统还包含协处理器，所运行的操作系统也支持多进程/线程的并发执行。因此，计算机系统中往往存在多个任务共享处理器、存储器和 I/O 资源的情况，如多个任务共享缓存、内存和 I/O 设备。在这种情况下，需要有效的安全机制来保证一个任务的执行（包括该任务对软硬件资源的使用）不会受到其他任务的干扰，同时，也要保证任务中所包含的敏感信息不会被未授权的任务非法访问。隔离机制是用于保障任务执行过程及执行环境独立性和安全性的常用技术手段。

在主流的计算机系统架构中，高权限级别的软件（Hypervisor 或操作系统）既负责资源（主要指存储器）的分配，又负责资源的隔离。例如，Hypervisor 负责将某个页分配给哪个虚拟机，同时为每个虚拟机维护一个嵌套页表（Nested Page Table）。为了将高权限软件的资源分配与资源隔离的功能分离，通常利用只有硬件才能访问的数据结构来保存与系统安全相关的信息，对高权限软件的操作加以验证。这样既提高了系统的安全性，又保留了系统软件资源分配的灵活性。硬件辅助的隔离也可以为安全关键的应用提供安全的执行环境，例如将代码放到攻击者无法找到的位置执行。

6.1.2 隔离技术的比较

隔离技术一般可划分为软件隔离技术、硬件隔离技术和系统级隔离技术三类。表6-1 从隔离性、安全性及性能（包括功耗和面积）三个方面对不同隔离技术进行简要对比。由表6-1 可见，硬件隔离技术和系统级隔离技术能够取得相对更好的隔离性、安全性和性能。本书后续讨论的硬件隔离技术泛指硬件辅助的隔离技术，其中一些从严格意义上讲属于系统级（软硬件结合）隔离技术。

表 6 - 1　各类隔离技术的比较

隔离机制类型	隔 离 性	安 全 性	性能（包括功耗和面积）
软件隔离技术	隔离性低：纯软件的机制能在系统中提供一个相对安全的隔离环境。然而，它的隔离性会受到其他软件或系统安全的影响	安全性低：纯软件的隔离机制，如沙箱集成在内核中的安全机制，会因为 TCB 过大，导致自身极易受到恶意攻击，而虚拟化技术自身需要管理许多系统资源，自身代码量已经非常庞大，存在较大的安全隐患。容器也存在类似的问题。故软件隔离技术自身的安全性得不到保证	性能低：对系统的功耗没有什么影响，然而会在一定程度上增加系统的负载，它也不需要重新设计硬件，因此开发成本比较小且周期短。然而，软件实现的隔离机制运行速度较硬件会慢很多，因此性能比较低
硬件隔离技术	隔离性中：纯硬件的隔离模块能很好地将敏感数据保护在可靠的物理设备中，并且可以采用更加先进的防篡改技术	安全性中：当软件运行在外置安全硬件模块和内置加密模块之外时，安全范围受到限制，而提供专用的通用处理器没有考虑到调试和测试模式下的系统安全。但因为设计成本高和周期长，不能实时满足新的安全需求	性能中：纯硬件加密模块会增加系统的功耗和硅设计面积，通用安全处理器则因为需要与主处理器通信而影响系统性能，故硬件隔离给系统的性能带来一定的影响
系统级隔离技术	隔离性高：基于软硬件的合理配合能够在系统中提供一个相对稳定且安全的隔离环境，硬件实施访问限制，并能隔离敏感代码，实现安全启动及构筑可信链等，其隔离性很好	安全性高：Intel SGX 和 ARM TrustZone 能够分别将 Enclave 和 TOS 与平台上的软件都隔离开，TIM-Shield 也能提供类似 TrustZone 的隔离保护，然而它只针对限定的处理器，而基于 TPM 的 Intel TXT 和 AMD SVM 也能达到同样的效果，但其要求严格的访问控制策略。故系统隔离技术安全性最高，它能保护系统中的关键数据和操作的安全	性能高：ARM TrustZone 在原有处理器上进行安全扩展，对系统功耗、面积和性能影响小。而基于 TPM 构建的隔离运行环境则对系统功耗和性能都有一定的影响，其对硬件配置依赖性强。故系统级隔离技术的设计对系统的性能影响比较小，相比软件隔离和硬件隔离，性能最高

6.1.3　硬件辅助的隔离技术

为了保证系统中敏感信息的安全性，设计者可以通过专用的安全模块来提供一个相对安全的硬件隔离环境，利用硬件来实施访问控制，软件一般难以绕过这种隔离机制。这样就可以将系统中的关键数据、密钥或加解密服务存储/部署在该安全模块中，且限制非法软件对模块的访问。

隔离机制一般由处理器或与处理器连接的专用安全模块提供。目前，实现硬件隔离主流的方案有两种：一种方案是在芯片设计时在 SoC 外围附加一个专门的硬件安全模块；另一种方案是在芯片设计时在 SoC 内部集成一个硬件安全模块。其中，第一种方案的典型代表是手机中的 SIM 卡和智能卡。以智能卡为例进行说明，它和加密协处理器一般被划分为同一个安全级别并可防止物理篡改。仅经智能卡或协处理器标记的程序允许安装在其中。第二种方案主要包括两大类：管理加密操作及密钥存储的硬件安全模块和专门为安全子系统设计的通用处理器。这里以通用处理器为例，它是内置于主处理器中的通用处理引擎，主要使用定制的硬件逻辑来阻止非授权软件对系统敏感资源的访问。

本章对存储器和 I/O 设备中的一些隔离技术进行讨论，并介绍嵌入式和通用计算平台中一些典型的隔离机制，如软件隔离中具有代表性的沙盒技术，硬件/系统级隔离技术中的 ARM TrustZone、Intel SGX、AMD PSP 和 Apple SecureEnclave 等。

6.2　存储器隔离技术

6.2.1　存储器保护技术

存储器保护是先进处理器通常具有的一种特性。不论是存储器管理单元（MMU，Memory Management Unit）还是存储器保护单元（MPU，Memory Protection Unit），它们都能够防止错误、非法的处理器会话读取或损害未获得访问许可的存储器区域。大多数处理器提供 MMU，用于分配不同的虚拟地址给不同的进程，以实现进程之间的隔离。类似地，IOMMU（IO Memory Management Unit）转换设备逻辑地址到物理地址，IOMMU 能限制设备仅能访问其获得授权的那部分存储器。操作系统利用 IOMMU 来隔离设备驱动，虚拟机利用 IOMMU 来限制硬件对虚拟机的直接访问。

操作系统为进程分配内存前，首先需要保护操作系统不受用户进程的影响，同时还需要保护用户进程不受其他用户进程的影响。可以通过采用重定位寄存器和界地址寄存器实现这种保护。重定位寄存器包含最小的物理地址值，界地址寄存器包含逻辑地址值。每个逻辑地址值必须小于界地址寄存器，内存管理单元动态地将逻辑地址与界地址寄存器进行比较，如果未发生地址越界，则加上重定位寄存器的值后映射成物理地址，再送交内存单元，如图 6-1 所示。

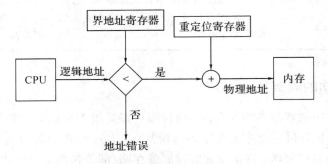

图 6-1　存储器边界保护技术

当 CPU 调度程序选择进程执行时，派遣程序会初始化重定位寄存器和界地址寄存器。每一个逻辑地址都需要与这两个寄存器进行核对，以保证操作系统和其他用户程序及数据不被该进程的运行所影响。

除了通用计算机系统之外，某些 SoC 系统也将存储器保护扩展到了 FPGA。在 SoC 系统中，嵌入式处理器和 FPGA 可以共享一个外部 DDR(Double Data Rate)存储器接口，以便降低成本，减小电路板空间，降低功耗。

　　如果 FPGA 可编程逻辑恰好覆写了一段属于处理器的数据、应用程序代码，或者操作系统(OS, Operating System)内核的存储器空间，则会导致程序计数器被改写，从而将处理器指向错误的地址。为防止产生这种情况，可为操作系统和嵌入式应用软件指定特定的存储器区域，而其他存储器区域则由 FPGA 可编程逻辑使用，如图 6-2 所示。通过存储器保护，基于 FPGA 的功能不会损坏操作系统或嵌入式软件存储器区域。

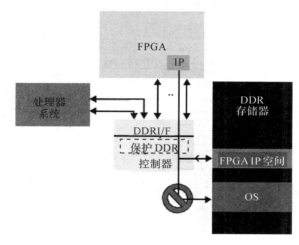

图 6-2　DDR 存储器保护实例(处理器和 FPGA 共享公共的存储器)

6.2.2　EPT 硬件虚拟化技术

　　Intel 推出了硬件页表转换机制 EPT(Extended Page Table，扩展页表)。EPT 是 Intel 针对软件虚拟化性能问题而推出的硬件辅助虚拟化技术。工作在根模式的 VMM 在每个客户操作系统启动之前申请一块内存地址空间，该地址空间类似于进程地址空间的页表，然后将该地址空间通过 Intel 提供的 MSR(Model Specific Register)指令集与客户操作系统的 VMCS 结构绑定。客户操作系统运行的时候，GVA(Guest Virtual Address，客户机进程的线性地址)到 GPA(Guest Physical Address，客户机的物理地址)的访问完全通过客户操作系统自身的页表机制转译，获得 GPA 后，GPA 到 HPA(Host Physical Address，宿主机的物理地址)地址的转译完全通过 EPT 辅助硬件来完成。EPT 内存隔离设计是指采用 EPT 的内存转换机制为硬资源隔离系统提供内存隔离。该隔离设计包括以下几个方面：

　　(1) 内存的分配。内存的分配采用静态和动态结合的方式。静态分配是指当客户机启动的时候，就为客户机申请一部分独立的内存空间，该空间从 VMM 事先建立的内存池中分配。为了使每个内存池的内存只被一个客户机单独使用，当某块内存被客户机使用之后，就将该内存块从内存池的可使用位图中移除，避免重复分配同一块内存。当该客户机的内存不够用的时候，会触发 EPT 的内存中断，发生 EPT 中断之后，VMM 根据客户机的请求先判断该客户机请求的内存地址是否被其他客户机使用，如申请的内存地址是某个设备的内存映射地址，并且该内存地址已经分配给其他客户机使用，就拒绝该客户机的请求，并返回错误信息到客户机，如图 6-3 所示。如果该内存地址没有被其他客户机使用，那么从内存池中再次分配一定的内存给该客户机，以保持该客户机的正常运行。

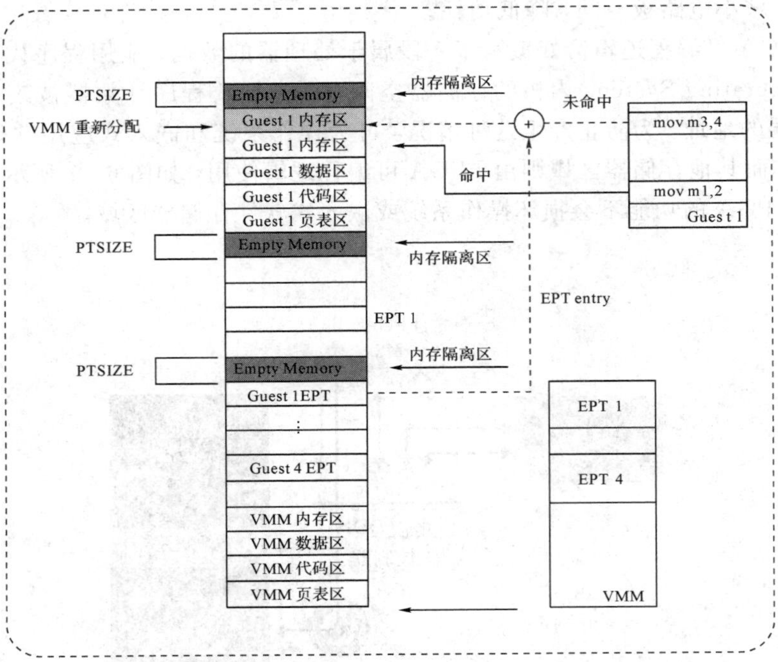

图 6-3　EPT 内存隔离示意图

（2）内存映射的建立。内存的映射是指内存分配完成后，要为该内存块到客户机的内存地址建立映射关系。该映射关系的建立与内核页表的建立方式比较类似，不同的是，在建立映射机制的同时，EPT 机制会为每一个客户机建立一个单独的内存映射区域。通过该区域，客户机可以直接将 GVA 转化为 HPA，而不用触发 VM Exit 返回到 VMM 中。这种方式可以减少客户机到 VMM 的切换，提高系统性能。

（3）内存释放。内存映射回收的机制在两个事件中触发。

① 定时器触发。每隔一定的时间，就通过定时器扫描每个客户机的内存页表项，通过 LRU 的方式回收一定量的内存空间，重新放回内存池，供其他客户机使用。

② 客户机释放的时候触发。当客户机被释放或者发生严重错误之后，VMM 会将该客户机使用的内存映射块重新放回内存池，供接下来的客户机使用。内存释放的时候，会触发 EPT 中断异常，该异常会根据用户释放的内存地址释放内存页表的映射，将内存重新放回内存池。

EPT 机制为客户机虚拟地址到宿主机物理地址转换提升性能，并为每个客户机维护一份独立的页表。当客户机中访问的地址不属于该客户机的时候，通过 EPT 中断来拒绝访问，达到隔离内存的目的。

6.2.3　存储加密隔离技术

当数据以明文形式存放在内存中时，攻击者可能利用漏洞或物理方法泄露内存中的数据。存储加密可以被用来防止内存中的数据被非法访问。XOM、AEGIS 与 SecureBlue 等利用存储加密的方式隔离不同的应用。这些机制在处理器内部共享的资源（如通用寄存器，TLB-Translation Lookaside Buffer 或 Cache 行）增加标记，用于标记当前活跃的应用。应用的标记与应用存储加密密钥对应，这样就可以防止受保护应用的数据被其他应用获得。为了减少存储加密对系统性能的影响，在总线与内存之间增加硬件加密引擎。

加密方法保证了存储数据的保密性，但直接加密方式并不能保证存储数据的完整性，因为存储中的数据有可能被欺骗攻击、重组与拼接攻击或重放攻击修改。为了防止这些攻击，麻省理工大学的 Gassend 等提出用 Merkle 树验证存储数据的完整性。Merkle 树是一个带 MAC(Message Authentication Code，消息验证码)值的层次树，树的叶子节点对应的是存储块，根节点总是保存在芯片内部，只能被处理器更新。Merkle 树的结构如图 6-4 所示。利用 Merkle 树验证是一个迭代的过程，当数据从外部存储器取回后，计算其 MAC 值，与保存的数据块的 MAC 值比较，若匹配，则取其兄弟节点的 MAC 值，计算一个新的 MAC 值，再与其父节点比较，依此类推，直到与根节点比较。中间若有不匹配，则存储完整性验证失败。

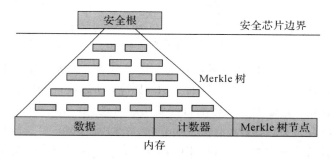

图 6-4　Merkle 树的结构

目前，Intel 与 AMD 均在存储控制器中增加了硬件加密引擎。Intel 的加密引擎称为 MEE(Memory Encryption Engine)，是 SGX(Software Guard Extension)技术的一部分。AMD 的硬件加密引擎可以提供安全存储加密(Secure Memory Encryption)与安全加密虚拟化(Secure Encrypted Virtualization)两种方式。前者可以实现全内存加密，或由操作系统在页表项中指定对某个页面加密；后者通过加密方式将不同特权级隔离，即使是最高特权级的 Hypervisor 也不能访问用户加密的信息。

6.3　I/O 设备隔离技术

对 I/O 设备进行隔离是必要的。因为通常计算机的 I/O 设备一般只有一套，如果不对该设备进行隔离，多个虚拟机之间输入或输出的数据就会发生混乱。例如，本来想输入到虚拟机 2 的数据，因为输入设备没有被隔离，输入到虚拟机 1 了，错误的数据可能会导致虚拟机 1 崩溃，所以有必要对 I/O 设备进行隔离。

每个客户操作系统都被分配了一个数据结构，该数据结构记录了该客户操作系统的所有参数，比如页表、硬件设备、I/O 设备的端口号等。隔离 I/O 设备只需要将该客户操作系统的 I/O 设备端口号记录在 VMM 的控制结构体中。针对每个客户操作系统分配不同的 I/O 设备端口，例如可以将输入的键盘端口号映射到端口 0x0060，客户操作系统绑定该端口到键盘的中断程序，每次有输入信息时，客户操作系统都会触发外部设备中断，读取键盘的输入信息，即通过不同的端口映射来隔离每个客户机的输入信息。输出信息通常是只读形式，所以只需将输出信息写到各自隔离的内存空间即可。如图 6-5 所示，每个客户获得一个 IO Map 内存区域。

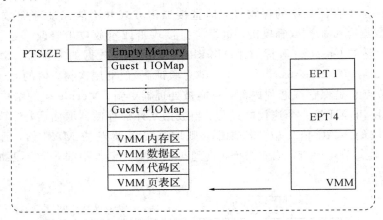

图 6-5 I/O 隔离框架

整个外围设备的隔离设计难度较低，但是工作量巨大，因为外围设备异构性较大，使用不同的总线标准，例如 AGP、IAS、PCI、PCI-E 等，所以目前的隔离方案只隔离基本的 PCI 和 PCI-E 标准设备，其他的总线标准目前使用越来越少，相应的支持也较少。

PCI 设备指的是遵循 PCI(Peripheral Component Interconnect)总线标准的设备。通过 PCI 总线将 PCI 设备的中断引脚连接到 CPU 前端总线上，每个 CPU 的 APIC 设备均按照配置与特定的 PCI 设备引脚相连，处理该 PCI 设备的中断，隔离了设备中断的分发，就实现了设备的隔离。

在物理 CPU 隔离架构设计中，VMCS 是启用各种硬件特性的开关。要启用 PCI 设备的隔离，需要事先在 VMCS 中启用虚拟中断和 VAPIC 选项。当启用该选项之后，CPU 会模拟各种设备 APIC 的访问，并且将设备的中断响应记录到 VAPIC 设备的内存中，客户操作系统只需要到本 CPU 的 APIC 内存单元获取中断信息，或者设置为中断信息自动触发本客户操作系统的中断处理函数就能完成对设备中断的处理。处理完成后发送 EOI(End Of Interrupt)信号到本 CPU 的 APIC 设备，就完成了对该次中断的处理。

在 PCI 设备隔离中，最重要的是虚拟中断的分发。当在 VMCS 中启用了该特性之后，每个 LAPIC 会被分配一个内存空间。该内存空间由相关硬件操作，所有被分配到某个客户机的 PCI 设备中断都被存储在该内存地址空间，该地址被称为 APIC 访问页(APIC-access Page)。通常情况下，访问该地址的时候会产生一个 VM Exit，返回到 VMM 地址空间执行。VMM 根据配置文件查看客户机访问的硬件是否属于它，如果不属于，则返回错误信息到该客户机；如果属于该客户机，则取出中断信息交付给该客户机。该客户机获取数据后进行处理，驱动该 PCI 设备处理特定的工作，如图 6-6 所示。

设备驱动程序发生错误的概率是其他模块出错概率的 3~7 倍。如果能够在整个操作系统中将外围设备的驱动运行隔离在每个客户的操作系统中，那么每个驱动发生的错误只会影响到该客户操作系统，不会影响其他系统。通过这种硬件方式隔离外围设备，可以大大增强系统运行的安全性。

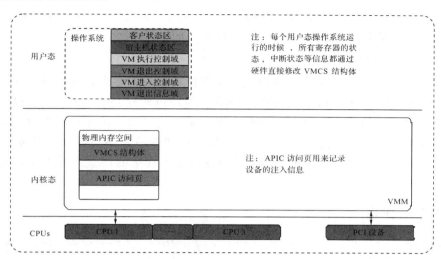

图 6-6　PCI 设备隔离示意图

6.4　沙　盒　技　术

6.4.1　沙盒的概念

在计算机安全领域，沙盒(Sandbox)又翻译为沙箱，是一种安全机制，为执行中的程序提供隔离环境，通常是为一些来源不可信、具有破坏力或无法判定意图的程序提供实验执行环境。

沙盒通常严格控制其中的程序所能访问的资源，比如，沙盒可以提供用后即回收的磁盘及内存空间。在沙盒中，对网络的访问、对真实系统的访问、对输入设备的读取通常被禁止或有严格的限制。从这个角度来说，沙盒属于虚拟化的一种。

沙盒中的所有改动对操作系统不会造成任何损失。通常，这种技术被计算机技术人员广泛用于测试可能带有病毒的程序或其他的恶意代码。

6.4.2　沙盒的分类

根据沙盒采用的访问控制思路不同，对沙盒技术的研究可分为两类：基于虚拟化的沙盒和基于规则的沙盒。

1. 基于虚拟化的沙盒

基于虚拟化的沙盒为不可信资源构建封闭的运行环境，在保证不可信资源原有功能的同时提供安全防护。根据虚拟化层次的不同，基于虚拟化的沙盒可分为两类，即系统级别的沙盒和容器级别的沙盒。

(1)系统级别的沙盒采用硬件层虚拟化技术为不可信资源提供完整的操作环境，在硬件和目的操作环境之间增加操作层，即监控器层，由监控器层的程序实现对硬件的抽象操作并向上提供接口。系统级别的沙盒主要包括 VMware 及 VirtualBox 在内的常用虚拟机。

（2）容器级别的沙盒与基于硬件层虚拟化的系统级别沙盒相比，采用了更为轻量级的虚拟化技术，在操作系统和应用程序之间增加虚拟化层，实现用户空间资源的虚拟化，但在资源使用效率和资源管理上占有较大的优势。

2. 基于规则的沙盒

基于规则的沙盒使用访问控制规则限制程序的行为，主要由访问控制规则引擎、程序监控器等部分组成。程序监控器将监控到的行为经过转换提交给访问控制规则引擎，并由访问控制规则引擎根据访问控制规则来判断是否允许程序的系统资源使用请求。与基于虚拟化的沙盒的不同之处在于，一方面基于规则的沙盒不需要对系统资源进行复制，降低了冗余资源对系统性能的影响；另一方面基于规则的沙盒方便了不同程序对资源的共享。

6.4.3 沙盒的作用

沙盒技术被广泛应用到浏览器（IE、Chrome、Firefox）、文档阅读器（Adobe Reader）等解析和处理网络资源的应用中。一些应用沙盒技术的方式如下：

（1）虚拟机：模拟一个完整的宿主系统，例如像运行真实硬件一般运行虚拟的操作系统（客户系统）。客户系统只能通过模拟器访问宿主的资源，因此可算作一种沙盒。

（2）软件监狱（Jail）：限制网络访问、受限的文件系统命名空间。软件监狱最常用于虚拟主机上。

（3）基于规则的执行：通过系统安全机制，按照一系列预设规则给用户及程序分配一定的访问权限，完全控制程序的启动、代码注入及网络访问。也可控制程序对于文件、注册表的访问。在这样的环境中，病毒木马感染系统的几率将会减小。

（4）主机本地沙盒：安全研究人员可以通过沙盒技术来分析恶意软件的行为。通过创建一个模拟真实桌面的环境，研究人员就能够观察恶意软件是如何感染一台主机的。若干恶意软件分析服务使用了沙盒技术。

（5）在线判题系统：用于编程竞赛中的程序测试。

（6）安全计算模式（seccomp）：Linux 内核内置的一个沙盒。启用后，seccomp 仅允许 write()、read()、exit() 和 sigreturn() 这几个系统调用。

6.4.4 常用沙盒

Sandboxie：用户量较大的虚拟型沙盒，可以对沙盒里的程序进行非常细致的限制，包括文件/文件夹读写、COM 接口、hook、驱动、硬件使用、联网等；可以一键终止所有进程，非常方便地进行文件恢复（从沙盒内移至沙盒外），支持自动入沙，多沙盒等。但对于免费用户有诸多限制，比如每次开机首次运行会有 6 秒的暂停并提示进行付费注册，不支持自动入沙，虽然可以建多个沙盒但只能同时运行一个沙盒等。

Bufferzone：与 Sandboxie 相比，提供的高级设置选项较少，设置偏向傻瓜型，适合仅要求上网安全的用户，界面友好，设置简单。其中较有特色的功能是，自带一个针对沙盒内程序的简单防火墙。Bufferzone 为单沙盒，支持自动入沙。

Comodo D＋的沙盒：嵌在 D＋里，不是单独的程序，只提供了文件/注册表虚拟化功能，其他高级限制需要搭配 defense＋进行。它也是单沙盒，支持强制入沙。

DefenseWall：是一款基于规则的沙盒，为普通用户设计，简单易用，功能强大，没有弹出窗口，不用升级特征库；作为一款 HIPS（Host-based Intrusion Prevention System，基于主机的入侵防御系统），能防御大部分的已知、未知病毒木马广告间谍（rootkits），并且可以防止广告、键盘记录工具和一些打包的恶意脚本入侵电脑，但没有网络过滤功能。

Cuckoo：作为一款基于虚拟化环境所建立的恶意程序分析系统，它能自动执行并且分析程序行为，记录对真实操作系统的更改，并生成多种分析报告格式。

6.5　ARM TrustZone

本节首先介绍 TrustZone 的软硬件架构及安全机制的实现方式，并在此基础上总结出该安全架构所面临的挑战。

6.5.1　硬件架构

TrustZone 的硬件架构如图 6-7 所示，它将 CPU 内核隔离成安全和普通两个区域，即单个的物理处理器包含了两个虚拟处理器核：安全处理器核和普通处理器核。这样单个处理器内核能够以时间片的方式安全有效地同时从普通区域和安全区域执行代码。这种虚拟化技术是在 CPU 设计时通过硬件扩展实现的，这些扩展可以保证安全内存和安全外设能够拒绝非安全事务的访问。因此，它们可以在正常操作系统中很好地隐藏和隔离自己，从而实现真正意义上的系统安全。这样便无需使用专用安全处理器内核，从而节省了芯片面积和功耗，并且允许高性能安全软件与普通区域操作环境一起运行。它还引入一个特殊的机制——监控模式。监控模式是管理安全处理器与普通处理器状态切换的一个强大的安全网关。在大多数设计中，它的功能类似传统操作系统的上下文切换，确保切换时能安全地保存处理器切换前的环境，并且能够在切换后的环境中正确地恢复系统运行。普通环境想要进入监控模式是严格被控制的，仅能通过以下方式：中断、外部中断或直接调用（SMC，Secure Monitor Call）指令。而安全环境进入监控模式则更加灵活些，可以直接通过写程序状态寄存器（CPSR，Current Program Status Register），也可以通过异常机制切换到普通环境。

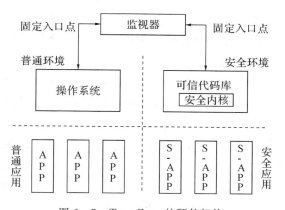

图 6-7　TrustZone 的硬件架构

为了隔离所有 SoC 的软硬件资源，使它们分属于两个区域，即用于安全子系统的安全区域和用于存储其他所有内容的普通区域，在硬件架构上作了充分扩展。首先，对内存进行了隔离，CPU 在安全环境（TEE，Trusted Execution Environment）和普通环境（REE，Rich Execution Environment）执行进程时有各自独立的物理地址空间，REE 仅仅能访问自身对应的空间，而 TEE 有权限访问两个环境的物理地址空间。这样，软件在 CPU 处于 REE 下执行时，会被阻止查看或篡改 TEE 内存空间。而负责对物理内存进行安全区域划分的是地址空间控制器（TZASC，TrustZone Address Space Controller）和存储适配器（TZMA，TrustZone Memory Adapter）。前者是 AXI 总线的一个主设备，它将设备的地址空间划分为一系列内存区间，通过运行在安全环境的安全软件可以将这些区间配置为安全或非安全内存区间；后者则负责对片上静态内存 RAM 或片上 ROM 进行安全分区。其次，扩展了一些协处理器，协处理器可以通过扩展指令集或提供配置寄存器来扩展内核的功能。其中最重要的是 CP15 协处理器，它用来控制 Cache、可信加密模块（TCM）和存储器管理。协处理器的某些寄存器在普通环境和安全环境各有一个，对这种寄存器的修改只能对所在的执行环境起作用。有的寄存器则会影响全局，比如控制对 Cache 进行锁定操作的寄存器，对这类寄存器必须严格控制，一般只对安全环境提供读写权限，而对普通环境提供只读权限。

中断是保证安全环境的重要一环，可以防止恶意软件通过进入中断向量的方法来对系统进行一系列的破坏。为此，对中断控制进行了扩展，普通环境和安全环境分别采用中断输入 IRQ 和 FIQ 作为中断源，因大多数操作系统都采用 IRQ 作为中断源，故采用 FIQ 作为安全中断源对普通环境操作系统的改动最少。如果中断发生在相应的执行环境，则不需要进行执行环境的切换。否则，由监控器来切换执行环境，且执行监控器代码时应该将中断关闭。在 CP15 协处理器中包含了一个只能被安全环境软件访问的控制寄存器，能够用来阻止普通环境软件修改 CPSR 的 F 位（屏蔽 FIQ）和 A 位（屏蔽外部中断），这样可以防止普通环境的恶意软件屏蔽安全环境的中断。而外设的安全主要由 AXI 转 APB 桥负责，比如中断控制器、计数器和用户 I/O 设备等。这使其能够解决比仅仅提供一个安全的数据处理环境更加广泛的安全问题。该桥包含一个输入信号 TZPCDECPORT 决定外设是否配置为安全，该信号可以在 SoC 设计时静态地设置，也可以在程序运行时通过对 TrustZone 保护控制器（TZPC，TrustZone Protection Controller）进行编程动态地设置。而 TZPC 的安全状态是在 SoC 设计时确定的，它被设置为安全设备，只能被安全的软件环境使用。

上述硬件扩展是 TrustZone 系统架构的安全基础，可以看出它是在设计开始时就将安全措施集成到 SoC 中，并在尽量不影响原有处理器设计的情况下提高了安全性。类似硬件安全技术主要有 Stanford 的 XOM 和 MIT 提出的 AEGIS。其中，XOM 是假定处理器内部单元能防御各种攻击且应用在 CPU 可信区而不是整个操作系统，它为阻止恶意软件攻击提供了一个强有力的解决方案。AEGIS 是一个安全启动结构，为系统启动到应用提供多级验证。相比这两种安全处理器技术，TrustZone 技术在硬件安全扩展方面具有较明显的优势，它能够为 TrustZone 上运行的操作系统，比如 PalmOS、Linux、SymbianOS 和 Windows CE 等，提供一个系统范围的安全硬件架构基础，而对系统的功耗、性能和面积的影响很小，并已作为一个开放式安全架构和可信硬件平台受到业界的广泛认可。

6.5.2 软件架构

TrustZone 硬件架构扩展将安全性植入处理器中，从而可以为安全性从普通操作系统（Rich OS，ROS）中分离出来提供基础，即可以实现一个新的安全操作系统（Trusted OS，TOS），并加入监控代码区实现 ROS 和 TOS 之间的切换。TOS 和 ROS 同时运行在同一个物理 CPU 上，它们之间的交互限制在于消息传递和共享内存数据传递。TOS 有独立的异常处理、中断处理、调度、应用程序、进程、线程、驱动程序和内存管理页表。监控代码区提供将两个系统衔接在一起的虚拟管理程序，并在两个系统过渡期间存储和恢复两个环境下寄存器的状态，并保证过渡到新环境下系统能够重新执行。

为了保证整个系统的安全，必须从系统引导启动开始就保证其安全性。许多攻击者都会尝试在系统断电的时候进行攻击，以便擦除或者修改存放在 FLASH 中的系统镜像。因此，TrustZone 实行安全启动，大概流程是：设备上电复位后，一个安全引导程序从 SoC 的 ROM 中运行，该引导程序将首先进入 TEE 初始化阶段并启动 TOS，逐级核查 TOS 启动过程中各个阶段的关键代码以保证 TOS 的完整性，同时防止未授权或受恶意篡改的软件的运行，随后运行 REE 的引导程序并启动 ROS，至此完成整个系统的安全引导过程。ARM 公司也定义了标准的应用程序接口（TZAPI，TrustZone API），这保证了软件和硬件开发者编写的应用程序可以被应用于不同安全平台的设备中，并允许客户端应用能够访问 TOS 以达到管理和使用安全服务的目的。

6.5.3 TrustZone 安全机制的实现方式

TrustZone 技术通过对 CPU 架构和内存子系统的硬件设计升级，引入安全区域的概念。NS(NonSecure)位是其对系统的关键扩展，以指明当前系统是否处于安全状态。NS 位不仅影响 CPU 内核和内存子系统，还影响片内外设的工作。Monitor 用来控制系统的安全状态和指令、数据的访问权限，通过修改 NS 位可以实现安全状态和普通状态的切换。Monitor 不仅作为系统安全的网关，还负责保存当前的上下文状态，并通过对内存子系统 Cache 和 MMU 增加相应的控制逻辑来实现增强的内存管理。其中，Cache 的每个 Tag 域都增加了一个 NS 位，这样 Cache 中的数据就可以标记为安全和普通两类数据。两个虚拟的 MMU 分别对应两个虚拟的处理器核。页表项增加了一个 NS 位，相对应 TLB 的每个 Tag 域也增加了一个 NS 位，所有的 NS 位联合进行动态验证，以确保仅得到授权的操作可以访问标记为安全的数据。根据应用需求，该技术还可以将安全性扩展到系统其他层次的内存和外设上。

为了确保安全环境中的资源不能都被普通环境下的组件访问，保证两个环境具备强大的安全边界，相应对 AXI 总线上每个读写信道增加了额外的控制信号，分别是总线写事务控制信号（AWPROT）和总线读事务控制信号（ARPROT）。这样，在 CPU 请求访问内存时，除了将内存地址发送到 AXI 总线上，还需要将 AWPROT 和 ARPROT 控制信号发送到总线上，以表明本次访问是安全事务还是非安全事务。AXI 总线协议会将安全状态信息加载在两个读写信道控制信号 AWPROT 和 ARPROT 上，然后系统的地址译码器会根据

CPU 的安全状态使用这些信号来产生不同的地址映射。比如，含有密钥的寄存器仅仅能被处于安全状态的 CPU 访问，实现访问操作是通过译码器将 AWPROT 或 ARPROT 置成低电平实现的。CPU 处于非安全状态而试图访问这个密钥时，AWPROT 或 ARPROT 将会置成高电平，并且地址译码器将会访问失败，产生"外设不存在于这个地址"的错误。而 AXI APB 桥则负责保护外设的安全性，普通环境不能够访问安全外设，这样就为外设安全筑起了强有力的安全壁垒。将敏感数据放在安全环境中，并在安全处理器内核中运行软件，可确保敏感数据能够抵御各种恶意攻击，同时在硬件中隔离安全敏感外设，可确保系统能够抵御平常难以防护的潜在攻击，比如使用键盘或触摸屏输入密码。

TrustZone 技术所实现的运行环境使得安全性措施能应用于一个复杂嵌入式系统的很多层。普通操作将完全运行在 ROS 内，无需该技术的协助。而为 ROS 中实现安全性，该技术针对攻击方式提供了 3 种方式的完整性安全策略：首先，它会先从片内执行引导程序完成系统安全状态的配置才启动操作系统，只有通过安全验证的模块才允许被加载；其次，在系统运行期间，由 TrustZone 技术提供的安全代码区会处理普通代码区的安全请求，在处理之前把安全请求保存在共享内存中，当安全检测通过后请求会被处理；最后，一组受限的、可信的进程可以在远离 ROS 的私有空间内安全地执行。

需要指出的是：目前所有的手机芯片的可信执行环境都是基于 ARM 的 TrustZone 技术实现的，苹果、高通、三星、MTK、华为麒麟芯片都不例外。

6.5.4　TrustZone 的应用

目前在系统安全中基于 TrustZone 技术的应用研究工作还处于初始阶段，该技术在以下几个系统安全方面将成为未来实际应用的重点领域。

（1）利用 TrustZone 技术作系统级防护。

ROS 因代码量大、功能丰富和开发应用环境复杂等原因而无法避免存在各种漏洞，其安全性问题已经普遍存在。如何利用 TrustZone 技术的硬件安全隔离优势实现 ROS 的系统级防护并保障其敏感应用的安全，已经成为解决此类安全问题比较行之有效的方法。以开放的 Android 系统为例，它给用户带来了许多便利，比如允许用户下载来自不同开发者提供的应用和服务，但这也使得一些对安全敏感的应用很难保证其在执行时的安全。尽管 Android 系统通过集成 Linux 2.6 内核的安全机制实现系统安全，又通过自身的 Permission 机制实现数据安全。但面对复杂的安全环境，依靠系统本身的安全机制是远远不够的，这大大降低了该系统的可用性。因此，需要为该系统提供一个硬件隔离出来的独立可信的执行环境，从系统的底层检测和控制系统的运行行为出发，才能真正意义上实现整个系统的安全。而 TrustZone 技术不仅可以在尽量不影响系统性能的前提下利用其提供的安全隔离环境来处理 Android 系统中对安全敏感的应用，为这类应用提供各种安全服务，比如安全支付、安全输入和安全显示等，还可以利用其对该系统进行防护，比如采用系统运行内核度量机制、敏感操作核查及敏感数据加密等，以增强 ROS 在复杂的嵌入式环境下抵抗恶意攻击的能力。

（2）TrustZone 技术作用于封闭式系统。

TrustZone 技术的安全保护机制并非只可用于使用操作系统的开放式系统，也适用于深层嵌入或封闭的系统。因此，如何基于该技术保证封闭式系统的安全也变得非常关键。比如，目前汽车系统正发展基于控制软件的集成扩展软件，软件集成增加了软件的复杂度，这可能导致系统故障而威胁汽车的安全。为了解决这个问题，科研人员提出扩展软件应与控制软件真正隔离起来，于是基于 TrustZone 安全架构设计了一个安全的汽车软件平台。该平台实现了安全的设备访问，它限制直接访问扩展软件并支持多核处理器。而该技术的应用场景也远非汽车系统等封闭式系统，任何嵌入式应用都能受益于其提供的系统级安全架构，比如消费娱乐系统、硬盘驱动器等，它能为系统各个环节提供安全增强。虽然该技术被设计用于在复杂开放的系统中提供更高级别的安全性，但是有严格安全性要求的简单系统也能受益于该技术。也正是由于其能为各种系统和系统中各个环节的安全需求提供支持的特点，基于其在系统安全中的研究和应用还有许多工作要做。

（3）TrustZone 应用于其他系统架构。

TrustZone 安全架构并非局限于 ARM 架构的处理器，x86、MIPS 等架构也可以引入该安全技术，可以利用其安全优势来支持这些架构设备的系统级安全。如何实现该技术与其他系统架构结合，充分利用两者各自的优势保障系统安全也变得势在必行。AMD 就将 x86 架构与该技术融合在一起推出了相应的应用产品，其 2014 年 4 月推出了第三代主流低功耗 APU Beema/Mullins，Beema 偏主流，Mullins 则主打超低功耗，它们的系统架构如图 6－8 所示。

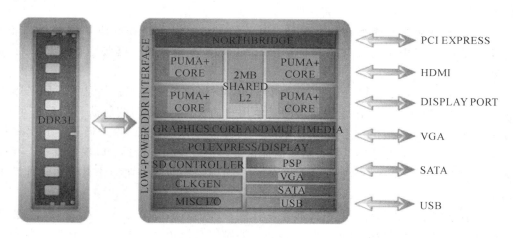

图 6－8　AMD Beema/Mullins APU 系统架构

该架构融入了 Cortex A5 架构的 TrustZone 技术，也是第一台匹配 ARM 硬件加密安全模块的 x86 处理器，AMD 称之为平台安全处理器（PSP，Platform Security Processor）。PSP 的使用原理在后续章节会作详细分析。因此，不同系统架构均可结合该安全技术在安全隔离方面的优势来保障系统安全。虽然不同架构技术融合过程中会存在很多技术难题，但是这对增强其他系统架构的系统安全有着非常重要的意义。

此外，该技术在开源软件方面也是可行的。目前，基于 TrustZone 系统开源软件开发工作相对较少的原因是缺乏支持该技术的低成本开发板。因此，需要使用支持 TrustZone 的廉价开发板进行开发工作，并使用开源模拟处理器软件实现该安全技术的软件开发，如支持 TrustZone 的 QEMU 模拟器。

6.6　Intel SGX

Intel SGX 全称为 Intel Software Guard Extensions，顾名思义，它是对因特尔体系（IA，Intel Architecture）的一个扩展，用于增强软件的安全性。这种方式并不是识别和隔离平台上的所有恶意软件，而是将合法软件的安全操作封装在一个 Enclave 中，保护其不受恶意软件的攻击，特权或者非特权的软件都无法访问 Enclave。也就是说，一旦软件和数据位于 Enclave 中，即便操作系统或者 VMM（Hypervisor）也无法影响 Enclave 里面的代码和数据。Enclave 的安全边界只包含 CPU 和它自身。SGX 创建的 Enclave 也可以理解为一个可信执行环境 TEE（Trusted Execution Environment）。不过其与 ARM TrustZone 还是有些区别的，TrustZone 中通过 CPU 划分为两个隔离环境（安全环境和普通环境），两者之间通过 SMC 指令通信；而 SGX 中一个 CPU 可以运行多个安全 Enclave，并且并发执行。当然，在 TrustZone 的安全区域内部实现多个相互隔离的安全服务亦可达到同样的效果。

6.6.1　SGX 技术

SGX 是 Intel 开发的新的处理器技术，可以在计算平台上提供一个可信的空间，保障用户关键代码和数据的机密性与完整性。

软件应用通常涉及诸如密码、账号、财务信息、加密密钥和健康档案等私人信息。这些敏感数据只能由指定接收人访问。按 Intel SGX 术语来讲，这些隐私信息被称为应用机密。

操作系统的任务是对计算机系统实施安全策略，以避免这些机密信息无意间暴露给其他用户和应用。操作系统会阻止用户访问其他用户的文件（除非访问已获得明确许可），阻止应用访问其他应用的内存，阻止未授权用户访问操作系统资源（除非通过受到严格控制的界面进行访问）。应用通常还会采用数据加密等其他安全保护措施，以确保发送给存储器或者通过网络连接而发送的数据不会被第三方访问到——即使是在操作系统和硬件发生盗用的情况下。

尽管有这些措施提供保护，但大部分计算机系统仍然面临着重大安全隐患。虽然有很多安保措施可保护应用免受其他应用入侵，保护操作系统免受未授权用户访问，但是几乎没有一种措施可保护应用免受拥有更高权限的处理器的入侵，包括操作系统本身。获取管理权限的恶意软件可不受限制地访问所有系统资源以及运行在系统上的所有应用。复杂的恶意软件可以锁定应用的保护方案，以此为目标进行攻击，提取加密密钥，甚至直接从内存提取机密数据。

为对这些机密信息提供高级别的保护，同时抵御恶意软件的攻击，Intel 设计了 Intel SGX。Intel SGX 是一套 CPU 指令，可支持应用创建安全区：应用地址空间中受保护的区域，它可确保数据的机密性和完整性——即便有获取权限的恶意软件存在。安全区代码可通过专用指令启用，并被构建和加载成 Windows 动态链接库（DLL，Dynamic Link Library）文件。

Intel SGX 可减小应用的攻击面。图 6-9 显示了借助 Intel SGX 安全区和不借助 Intel

SGX 安全区时，攻击面的显著差异。

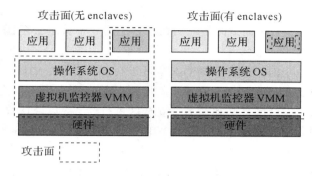

图 6-9　Intel SGX 对应用攻击面的影响

6.6.2　SGX 技术确保数据安全的方式

Intel SGX 可针对已知的硬件和软件攻击提供以下保护措施：

（1）安全区内存不可从安全区外读写，无论当前的权限是何种级别，CPU 处于何种模式。

（2）安全区不能通过软件或硬件调试器来调试（可创建具有以下调试属性的安全区：该调试属性支持专用调试器，即 Intel SGX 调试器像标准调试器那样对其内容进行查看。此措施旨在为软件开发周期提供辅助）。

（3）安全区环境不能通过传统函数调用、转移、注册操作或堆栈操作进入。调用安全区函数的唯一途径是完成可执行多道保护验证程序的新指令。

（4）安全区内存采用具有回放保护功能的行业标准加密算法进行加密。访问内存或将 DRAM 模块连接至另一系统只会产生加密数据。

（5）内存加密密钥会随着电源周期（例如，启动时或者从睡眠和休眠状态进行恢复时）随机更改。该密钥存储在 CPU 中且不可访问。

（6）安全区中的隔离数据只能通过共享安全区的代码访问。

受保护的内存在大小上存在硬限值，该限值由系统 BIOS 设定，通常为 64 MB 和 128 MB。有些系统提供商可能会将此限值定成其 BIOS 设置内的可配置选项。内存中可同时保留 5 到 20 个安全区，这取决于每个安全区的大小。

包含 Intel SGX 技术的应用设计要求将应用分成两个部分：

（1）可信部分：它指的是安全区。可信代码中的代码是访问应用机密的代码。一款应用可以拥有一个以上可信部分/安全区。

（2）不可信部分：它包括应用的剩余部分及其所有模块。需要指出的是，从安全区的角度来看，操作系统和虚拟机显示器都被看做不可信部分。

可信部分应尽量保持最小，仅限于需要最高等级保护的数据以及必须直接作用于其上的操作。具有复杂界面的大型安全区不仅仅会消耗更多受保护内存，还会产生更大攻击面。

安全区还应使可信部分与不可信部分的交互程度保持最低。虽然安全区可离开受保护内存区域，在不可信部分（通过专用指令）调用函数，但对依赖性进行限制将有助于加固安全区。

6.6.3　认证

在 Intel SGX 架构中，认证指的是证明在平台上建立了特定安全区。认证机制有两种：本地认证和远程认证。

（1）本地认证适用于同一平台上两个安全区进行相互认证。当应用拥有一个以上需要相互协作才能完成任务的安全区时，或者两款应用必须在安全区之间进行数据通信时，本地认证非常有用。每个安全区都必须对另一安全区进行验证，以确认双方都是可信安全区。一旦完成认证，它们就会建立受保护会话，采用 ECDH Key Exchange 共享会话密钥。该会话密钥可用于对必须在这两个安全区之间进行共享的数据加密。

因为一个安全区不能对另一个安全区的受保护内存空间进行访问——即使它们运行在同一应用中，所以必须将所有指针解除引用至其值和副本，且必须将完整的数据集从一个安全区加密送至另一安全区。

（2）远程认证适用于某一安全区获取远程提供商的信任的情形。借助远程认证，Intel SGX 软件和平台硬件的组合可用于生成评价，评价会被发送至第三方服务器以建立信任。该软件包括应用安全区、评价安全区（QE）和配置安全区（PvE），后两者皆由 Intel 提供。该认证硬件是 Intel SGX 所支持的 CPU。将该软件信息摘要与来自该硬件的平台唯一非对称密钥相组合以生成评价，再通过已认证渠道将评价发送至远程服务器。如果远程服务器确认安全区得到了正确实例化且运行在真正支持 Intel SGX 的处理器上，远程服务器就会立即信任该安全区并选择通过已认证渠道向其提供机密信息。

6.6.4　密封数据

密封数据是指对数据进行加密，以便在不泄露其内容的前提下将数据写至不可信内存或对其进行存储。稍后，该安全区可将该数据读回并进行解封（解密）。加密密钥由内部按需推导，不会暴露给安全区。

有两种数据密封方法：密封至安全区标识和密封至密封标识。

（1）安全区标识：本方法可生成一个安全区独有的密钥。

（2）密封标识：本方法可生成一个基于安全区密封授权方标识的密钥。相同签名授权方的多个安全区可推导出相同密钥。

密封至安全区标识时，密钥对于密封数据的具体安全区是独一无二的，该安全区对影响其签名的任何更改都会产生新密钥。借助该方法，使用一版本安全区密封的数据不可由其他版本的安全区访问，因此该方法的一个副作用是，密封的数据不可迁移至较新版本的应用及其安全区中。它专为防止密封的旧数据被新版应用使用而设计。

密封至密封标识时，来自同一授权方的多个安全区可透明地对彼此的数据进行密封和解封。这样，来自一版安全区的数据可迁移至另一版，或在同一软件厂商的多个应用中进行共享。

如果需要防止旧版软件和安全区访问较新应用版本密封的数据，授权方可在对安全区进行签名时写下软件版本编号（SVN），并指定 SVN 更旧的安全区版本将不可推导出密封密钥，因此不可对数据进行解封。

本节简要描述了 Intel SGX 的三大要素：安全区、认证和密封。其中，安全区是实施重点，因为安全区是 Intel SGX 的核心。如果不先建立安全区，就无法行认证或密封。

6.7　其他隔离技术

6.7.1　TI M-Shield

　　TI(Texas Instruments)M-Shield 是德州仪器针对嵌入式领域推出的一套系统级安全隔离方案，系统中敏感应用的执行和关键数据的存储均在硬件支持的安全隔离环境中完成，这样可以保证高价值内容的安全传送和安全存储，其系统架构如图 6-10 所示。它在硬件支持的安全隔离环境中设计了一个安全状态机(SSM，Secure State Machine)及安全的 ROM 和 RAM 等，其中 SSM 负责保证敏感应用在安全隔离环境中执行的安全策略。它也定义了安全 DMA，因此保证了 DMA 传输的安全性。同时，它确保了芯片互连的安全，也确保了安全软件能够安全访问外设和内存，从而保证了敏感数据传输的安全性。

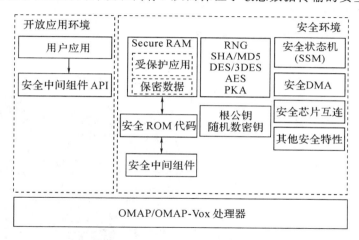

图 6-10　M-Shield 的系统架构

　　M-Shield 提供一个公钥基础架构来保证各种软件在执行前的真实性和完整性。它提供了基于硬件的 AES 和公钥加速器(PKA，Public Key Accelerator)及 DES/3-DES，SHA 和 MD5 硬件加速器。其中，硬件加速通过身份认证，快速解密和完整性核查提升了用户体验。在手机上部署有价值的安全服务时，该技术减少了对其未授权使用和诈骗。另外，为了便于开发安全应用，该技术也加入了安全中间组件：一个安全基础框架和基于 TrustZone 标准的 API。

6.7.2　Intel TXT

　　Intel TXT(Trusted Execution Technology)是一系列至强处理器的硬件安全扩展，它提供动态可信根度量(DRTM，Dynamic Root of Trust for Measurement)以便能在运行时度量系统的完整性。TXT 依赖于 TPM 的平台配置寄存器(PCR，Platform Configuration Register)来存储完整性参考度量值。TPM 作为 TXT 的可信根，该可信根是计算平台成功评估所必需的基础结构。该技术通过创建一个度量启动环境来对启动环境中的关键组件做一个精确的度量，其为每个受到许可的启动组件都设置了一个唯一的经过加密的标识，并且提供基于硬件的增强机制制止未授权代码的启动。基于硬件的解决方案为建立可以防止威胁系统完整性、可信性、稳定性和可用性的软件攻击的可信平台提供了基础架构。一旦基本的可信根和安全度量被构建起来，它可以进一步扩展这些能力和技术，比如密封和保护内存中的密钥及提供系统配置的本地认证和远程认证等。

6.7.3 AMD PSP

AMD 公司提供内置于 AMD APU 中的专门平台安全协处理器（Platform Security Processor，PSP），它是 AMD 64 核的集成协处理器，如图 6－11 所示。它通过利用 TrustZone 技术将 CPU 分为两个虚拟区域来打造安全环境，敏感任务运行在 PSP 上，即在安全区域运行，而其他任务则在普通模式下运行。这样就能够确保安全存储以及处理敏感数据和可信赖的应用程序，并能很好地保护关键资源的完整性和机密性。

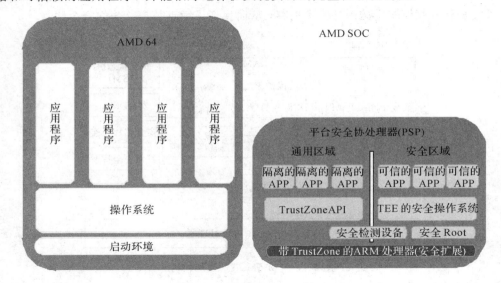

图 6－11　AMD PSP 设计框架

2014 年 1 月 AMD 推出了首款 ARM 架构服务器处理器 Opteron A1100，它是一款完整的 SoC，而不是 CPU，具备完整的功能设计。它是一款支持 TrustZone 的服务器芯片，对于提高此类服务器的安全起到了非常重要的作用。

6.7.4 Apple SecureEnclave

Apple 公司定制了一个高度优化的 TrustZone 安全框架，并以此为基础推出了 SecureEnclave 模块。它能够很好地解决如何加密、存储和保护用户指纹这些极重要的生物学信息，并负责验证来自 Touch ID 的指纹数据，如果数据匹配则启动访问或购买。SecureEnclave 模块是内置在 Apple A7 芯片中的协处理器，具有独立于主处理器的安全启动和软件更新机制。A7 通过串行外围接口总线（SPI，Serial Peripheral Interface）与 Touch ID 通信来获取指纹数据，但它不能读取数据的内容，然后它将数据传递给 SecureEnclave，并由其负责实现数据的加密操作和完整性保护。

6.8　安全隔离技术的应用发展趋势

在系统设计中构建一个安全的隔离运行环境已经成为一种主流的趋势，在敏感数据处理和关键数据保护方面起着极其重要的作用。本节将探讨安全隔离技术未来的应用方向及发展趋势。

6.8.1　安全隔离解决云计算安全问题

随着当今社会对海量数据和复杂计算的需求日益扩大，计算模式已经从集中式向分布式演变，云计算作为一项新兴的计算模式逐渐成为学术界和产业界的热点和焦点。云计算可以根据用户的特定需求，通过整合分布式资源来构建满足各种服务要求的计算环境，并且可以通过网络分别对其进行访问。它能有效地实现资源共享，从而有利于系统管理与维护，也确保了服务的正常使用。然而，确保这些服务和数据的机密性、完整性、可用性及隐私性仍然是其核心需求，需要针对云计算系统及应用的特点进行安全防护。它的防护不应是开发全新的安全理念或体系，而应从传统安全管理角度出发，结合其特点将现有的成熟的安全技术及机制延伸到云计算应用及安全管理中，以满足云计算应用的安全防护需求。

而安全隔离技术提供的隔离运行环境能够解决云计算所面临的一系列安全问题，用户的敏感操作和隐私数据都能隔离在相对独立的执行环境中，用户之间互不影响，这样就可以有效地保护用户的隐私。它也是保证云计算环境安全的有效措施，如采用虚拟化技术能在逻辑上实现系统、存储及网络等的安全隔离。硬件隔离比纯软件实现逻辑隔离更为安全，它能实现各个环节的高效隔离，以保证用户隐私数据的安全性。当前云计算安全隔离架构主要围绕硬件隔离和软件隔离两个方面来实施，其主要目的是为用户提供云计算整个链路层的隔离。虚拟化技术是实现云计算的关键核心技术，使用虚拟化技术的云计算平台上的云架构提供者必须向其客户提供安全性和隔离性。

6.8.2　安全隔离与可信计算结合

基于安全隔离提供隔离运行环境，可以将可信计算模块构建在该隔离环境中，利用隔离的安全优势来保障可信模块的安全，而可信模块则为系统提供丰富的可信计算功能，这种结合已是一种切实可行的方案。

TPM(Trusted Platform Module)已应用于 PC 领域，然而它并不适合对功耗和面积要求苛刻的嵌入式领域。虽然 TCG(Trusted Computing Group)随后也针对嵌入式和移动领域发布了 MTM(Mobile Trusted Module)规范。然而，限于移动平台形态的多样性，TCG 在发布相应可信移动平台规范时并没有明确 MTM 的具体实现方式，也未对 MTM 的实现给出明确的定义，MTM 仅是功能而非硬件实现。但可基于以上提到的各种隔离技术来构建可信移动平台，如前述章节提到的智能卡 JavaCard 或 ARM TrustZone。具体来说，基于 JavaCard 实现 MTM 能利用智能卡自身的硬件保护机制防范攻击者对 MTM 功能实现篡改，且继承了智能卡固有的安全属性。同时，对智能卡安全性评估目前已经有非常成熟的方法，这也为基于智能卡实现 MTM 的安全性检测评估提供了便利。与此同时，MTM 的两种功能 MRTM(Mobile Remote Owner Trusted Module) 和 MLTM(Mobile Local Owner

Trusted Module)是以 Java 小应用程序的形式并发地运行于 JavaCard 内部的虚拟机上的，利用虚拟机提供的安全机制能够确保它们的隔离运行。基于 TrustZone 实现的 MTM，其硬件级别的隔离运行环境能够保证 MTM 自身的安全性，又可以通过环境切换使非安全域的应用程序能够访问 MTM 功能。同时，基于 TrustZone 的 MTM 所构建的可信移动平台能够实现安全启动。系统上电后首先执行固化在 ROM 里的加载程序 SecureBootloader，该程序由 TrustZone 硬件保证不被篡改，随之将控制权交给 MTM，然后 MTM 对后续加载程序执行先度量再传递控制权的过程，最终构建一个完整的移动平台安全启动链。将 TPM 2.0 与 TrustZone 结合可实现相应功能，具体使用 TrustZone 提供的硬件隔离环境保护 TPM 2.0 的安全，而 TPM 则为平台提供丰富的可信计算功能，从而构筑一个可信的计算平台。

6.8.3 安全隔离实现系统防护

现在部署的传统操作系统，如 Linux 或 Windows，都具有丰富的功能和无法避免的安全威胁。这是因为这些操作系统代码量已经非常大，很容易存在潜在的漏洞而被攻击者利用。同时，这些系统有许多特权进程，一旦受到攻击损坏，很容易安装内核 rootkits，这样敌手就能轻易访问系统的敏感数据，甚至完全控制整个操作系统的执行，比如 Android 系统中特权进程的漏洞也曾有过很多报道。为此，基于系统的各类隔离运行环境来保证系统安全，保护系统的敏感数据和关键操作不被攻击，仍是目前研究的热点。

例如，基于硬件抽象层虚拟机就能够很好地在主操作系统中隔离一个相对可信的环境，通过在该隔离环境中构建检测防御机制有效地检测并阻止主操作系统中特权代码实施的各类攻击。一种轻量级的安全可信的虚拟执行环境，通过利用 CPU 的系统管理模块（SMM，System Management Module）提供的硬件隔离特性来隔离应用程序的安全敏感代码。然而，由于虚拟层只能获取硬件层的信息，如何将这些信息转化成操作系统所需要的语义信息也是亟待解决的问题。由于虚拟机是在操作系统外新引入的一个高权限的软件层，因此它给当前的系统安全结构引入了新的问题。一方面，一些攻击者能够针对当前虚拟机来设计攻击，甚至是伪造一个虚拟机，这样 OS 将无法完全发现和防范这类攻击。另一方面，引入了 VMM 的软件层后，如何维持 TPM 构建的信任链，也是一个非常棘手的难题。

因此，采用基于硬件支持的可信执行环境去解决系统存在的安全问题变得更加切实可行，如 ARM TrustZone 或 Intel SGX，通过在隔离环境中设计检测和防御机制来保证 ROS（Rich Operating System）的安全。这些检测和防御机制与 ROS 完全隔离，所以即使在 ROS 受到损害或者毁坏也能保证自身的安全，敏感数据、系统关键功能及关键操作都可以放在这个可信执行环境中执行。同时，也可以根据具体的安全需求和应用场景在可信执行环境中设计特定的安全服务来确保 ROS 的安全。另外，可以在其隔离环境中实现一套与 ROS 完全隔离开的安全显示与安全输入来保证用户信息输入和显示的安全。TZ KRP 是基于 TrustZone 的隔离运行环境，实现了系统的实时内核防护的机制，解决了一些系统存在安全漏洞的问题。

同时，针对移动设备容易丢失和遭窃取的特性，这使得它极易受到廉价的内存攻击，比如冷启动攻击，或使用总线监控器来监控内存总线，并实施 DMA（Direct Memory

Access)攻击。因此，防范设备可能遭受到的物理攻击以保护系统关键数据的安全也成为未来研究的重点内容。数据保护机制能防止内存遭受到的冷攻击，该系统允许应用和 OS 组件将它们的数据和代码存储在 SoC 而不是 DRAM 中。另外，基于 SRAM PUF 提取密钥代替固化密钥作为可信根也是研究的热点，它能使设备克服一定的物理攻击，如抵御逆向工程和有效防止克隆等。

本 章 小 结

本章简要介绍了常用的隔离技术，其中 ARM TrustZone 是嵌入式计算平台隔离机制的典型代表，Intel SGX 则是通用计算平台上隔离机制的典型例子。安全隔离机制能够将可信和不可信的计算环境隔离开来，从而减小系统的攻击面。

思 考 题

1. 请对常用的几类隔离技术的特点进行说明。
2. 常用的存储器隔离技术有哪些？
3. 嵌入式和通用计算平台下的常用隔离技术有哪些？
4. 简要描述 TrustZone 的软硬件架构及安全机制。
5. 简要描述 Intel SGX 的软硬件架构及安全机制。
6. 了解 Android 和 iOS 智能手机中采用的安全隔离技术。

第七章 旁路信道保护技术

本章将对一些常用的旁路信道保护技术进行详细的描述和解释。由于不同的旁路信道保护技术可能针对不同的密码算法设计有效，本章关于旁路信道保护技术的介绍将针对具体的加解密算法进行展开。

7.1 旁路信道保护概述

根据第三章旁路信道内容的介绍，我们了解到加解密硬件可能存在各种不同的硬件旁路信道安全漏洞。因此，针对不同的加解密算法和不同类型的旁路信道，我们需要采取有效的措施来减少或者消除密码芯片设计中的旁路信道信息泄露，从而保证硬件系统设计的可靠性和安全性。

以时间旁路信道为例，为防止 RSA 密码设计的时间旁路信道分析（攻击），可以采用平衡条件分支结构的方法减少条件分支结构造成的运行时间差异，还可以设计不同的并行算法结构来减少密码核运行时间的动态性。通过引入随机数对 RSA 的密钥进行 Blinding 处理，解耦或混淆密码运行时间与密钥之间的相关性关系；对模幂运行时间进行离散化或者随机化处理等，以减弱攻击者的观测能力等。

以功耗旁路信道为例，为防止简单功耗旁路信道分析（SPA），首要的一步就是去除导致 SPA 信息泄露的因素。密码硬件实现应该选择恒定的执行路径，避免使用依赖于机密数据的条件分支结构。另外，尽可能使用那些已知的信息泄露较少的原语或指令。防止差分功耗分析则需要更多的努力。差分功耗分析能够利用非常微小的信息泄露，减少噪声和非相关设备活动的影响。针对差分功耗分析的防护措施包括：引入平衡技术或者噪声减少信息泄露；引入随机性措施或者掩码技术减少机密信息与功耗之间的相关性；改善密码算法设计或者密码协议设计，减少对旁路信道的有效测量，降低旁路信道信息泄露的风险等。

7.2 信息隐藏随机化技术

7.2.1 功耗旁路信道随机化技术

功耗旁路信道攻击起作用的主要原因之一就是加密设备的功耗依赖于执行的加密算法的中间计算结果。因此，旁路信道保护措施的目的就是要尽量减少甚至消除这些依赖（或相关）关系。在信息隐藏保护技术中，就是要打破设备功耗和处理数据之间的相关关系。虽然受信息隐藏保护的加密设备与未受保护的加密设备以相同的方式执行同样的加密算法，甚至计算同样的中间结果值，但是信息隐藏保护技术使得攻击者很难在功耗曲线中找到可利用的漏洞。

信息隐藏保护技术的主要目标就是使加密设备的功耗与设备的操作指令或者设备的中间计算结果值相互独立。一般有两种不同的策略实现这种独立性。一种就是使得加密设备的功耗随机化，也就是在设备运行的每个时钟周期内设备都会消耗一个随机的能量。另一种就是使得设备在使用任何操作、处理任何数据的时候都消耗同样的能量，即在每个时钟周期内都消耗同等数量的能量。

虽然最理想的情况就是使得所有消耗的能量呈现完美的随机性或者完全相等，但是在实际实现中很难达到。不过却存在一些方案可逐渐达到这种效果。这些方案主要分为两组：一组是在每次执行过程中的不同时刻执行加密算法的特定操作步骤，这组方案只影响功耗的时间维度；另一组是直接改变操作的功耗特征从而使得能量消耗随机或者恒定，这组方案影响功耗的幅度。

DPA 攻击的第 2 个步骤已经指出，记录的功耗曲线应该被正确对齐之后才能够进行攻击，这也意味着每一步操作的功耗都应该定位在每一条功耗曲线的同一位置。如果这个条件不能满足，则 DPA 攻击将需要更多的功耗曲线，从而增加 DPA 攻击的难度。这也是加密设备设计者对加密算法执行随机化的动机。加密算法执行的随机性越大，攻击者对加密设备的攻击就越困难。最常使用的随机化加密算法操作的技术就是随机插入冗余操作或对密码算法操作进行混淆。

首先介绍随机插入冗余操作。这种技术的基本思想就是在加密算法执行的前后或者期间随机插入冗余操作。每次算法被执行时，依据产生的随机数确定在不同位置插入的随机操作的数量。值得注意的是，在算法的所有运行中，被插入的冗余操作的总数量是相等的。因此，攻击者通过测量算法运行时间并不能得到冗余操作数量的信息。通过这种方法保护的算法实现，每个操作的执行位置都取决于在这个操作之前插入的冗余操作的数量。这个数量随着算法每次运行而随机变化。操作执行的位置变化越大，功耗值表现得就越随机。值得注意的是，随机操作插入越多，密码实现的吞吐量也越低。在实际应用中需要进行权衡取舍。

另外一种替代插入冗余操作的选择是对密码算法的操作进行混淆（Shuffling）。这种方法的基本思路是随机改变加密算法某些操作的序列。以 AES 为例，16 个 S 盒查找表在每一轮都要进行查表操作。这些查找表之间相互独立，因此可以以任意的组合顺序进行。对这些操作进行混淆意味着在 AES 的每一次运行中，使用产生的随机数决定 16 个 S 盒查找表的操作序列。混淆技术与随机插入冗余操作技术类似，二者都能够使功耗的值随机化。但是，混淆技术并不会像随机插入冗余操作技术一样影响加密设备的吞吐量。混淆技术的不利因素在于其只能有限度的使用。在一个加密算法中能够被混淆的操作的数量依赖于具体算法和算法实现的体系结构。混淆技术和随机插入冗余操作技术经常联合起来进行使用。

前面描述的策略和技术是使功耗在所有的时刻随机化。还有一种策略就是尽量使密码设备的功耗趋于定值，即直接改变密码操作的功耗特征。这些技术可以通过降低密码操作的信噪比来减少加密设备的信息泄露。其中，增加密码操作噪声最简单的方法就是使多个独立的操作并行运行。例如，攻击一个 128 位 AES 体系结构单个比特的功耗要比攻击一个

32 位体系结构单个比特困难得多。另外一个增加噪声的方案就是使用专用的噪声引擎。噪声引擎将会执行随机的转换操作,与实际的密码操作并行执行。降低信噪比的另外一个方法就是减少有效信号。因为 DPA 攻击能够利用加密设备功耗的微弱差异来恢复密钥,所以抵御 DPA 攻击最完美的措施就是使得一个设备的功耗对所有操作的所有数据值都相等。其中最常用的策略就是利用专门的定态逻辑单元。我们知道一个加密设备的总功耗是它所有逻辑单元消耗的能量之和。如果每个逻辑单元功耗是恒定的,那么设备整体功耗也是恒定的。我们将在定态逻辑章节详细进行展开。

7.2.2　时间旁路信道随机化技术

我们以 RSA 密码核的时间旁路信道为例介绍时间旁路信道随机化技术。模糊时序特征观测的一种方法是强制模幂运算执行随机的时间。这种随机化措施旨在解耦密钥位和运行时间之间的联系。一种可行的操作方法是将输出信号随机延迟一定的时间。可以使用一些随机信号源,如线性反馈移位寄存器(LFSR, Linear Feedback Shift Register)来产生一个随机数,以此作为延迟的时钟周期数,将 RSA 模幂运算模块的结束信号进行延迟。

为显示随机化措施对密钥位信息泄漏的影响,我们使用基本的 RSA 设计作为我们随机化设计的基准。在使用随机化措施的设计中,我们使用 5 个不同长度的 LFSR 产生随机延迟时间,从而在 RSA 模幂运算完成时推迟 RSA 结束信号。因为 LFSR 的长度不同,随机延迟时钟周期范围从 0 到 2^r-1(r 是 LFSR 的长度)不等。我们在随机化抵抗措施实验中将 LFSR 的长度分别设置为 4、6、8、9、10 位(分别对应 LFSR4、LFSR6、LFSR8、LFSR9、LFSR10 设计)。这些额外的随机时钟周期个数有助于解耦密钥位与模幂运行时间之间的联系。不同的随机化抵抗措施设计硬件资源消耗和对应的平均运行时钟周期数如表 7 - 1 所示。

表 7 - 1　随机化抵抗措施设计开销

设　计	Slice Regs	LUT	Area	平均时钟周期数
LFSR4	1860	1413	4509	93 071
LFSR6	1868	1426	4505	93 081
LFSR8	1872	1428	4542	93 176
LFSR9	1875	1429	4552	93 304
LFSR10	1878	1432	4559	93 560

针对随机化措施下的 RSA 密码核设计,我们使用 Kocher 攻击方法攻击每种设计,共测量 100 个不同的密钥对。Kocher 攻击结果如图 7 - 1 所示。

由图 7 - 1 可见,随着 LFSR 长度的增加,随机化设计的攻击成功率随着 LFSR 长度的增加而下降。这是因为 LFSR 引入了(随机的)不确定性信息到 RSA 运行时间测量中。额外的随机不确定性将使设计更加难以攻击。

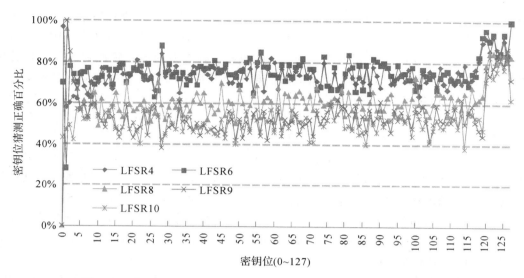

图 7 - 1　使用随机化抵抗措施后的 RSA 设计的 Kocher 时序攻击结果

7.3　掩　码　技　术

每种防护措施都是为了使加密设备的功耗独立于加密算法的中间值，掩码技术通过随机化加密设备的中间值达到此效果。这种方法的优势是能够在算法层实现而无需改变加密设备的功耗特征。换句话说，尽管设备的功耗存在数据依赖，但是掩码技术能够使得功耗独立于中间值。本节将主要讨论掩码技术的工作原理以及怎样在体系结构层次和逻辑单元层次实现掩码防护。

在每一个掩码实现中，每个中间值 v 都会被一个随机值 m 所隐藏，m 被称为掩码，$v_m = v * m$。掩码 m 由内部产生，并随着执行的变化而变化，因此掩码并不为攻击者所知。操作符" $*$ "的定义由加密算法中的具体操作决定，通常指布尔异或（$\oplus$）、模加（$+$）或者模乘（$\times$），而在模加和模乘的例子中，模的选取依赖于具体的加密算法。

一般来讲，掩码被直接应用于明文或者密钥，而算法实现也需要做相应的改变，从而处理掩码中间值并追踪掩码。因为加密结果也被掩码化处理，所以在加密计算最后需要去除掩码从而获得正确的密文。一个典型的掩码机制需要指明怎样对中间值进行掩码化以及怎样利用、去除和改变算法掩码。

很重要的一点是每一个中间值在任何时刻都需要掩码化，包括使用中间结果计算出来的新中间值。例如，如果对两个掩码中间结果进行了 XOR 处理，我们需要确保其结果也被掩码化处理。因此，我们可能需要多个掩码从而使得不同的中间值被不同的掩码所掩盖。当然也不建议为每一个中间值都使用一个新的掩码，因为掩码数量增加会降低性能。因此，需要精心选择掩码的数量从而达到合理的性能和安全性。

7.3.1　布尔掩码和算术掩码

我们首先区分布尔掩码和算术掩码。在布尔掩码中，中间值一般通过与掩码值进行异或操作而进行隐藏，即 $v_m = v \oplus m$；而在算术掩码中，中间值一般通过算术操作进行隐藏，如加法或者乘法，一种是进行模加操作 $v_m = v + m \bmod n$，另一种是进行模乘操作 $v_m = v \times m \bmod n$，其中 n 由加密算法确定。一般算法都是基于布尔操作和算术操作的，因此，都要求两种类型的掩码。但是，这也会带来问题，因为从一种类型的掩码转换到另外一种类型的掩码通常需要大量额外的操作。此外，加密算法也经常使用线性函数和非线性函数。一个线性函数通常包含如下性质：

$$f(x * y) = f(x) * f(y) \qquad (7-1)$$

如操作符 $*$ 表示异或操作（$\oplus$），则此线性函数拥有如下性质：

$$f(x \oplus y) = f(x) \oplus f(y) \qquad (7-2)$$

因此，在布尔掩码机制中线性操作以非常简易的方式改变了掩码 m。这也意味着一个线性操作可以使用布尔掩码很容易地进行掩码化。而 AES S-box 是一个非线性操作：$S(x \oplus m)! = S(x) \oplus S(m)$。因为布尔掩码被以复杂的方式进行了改变，需要很大的代价才能计算出掩码是如何被改变的。因此，非线性函数并不能够轻易被布尔掩码所隐藏。在本节中我们主要以布尔掩码作为例子进行介绍。

注意到掩码机制是使用一个掩码将一个中间计算结果进行隐藏。例如，在布尔掩码中，一个掩码中间值等于 $v_m = v \oplus m$，给定 v_m 和 m 的值就能够计算出来中间值 v。换句话说，中间值 v 被两个共享值所代表（v_m，m）。只给定两个共享值中的任意一个，就得不到关于 v 的任何信息；只有同时知道两个共享值才能够确定 v。因此，掩码机制对应着使用两个共享值的机密共享机制。使用多个掩码的机密共享机制是掩码技术更加通用的方式。也就是针对同一个中间值使用多个掩码。N 个掩码一般能够阻止多达 n 阶的 DPA 攻击。使用多个掩码保护一个中间值并同时追踪多个共享值将会大大增加密码实现的开销，因为需要更多的内存存储共享值，也需要更多的时间计算共享值。在实际应用中，机密共享机制一般基于两个共享值，通过联合使用掩码技术和隐藏技术抵抗高阶 DPA 攻击。

正是由于加密设备的暂态功耗依赖于其所处理的中间值，DPA 攻击才真正有效。掩码机制通过对中间值进行掩码化操作从而破坏这种依赖性。如果一个中间值 v 被掩码化，那么它对应的掩码中间值 $v_m = v * m$ 也应该独立于 v。其理论在于如果 v_m 独立于 v，那么 v_m 的功耗也将独立于 v。

因此，在掩码机制的典型证明中，每一个掩码的中间值都会获得一个分布，其分布并不依赖于未被掩码处理的中间值。因此，其实现能够抵抗一阶 DPA 攻击。例如，无论 v 取哪个值，$v \oplus m$ 的分布总是相同的。因此，其独立于 v。

对于布尔掩码机制，我们已经获得相关的安全证明。特别的，对于函数 $v \oplus m$，$(v \oplus m_v) \times (w \oplus m_w)$，$(v \oplus m_v) \times m_w$，$(v \oplus m_v)^2$ 和 $(v \oplus m_v)^2 \times p$ 总是两两独立于 v（或 m）。进一步，通过使用另一个独立掩码 m'，我们也能够增加掩码中间结果。如果 v_{m_i} 是任意的，m' 两两独立于所有 v_m，那么 $\sum v_{m_i} \oplus m'$ 分布也将两两独立于 v_m。

7.3.2　硬件掩码技术

布尔掩码机制对于许多分组加密算法都非常适用。对每轮函数中那些需要不同类型掩码机制的模块则需要花费更多的代价。因此，在硬件实现中，需要对设计尺寸和速度进行权衡取舍。硬件中存在的掩码技术一般包含掩码乘法器、随机预充电技术、掩码总线等。

本节主要介绍乘法器掩码。在硬件中，加法器和乘法器是实现加密算法的基本构成模块。例如，AES S-box 的硬件实现一般需要将 S-box 解耦成序列化的加法和乘法操作。一般加法比乘法更容易进行掩码化实现，我们在此主要关注怎样实现乘法的掩码操作。我们的目的就是定义一个掩码化的乘法器 MM，因此，需要一个电路计算两个掩码输入的乘积 $v_m = v \oplus m_v$，$w_m = w \oplus m_w$。m_v、m_w 和 m 使得 $\mathrm{MM}(v_m, w_m, m_v, m_w, m) = (v \times w) \oplus m$。由前面叙述可知 $v_m \times m_w = (v \oplus m_v) \times m_w$ 和 $w_m \times m_v = (w \oplus m_w) \times m_v$ 是安全的，由此我们可以构造一个掩码化的乘法器，如式(7−3)所示。图 7−2 显示了此乘法器的块状图，我们可以看到掩码化的乘法器 MM 有 4 个标准的乘法器和 4 个标准的加法器。

$$\mathrm{MM}(v_m, w_m, m_v, m_w, m) = (v_m \times w_m) \oplus (w_m \times m_v) \oplus (v_m \times m_w) \oplus (m_v \times m_w) \oplus m$$

$$(7-3)$$

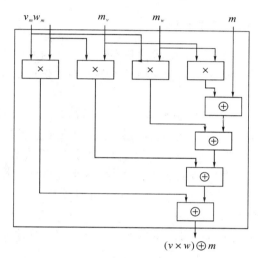

图 7−2　掩码化乘法器包含 4 个乘法器和 4 个加法器

7.3.3　随机预充电技术

随机预充电技术也能够应用到硬件中。这意味着可以向电路中注入随机值从而随机化预充电电路中的所有组合逻辑单元和时序逻辑单元。在一个具体实现中，随机预充电要求复制时序逻辑单元，例如将寄存器的数目翻倍，然后寄存器的副本被插入到原始寄存器和组合电路单元中。因此，随机化预充电可通过以下方式实现。

在第一个时钟周期，寄存器副本包含随机值。因为这些寄存器被连接到组合逻辑单元，所有组合电路单元的输入均被随机化预充电。当从第一个时钟周期转换到第二个时钟周期时，组合电路单元的结果(注意这是一个随机结果)被存储在包含密码算法中间值的原始寄存器中。同时，中间值也被从原始寄存器移动到副本寄存器中。这意味着寄存器的功能发生了交换。在第二个时钟周期，组合电路单元被连接到包含算法中间值的寄存器中。因此，算法在此周期中继续执行。当从第二个时钟周期向第三个时钟周期转换时，寄存器的角色再次转换，而组合电路单元也被重新预充电。

当像上述过程一样实现随机预充电时，所有的组合逻辑单元和时序逻辑单元在一个周期内处理随机值，而在下一个时钟周期内处理中间值。因此，假设设备泄露其处理数据的汉明重量，在此就可以实现对功耗旁路信道的保护，能量的消耗被掩盖。值得注意的是，随机预充电技术的实现机制和随机插入冗余时钟周期的机制相似，因此，这些抵抗措施可以联合起来使用。

另外一种随机预充电技术的基本思想是随机化寄存器的使用，因此，加密算法的中间值在每次执行中被存储在不同的寄存器中，从而实现另外一种形式的掩码化。

值得注意的是，在硬件掩码中设计者需要非常注意综合工具的优化作用。这些综合工具的一个性质就是去除寄存器电路描述中的冗余部分；而掩码化实现包含非常多的冗余化设计，因为掩码在一个地方被使用，在另一个地方又被去除。综合工具可以识别出来并且去除与掩码化相关的电路，这是不可接受的。因此，设计者需要定义电路的哪些部分和描述是综合工具不能够接触和施加优化的。

7.3.4　掩码化 AES S-box 实现的例子

一个掩码化 AES 硬件实现的最大挑战就是实现 S-box 的掩码化。在本例中，我们总结计算掩码化 S-box 的公式，这些公式都是可证安全的。在本例最后，我们将对 S-box 的掩码化机制实现进行性能分析。

一般基于 S-box 结构的掩码化机制都是基于组合域算法的。在此方法中，S-box 的输入被看作包含 256 个元素有限域中的一个元素。数学家通常使用 GF(256) 来表示此有限域。有限域元素可以用多种方式表示，一般会选择效率最高的表示进行实现。在 AES S-box 的例子中，将每个状态的字节表示为一个含 16 个元素的有限域线性多项式 $v_h x + v_l$ 是效率最高的。换句话说，GF(256) 中的一个元素可以使用 GF(16) 中的两个元素联合表示。因此，GF(256) 是 GF(16) 的平方扩展。

元素 $v_h x + v_l$ 的逆可以通过 GF(16) 中的操作进行计算，具体如下：

$$(v_h \oplus v_l)^{-1} = v'_h x \oplus v'_l \tag{7-4}$$

$$v'_h = v_h \times w' \tag{7-5}$$

$$v'_l = (v_h \oplus v_l) \times w' \tag{7-6}$$

$$w' = w^{-1} \tag{7-7}$$

$$w = (v_h^2 \times p_0) \oplus (v_h \times v_l) \oplus v_l^2 \tag{7-8}$$

所有操作都要对一个固定的有限域多项式进行求模，元素 p_0 也依据域多项式进行确定。为了计算一个掩码输入值的逆，我们需要将值和掩码映射到有限域表达。此映射是一个线性操作，因此比较容易实现。在映射之后输入值需要求逆，表达为 $(v_h \oplus m_h) x \oplus (v_l \oplus m_l)$。有限域中的元素表达式都被掩码化。

我们的目标就是求逆计算中的所有输入和输出值都被掩码化，即

$$((v_h \oplus m_h) x \oplus (v_l \oplus m_l))^{-1} = (v'_h \oplus m'_h) x \oplus (v'_l \oplus m'_l) \tag{7-9}$$

我们使用掩码化加和掩码化乘替换式(7-5)和式(7-7)中的每一个加和乘操作，可以通过式(7-10)到式(7-12)的操作实现，即

$$v'_h \oplus m'_h = v_h \times w' \oplus m'_h \tag{7-10}$$

$$v'_l \oplus m'_l = (v_h \oplus v_l) \times w' \oplus m'_l \tag{7-11}$$

$$w' \oplus m'_w = w^{-1} \oplus m'_w \tag{7-12}$$

$$w \oplus m_w = (v_h^2 \times p_0) \oplus (v_h \times v_l) \oplus v_l^2 \oplus m_w \tag{7-13}$$

在式(7-12)中我们需要计算 GF(16) 中的逆，计算 GF(16) 中的逆可被简化为计算

GF(4)中的逆。我们能够将GF(16)中的一个元素表示为一个线性多项式,但相关系数是GF(4)中的一个元素。正如式(7-10)到式(7-12)中的公式可被用来计算GF(4)平方扩展的掩码的逆一样。在GF(4)中,求逆的操作等于平方。因此,在GF(4)中,我们可得到$(x \oplus m)^{-1} = (x \oplus m)^2 = x^2 \oplus m^2$。求逆操作保持了有限域中的掩码机制。

接下来讨论掩码机制的性能。通过观察上述公式,我们就能够了解掩码机制的实现比单独的S-box速度慢、面积大。例如,现有的最有效实现要求9个乘法操作、2个包含常量的乘法操作和2个GF(16)中的平方操作。为简单起见,我们计算大有限域中的操作,1个不包含掩码机制的S-box的有限域实现要求3个乘法操作、1个包含常量的乘法操作和2个GF(16)中的平方操作,消耗相当少。另外,掩码化S-box实现的关键路径长度也显著增加。有文献显示掩码机制实现比非掩码化实现显著变慢,面积增加2~3倍。

掩码机制在软件层和硬件单元层(Cell Level)也可以实现,感兴趣的读者可参阅相关文献。

7.4　定态逻辑

在集成电路单元层抵抗功耗旁路信道攻击已经成为半导体工业的首要选项。不管在工业领域还是科学研究领域,基于电路单元层抵抗旁路信道攻击的逻辑类型不断被提出,而这些逻辑类型基本都基于信息隐藏的概念。

将信息隐藏概念应用到电路单元层意味着电路的逻辑单元消耗的能量独立于处理的数据和执行的操作。也就是说,使逻辑单元在每一个时钟周期处理所有逻辑值功耗恒定,这意味着一个单元的暂态功耗在每个时钟周期都相同。这种行为的结果就是所有逻辑单元在每一个时钟周期总是消耗最多的能量,而一个密码设备总功耗是恒定的,独立于其所处理的数据和运行的算法操作。

使用恒定能量的逻辑类型能够抵御SPA攻击和DPA攻击。但是,这种逻辑通常被称为DPA-resistant逻辑,因为抵抗DPA攻击是它们最主要的应用场景。恒定功耗的逻辑一般通过双轨预充电(DRP, Dual-rail Precharge)逻辑实现。在此我们将简要介绍它们如何使电路功耗恒定,并讨论双轨预充电逻辑怎样应用于半定制化电路设计。

双轨预充电逻辑是将双轨逻辑和预充电逻辑的概念相结合。其最终功能使逻辑单元在每个时钟周期使用相同功耗。除了这项功能,双轨预充电逻辑单元及其之间的连接线也必须以对称的方式构造,从而实现恒定的能量消耗。

我们首先介绍双轨逻辑。单轨逻辑一般使用一条导线承载一个信号a,与之相比,双轨逻辑通常使用多个导线实现此目的。在双轨逻辑中,一条导线通常只承载一个非翻转信号a,而另一条导线则承载翻转(互补)的信号$\overline{a}$。这种类型的编码也被称为差分编码。在此例中,当两条导线承载互补值(例如一条导线设置为1而另一条导线设置为0)时,只会呈现一个有效的逻辑信号。一个双轨逻辑导线对通常被称为互补导线。对于双轨逻辑一对导线呈现的逻辑值,一般把它们放置在括号中。例如,(0,1)表示承载非翻转信号的导线被设置为0,而承载翻转信号的导线被设置为1。图7-3所示为二输入单轨逻辑单元及其对应的双轨逻辑单元。单轨逻辑单元的输入信号a、b和输出信号q都在单个导线中承载;而在双轨单元中,输入信号和输出信号则在互补导线中进行承载。注意在双轨逻辑电路中不要求使用反相器，因此反相器也不会出现在双轨预充电电路中。一个翻转的逻辑信号只需要将承载该信号的两条互补导线进行互换就能实现。

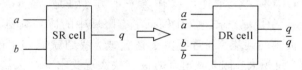

图 7-3 二输入单轨逻辑单元及其对应的双轨逻辑单元

接下来介绍预充电逻辑，在一个预充电逻辑电路中，所有逻辑信号在预充电值和处理的逻辑值之间进行选择。预充电值不是 0 就是 1，电路中所有信号都被设置为预充电值的阶段被称为预充电阶段。电路中所有信号被设置为它们的电流逻辑值的阶段被称为评估阶段。预充电阶段和评估阶段的顺序受到时钟信号的控制。大多数情况下，时钟信号的逻辑值定义了一个电路所处的阶段。这意味着在一个时钟周期内，依据给定的时钟信号值和电路目前状态（预充电阶段/评估阶段）的映射，电路中的信号被预充电和评估。

双轨预充电逻辑是双轨逻辑和预充电逻辑的组合，在双轨预充电逻辑中所有逻辑信号使用互补的导线进行编码。在评估阶段，根据处理数据值，互补导线值被设置为（0，1）或者（1，0）。当电路被切换到预充电阶段时，互补导线中的值将被设置为预充电的值，非 0 即 1。在预充电阶段，电路的双轨逻辑导线中不会出现互补的值。如果我们假设预充电的值为 0，时钟周期的前半部分对应着评估阶段，那么，DRP 单元的一个互补输出总是在一个时钟周期内实现 0→1→0 的转换，而另一个互补输出总是保持 0。这也意味着在每个时钟周期 DRP 单元的输出端总是实现相同的转化。根据 DRP 单元的输入值和功能，这些转换或者发生在输出 q 或者发生在输出 $\bar{q}$。DRP 电路的这种行为使得 DRP 单元的功耗恒定。如图 7-4 所示，DRP 电路中的触发器包含两个阶段。阶段 1 是在预充电阶段，阶段 2 和 DRP 组合逻辑单元在评估阶段。在此阶段，DRP 触发器的阶段 2 为 DRP 组合逻辑单元提供存储的逻辑值。DRP 组合逻辑单元依据相应的输入值计算它们的输出值。在 DRP 触发器阶段 2 和 DRP 组合逻辑单元被预充电之前，DRP 触发器阶段 1 将逻辑值存储在其输入端。因此整个结构确保 DRP 电路的所有逻辑单元在一个时钟周期内被预充电，而在预充电阶段，处理的逻辑值亦不会丢失。

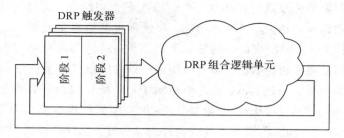

图 7-4 双轨预充电触发器包含两个阶段，可被选择性进行预充电

首先介绍双轨预充电逻辑的恒定功耗。在每个时钟周期 DRP 单元的互补输出端一般发生相同的转换，或者发生在输出 q 或者输出 $\bar{q}$。一个逻辑单元的功耗与发生转换的输出端的电容成正比。因此实现恒定功耗的第一步就是要平衡 DRP 单元互补输出端的电容，从而确保每一个时钟周期 DRP 都为相同的电容进行充电。另外，也有必要确保每个时钟周期内

DRP 单元内部节点充电放电消耗恒定的功耗。同时，DRP 电路中的毛刺最有可能干扰 DRP 单元每个时钟的恒定功耗，因此必须在 DRP 电路中避免毛刺。

接下来是平衡互补输出。我们分别使用 C_q 和 $C_{\bar{q}}$ 表示一个 DRP 单元的互补输出电容。电容分别包含三个部分：DRP 单元的输出电容 C_o，导线和余下单元的电容 C_w，这些单元输入电容的总和 C_i。图 7-5 显示了一个 DRP 单元互补输出 q 和 $\bar{q}$ 驱动余下电路单元的互补输入 a 和 $\bar{a}$。为了平衡 C_q 和 $C_{\bar{q}}$，这些电容的三个部分都必须实现成对平衡。从现代数字电路技术来说，对一个逻辑单元输出电容贡献最大的就是 C_w。因此，平衡 $C_{q,w}$ 和 $C_{\bar{q},w}$ 成为最基本的任务，通常在 DRP 单元的布局布线中完成。存在不同的方法来平衡互补导线的电容，其中两种是差分路由和后端复制。

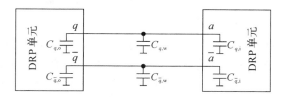

图 7-5 双轨预充电单元互补输出的电容

通过认真设计 DRP 单元，电容 $C_{q,o}$ 和电容 $C_{\bar{q},o}$ 可以实现平衡，意味着电路单元的两个输出需要被相同参数、相同数目的晶体管所驱动。同时，单元内连接到互补输出中的导线也需要拥有相同的电容。电容 $C_{q,i}$ 和 $C_{\bar{q},i}$ 也需要在 DRP 单元的设计中进行平衡。一个输入的互补导线也需要被连接到相同数目的逻辑门终端(含有相同参数的晶体管)，一个单元内输入导线的电容也要相等。一个 DRP 单元要实现恒定的暂态功耗，C_q、$C_{\bar{q}}$ 充放电路径的阻抗必须如同其他电容一样进行平衡。所幸的是，电容平衡导致的阻抗也被平衡。

在每个时钟周期内，DRP 单元消耗少量的功耗为其内部节点进行充电和放电。在 DRP 单元设计中，必须确保每个时钟周期内部的能量消耗是恒定的。例如，可以通过确保 DRP 单元所有内部节点在每个时钟周期被充电、放电而达到这种要求。

接下来我们以行波动态差分逻辑(WDDL，Wave Dynamic Differential Logic)为例对双轨预充电型逻辑进行详细的介绍和分析。WDDL 单元基于已有的标准单元库中的单轨单元构造。WDDL 单元结构的优势在于它们可在 FPGA 中实现。

在 WDDL 电路中，只有时序单元连接到时钟信号。只有这些单元在相同时间预充电和评估。当它们的输入被设置为预充电值时，WDDL 组合单元进行预充电。当输入被设置为互补值时，进行评估。因此，时序 WDDL 单元提供的预充电值和互补值像波一样移动通过 WDDL 组合电路。这也是为什么这种逻辑类型被称为行波动态差分逻辑。因为 WDDL 组合单元连续预充电和评估，所以 WDDL 中的电流峰值较小。虽然 WDDL 电路中互补导线的扩散延迟是成对相等的，但是 WDDL 组合单元的评估时间依然会随着处理值变化。

WDDL 电路的面积至少是相同功能 CMOS 电路的两倍。同时，WDDL 电路的能量消耗也非常显著。WDDL 的最大时钟频率与对应的 CMOS 电路近似相等。但是由于 WDDL 触发器包含单轨 D 触发器的两个阶段，因此有必要将其时钟频率增加一倍，从而达到与 CMOS 电路相同的吞吐量。但是，增加时钟频率则导致功耗的增加。

接下来我们讨论 WDDL 组合单元，图 7-6 显示了一个 WDDL 组合单元的通用结构。一个 WDDL 组合单元一般包含两个电路实现布尔函数 F_1 和 F_2。这两个函数以如下方式进行定义：如果输入信号 in_1, $\overline{in_1}$, …, in_z, $\overline{in_z}$, 且 $\overline{in_z}$ 被设置为互补值，可通过特定的单元逻辑函数的计算获得互补的输出值。即，对于互补输入值 F_1 和 F_2，必须满足下式：

$$F_1(in_1, \cdots, in_z) = \overline{F_2(\overline{in_1}, \cdots, \overline{in_z})} \tag{7-14}$$

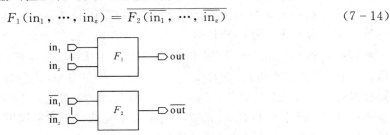

图 7-6　WDDL 组合单元的通用结构

为了使单元输出 out 和 $\overline{out}$ 在每个时钟周期达到相同的转换，F_1 和 F_2 必须是正单调的布尔函数。使用正单调布尔函数的第二个重要作用是当它们的互补输入被设置为预充电值时，WDDL 组合单元将它们的互补输出自动设置为预充电值。接下来，我们将首先讨论正单调布尔函数，然后观测一个 WDDL 组合单元在一个时钟周期内的行为。例如在评估阶段和预充电阶段的行为。在这些情形下，我们假设所有的预充电值为 0。

单调布尔函数指的是一个函数无论何时其输入值都以单调性方式改变，其输出值也将以单调性方式改变。单调性变化意味着逻辑值的变化只能朝向一个方向，或者从 0→1 或者从 1→0。只要函数的输入值以单调性方式变化，其输出值也只能施行单个的从 0→1 或者从 1→0 的变化。单调布尔函数的一个例子是 AND 函数，如表格 7-2 所示；而非单调布尔函数的一个例子则是 XOR 函数。一个正单调布尔函数指的是其单调输入变化和单调输出变化方向相同。对应的，一个负单调布尔函数指的是其单调输入变化和单调输出变化方向相反。一个正单调布尔函数的例子是 OR 函数，如表 7-2 所示；而负单调布尔函数的例子则是 NAND 函数。正单调布尔函数的性质是当所有输入值设为 0 时，函数的输出值是 0。反之，输入值从 0 到 1 的变化并不会导致函数输出值从 0 到 1 的变化，因为其输出值已经是 1。类似的，当所有输入被设置为 1 时，正单调布尔函数的输出也为 1。

表 7-2　二输入与门和二输入或门真值表

Input a	Input b	Output $q=AND(a, b)$	Output $q=OR(a, b)$
0	0	0	0
0	1	0	1
1	0	0	1
1	1	1	1

首先是评估阶段。在评估阶段开始时，一个 WDDL 组合单元的所有互补输入信号都已经被设置为预充电值 0。因为只允许正单调布尔函数，所以单元的互补输出信号也被设置为 0。当输入信号被设置为互补值时，只有 0→1 的转换发生在 WDDL 组合单元的输入端作为正单调布尔函数 F_1 和 F_2 的输入。结果，只有一个转换能够发生在 WDDL 组合单元两个互补输出端口 out 和 $\overline{out}$。但因为 F_1 和 F_2 总是为互补输入值计算互补输出值，只有 WDDL 组合单元的一个互补输出实现 0→1 的转换而另一个输出保持为 0。

在接下来的预充电阶段，WDDL 组合单元所有被设置为 1 的互补输入信号现在重新被设置为 0。因此，只有 1→0 的转换发生在正单调布尔函数 F_1 和 F_2 的输入端，且只有一个 1→0 的转换发生在每个函数的输出端。正如已经提到的，当一个 WDDL 组合单元的所有互补输入信号被设置为 0 时，互补输出信号也被设置为 0。因此，只有一个 1→0 的转换发生在 WDDL 组合单元的互补输出端，WDDL 输出被重设置为 0。

WDDL 组合单元的暂态功耗并不是完全恒定的，主要原因有三个：首先，内部节点充放电路径的容抗和互补输出的容抗对所有输入值并不相同。对于不同的输入值，含有不同数目和布局的 MOS 晶体管的导通路径会被建立起来。其次，WDDL 组合单元电路的内部功耗并不总是恒定的。通常来讲，并不是 WDDL 单元所有内部节点在每一个时钟周期对所有数据值都以同样的方式充电和放电。这种行为导致了所谓的内存效应，例如，存储在单元内部节点的充电依赖于被处理的数据值。最后，WDDL 组合单元的评估时间也依赖于输入值。这些问题的根源在于 WDDL 组合单元是从基本单轨单元(如 AND 和 OR)构建起来的。能够避免这些问题的 WDDL 组合单元则会导致尺寸和复杂性的显著增加。

接下来，我们将描述一个实现 NAND 函数的 WDDL 组合单元，同时，将 WDDL D 触发器作为一个时序 WDDL 单元的例子进行描述。图 7-7 显示了一个 WDDL NAND 单元的原理图。它包含了一个二输入单轨 AND 单元和一个二输入单轨 OR 单元。互补输入值的 WDDL NAND 单元真值表如表 7-3 所示。与门和或门都实现互补的输入值，同时都是正单调布尔函数。因此，此单元符合 WDDL 组合单元的要求。

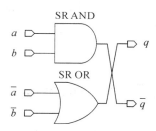

图 7-7　一个 WDDL NAND 单元的原理图

表 7-3　互补输入值的 WDDL NAND 单元真值表

a	b	$\bar{a}$	$\bar{b}$	$q=\mathrm{OR}(\bar{a},\bar{b})$	$\bar{q}=\mathrm{AND}(a,b)$
0	0	1	1	1	0
0	1	1	0	1	0
1	0	0	1	1	0
1	1	0	0	0	1

图 7-8 显示了一个 WDDL D 触发器的原理图。它包含了四个单轨 D 触发器，从而实现两个不同的阶段。一个阶段总是存储预充电值而另一个阶段总是存储互补逻辑值。在时钟信号正沿，WDDL D 触发器总是在预充电阶段和评估阶段轮流变化。若预充电值存储在阶段 2 的时钟周期内，则 WDDL D 触发器总是在预充电阶段；若互补值存储在阶段 2 的时钟周期内，则 WDDL D 触发器在评估阶段。在一个 WDDL 电路的评估阶段，阶段 1 存储预

充电值，阶段 2 为余下的 WDDL 单元提供互补的逻辑值。在评估阶段末尾，互补逻辑值为阶段 1 提供输入。在下一个正时钟沿，WDDL 电路进入预充电阶段。而在本时钟沿，阶段 1 存储互补的逻辑值提供给其输入，阶段 2 从阶段 1 处存储预充电值。阶段 2 提供预充电值给连接到 WDDL D 触发器输出的 WDDL 单元。在预充电阶段末尾，提供给阶段 1 输入的 WDDL 单元也被预充电。而在下一个正时钟沿，阶段 1 存储在其输入端提供给其预充电值。同时，阶段 2 存储从阶段 1 来的互补逻辑值。

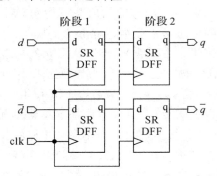

图 7-8　一个 WDDL D 触发器的原理图

使用四个单轨 D 触发器将会导致 WDDL D 触发器面积的显著增加，需要经过 WDDL D 触发器的两个阶段对其进行正确的预充电。当启动一个 WDDL 电路的操作时，必须确保 WDDL 触发器的两个阶段被正确重置。一个阶段需要被设置为预充电值，另一个阶段需要被设置为实际的互补重设值。WDDL D 触发器避免了大多数 WDDL 组合单元关于恒定功耗的问题（如数据依赖的评估时间）。

7.5　Blinking 技术

由前面的分析可知，当攻击者能够对加密设备进行物理接入时，攻击者有能力对加密设备的动态功耗进行无限次测量，通过使用统计分析方法进行分析，破解密钥比特位。即使密码设备仅泄露微小数量的机密信息，攻击者理论上也可以通过收集无限数量的功耗曲线消除噪声对功耗攻击的影响。

本节将介绍一种新的抵御功耗旁路信道攻击的防护技术——计算闪烁（Computational Blinking）。其思想是受到人类眨眼动作的启发，例如眼睑的快速闭合和张开。一般来讲，每个人每分钟平均眨眼 15～20 次，每次眨眼动作平均持续 100～400 毫秒。因此，总体说来，由于眨眼动作的存在，我们眼睛保持闭合状态的时间占据我们清醒时间的 2.5%～13.3%。当我们不需要视觉注意时，就会产生自发的眨眼操作。例如，在扬声器暂停期间或视频场景变化时的短暂阶段。计算闪烁也希望利用类似的机制，即在算法泄漏关键信息的时间段发生闪烁，并在执行时将性能影响降到最小。

在计算闪烁期间或者能量断开期间，计算模块不再从外部电源获取能量。相反，此计算模块只使用一个片上电源，比如一组片上电容。为了防止能量存储消耗，闪烁持续的时间务必尽量短。正因为如此，计算闪烁必须精心实施才能有效隐藏机密信息或敏感操作。否则，攻击者可收集更多功耗曲线减少噪声从而有效降低或消除闪烁防护措施的保护作用。

实现 Blinking 必须着重考虑三个方面的因素。首先，需要通过分析找到功耗曲线中进行 Blinking 操作的位置；其次，要在硬件中实现合理有效断开电源连接的方法；最后，扩展系统软硬件功能从而实现 Blinking 措施的调度。这种通用框架使得编程者和系统设计者都能够实现计算闪烁，在固定时间段内掩盖中间操作的能量消耗，从而有效减少或去除信息泄露。图 7-9 显示了片上系统安全核执行两次计算闪烁的高层时序示意图。在初始阶段，安全核与系统其他模块连接到同一个共享电源系统中。当软件层确定要调度系统实现计算闪烁时，电源断开，安全核开始消耗电容器中的能量，直到达到 V_{min}（安全核指定的最小工作电压）。图 7-9 显示了第一次计算闪烁操作从片上电容获取的是部分但不是全部的能量。计算之后是放电时间，其将存储的能量降低到固定的最小水平。然后，在正常的执行期间重新补充恢复电容器的能量。该示例中的第二次计算闪烁恰好使用来自电容的所有能量，但仍然必须进行放电操作，以避免增加新的时间旁路信道。最后需要指出的是，一个 Blinking 表示一个抽象操作，在该抽象操作下为计算单元模块分配固定的能量和时间，并且计算模块消耗的资源数量不会多于也不少于其被分配的资源数量，否则充电的时间和能量会发生变化，可能泄漏信息。Blinking 调度在执行之前就已经确定而且不依赖于秘密数据。这种实现的主要优点是在输出端测量的信号完全没有差异，意味着其香农熵的值为零比特，因此没有信息泄漏。

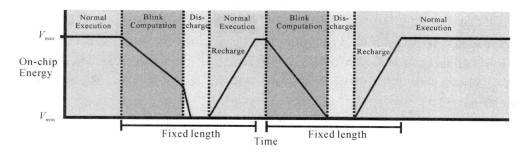

图 7-9　片上系统安全核执行两次计算闪烁的高层时序示意图

当计算闪烁触发时，将会依序触发三个阶段：① 计算闪烁持续的时间与代码最坏情况下的最大执行时间一样长。② 无论片上电容的电量是否已经耗尽，都会消耗固定的“放电”时间。在此期间，片上电容电量被清空。③ 固定的“再充电”时间。将片上电容电量填充回其原始容量。计算闪烁持续时间、放电时间和再充电时间均是固定的，从而确保计算闪烁操作不泄漏任何信息。

首先我们需要寻找并确定功耗曲线泄露最严重的点，亦即寻找功耗曲线中进行 Blinking 操作的位置。可使用联合互信息特征选择器（JMIFS，Joint Mutual Information Feature Selector）来筛选信息泄露最显著的特征点。其定义如下：

$$\text{JMIFS}(i) = \sum_{j \in \mathcal{L}} I(f(\boldsymbol{t}_i, \hat{\boldsymbol{m}}, \hat{\boldsymbol{s}}) \sharp f(\boldsymbol{t}_j, \hat{\boldsymbol{m}}, \hat{\boldsymbol{s}}); \hat{\boldsymbol{s}}) \tag{7-15}$$

式中，$x \sharp y$ 指 x 与 y 相连接，$\hat{\boldsymbol{m}}$、$\hat{\boldsymbol{s}}$ 分别指独立随机分布的明文和密钥的向量，$\mathcal{L}$ 指的是选择执行计算闪烁的时间点的数据集，函数 I 指的是变量之间的互信息，用以测量其参数之间的依赖关系。我们可递归使用 JMIFS 标准选择特征点：选择的第一个索引将是功耗曲线中与机密信息存在最大互信息的时间点，我们将其添加到 Blinking 索引集 $\mathscr{L}$ 中，并将其从余下的索引集合 $\mathscr{L}^c$ 中移除。然后我们选择下一个索引，在剩余索引集合中，它能够使上式互信息结果最大化。如此继续，直到没有更多的索引要测试，即 $\mathscr{L}^c = \phi$。

接下来介绍计算闪烁的硬件支持。从高层来看，对于 Blinking 的硬件支持分为三部分：① 从主配电网络到片上电容器组的安全域电源的硬件支持；② 处理器自身的修改以允许其控制自身的电源使用；③ 电容器组本身。

使用片上电容隐藏密码信息的方法在理论和实践上都具有很好的可行性。计算闪烁结构的一个主要问题就是如何获得足够的电容为计算单元供电。在功耗曲线中，随着时间变化的信息泄露是很不规则的。Blinking 的目的是在泄漏很严重的部分执行计算闪烁，而不是试图用大电容器组覆盖整个执行过程。这样做可以使程序员直接权衡安全性和性能。计算闪烁结构的另外一个重要问题就是确定一个可用的闪烁时间，例如，在单个闪烁操作中能够执行的指令数量。因此，我们需要知道硬件的四个不同特征：负载电容（C_L）、存储电容（C_S）、最大工作电压（V_{max}）和最小工作电压（V_{min}）。其中，负载电容就是每个指令的电容，电容要为执行单个指令的单元存储足够的能量。负载电容容量越小，在一个计算闪烁期间就能执行越多的指令。为减小负载电容，硬件设计就需要使用低功耗处理单元，从而最小化指令的功率。存储电容 C_S 指的是在 Blinking 期间可用于为计算单元供电的电容容量。一旦开始 Blinking 计算，计算单元继续执行所需的所有能量就都来自存储电容。计算单元可用的存储电容越多，单次闪烁时可执行的指令就越多。芯片的空白部分也可以填充去耦电容单元，从而增加整个芯片的可用存储电容。最大工作电压 V_{max} 是在闪烁期间计算单元运行的最高电压。这是 Blinking 开始时的电压，我们假设它是内核的正常工作电压。当计算单元在闪烁期间执行指令时，其工作电压将降低。最终，计算单元将达到最小工作电压 V_{min}，并不再执行任何指令。我们定义从 V_{max} 到 V_{min} 所需的时间为 BlinkTime。

使用这四个特征计算 BlinkTime 的公式如下：

$$\text{BlinkTime} = \frac{2 \cdot \log\left(\dfrac{V_{min}}{V_{max}}\right)}{\log\left(1 - \dfrac{C_L}{C_S}\right)} \tag{7-16}$$

为了允许计算单元控制何时发生 Blinking，需要在计算单元的指令集上添加扩展，以允许计算单元与电源控制单元通信。电源控制单元负责初始化 Blinking 计算并开始安全操作，在安全操作完成时对电容器组放电，以及在一段固定时间后对电容器组进行再充电以恢复非安全操作（见图 7-10）。禁用计算单元的输入和输出，从而将计算单元、电容器组与主电源、输入引脚、输出引脚相隔离。计算单元从本地指令暂存器和数据存储器开始执行。电源控制单元将监控内部电压，确保电压不低于最小工作电压 V_{min}。如果计算单元在达到 V_{min} 之前完成安全操作，则电源控制单元将激活分流电阻器，以将电容器组放电至 V_{min}。在 Blinking 开始一段固定时间后，电源控制单元将接通再充电晶体管来开始再充电阶段。在再充电阶段的一个问题是当耗尽的电容器组重新连接到主电源时存在浪涌电流。大的浪涌电流会破坏计算单元的状态，可放置充电电阻来限制最大浪涌电流。

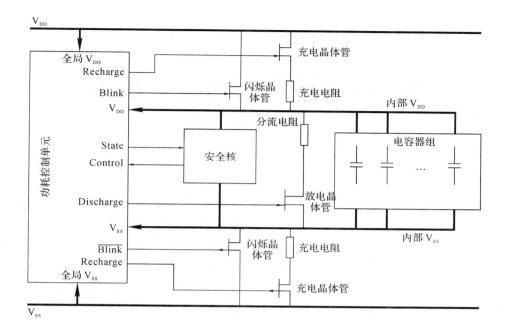

图 7 - 10 功耗控制单元功能结构图

Blinking 机制提供了一种可控的动态功耗隔离技术，使得通用计算模块与系统余下模块之间可实现电气断开，从而隔离计算模块与片上系统其他功能模块的电源、地和引脚。

本 章 小 结

本章主要介绍了旁路信道保护技术。首先介绍了信息隐藏随机化技术，主要包含功耗旁路信道随机化技术和时间旁路信道随机化技术，并对时间旁路信道的随机化技术进行了举例说明。然后详细介绍了常用的掩码技术，分别从布尔掩码、算术掩码、硬件掩码技术、随机掩码预充电技术方面进行展开，并以掩码化 AES S-box 实现进行举例。同时本章还着重介绍了定态逻辑和 Blinking 技术，并在最后进行了小结。

思 考 题

1. AES 密码算法是否存在时间旁路信道？
2. RSA 密码算法是否会导致功耗旁路信道？
3. 功耗旁路信道攻击的机制和方案有哪些？
4. 掩码算法的核心思想是什么？
5. 随机预充电技术的基本工作流程是什么？
6. 双轨预充电触发器逻辑的基本工作原理和工作流程是什么？
7. 影响 Blinking 技术实现的重要因素包含哪些？
8. Blinking 技术是否能够防范电磁旁路信道分析？

第八章 硬件木马防御技术

8.1 硬件木马防御技术概述

自硬件木马研究伊始，研究人员们就发现实现有效木马防御不是一个简单的课题。传统的基于随机测试向量的集成电路流片后功能或结构测试很难有效地检测硬件木马的存在。这是由于这些传统测试的向量生成旨在检测集成电路生产过程中自然发生的缺陷，以及器件参数因较大工艺浮动产生的不可接受的偏差。这种电路故障的产生是随机的。如果考虑到硬件木马是攻击者蓄意在电路中加入的隐蔽的恶意功能（通常为小概率激活），则传统的出厂检测在大部分情况下几乎是无效的。其原因在于：

首先，由于木马可以设计成多种多样，其激活和负载机制可以根据攻击者的意愿设计成不同的形式，这使得对木马进行逻辑功能的建模变得相当困难。举例来说，仅仅考虑组合电路，我们选择一个具有约 450 个门的小电路（例如 ISCAS-85 基准电路中的 c880）作为基准。假设我们限制攻击者只能插入 4 节点激活 1 节点负载的木马，这种木马的激活机制可以有约 10^9 种不同的可能，总共可能的不同木马数量约为 10^{11}。考虑到攻击者可以选择任意数目的激活节点、不同的激活机制、时序电路木马及其他属性的木马，例如模拟电路木马，影响电路参数及加速电路老化的木马等，可能的不同木马形式的数量相当庞大。因此，如果想针对如此大量的木马进行有针对性的测试向量生成并达到可观的检测覆盖率是不现实的。

其次，也是非常重要的一点原因是木马电路被蓄意设计成难于激活并难于观测其效应，对于检测者来说，想要激活并观测到任意未知的木马效应面临极大的挑战性。

最后，从观测被植入木马的芯片与标准芯片之间物理参数差异的角度，例如路径延时、功耗等，由于集成电路流片工艺中不可避免的工艺浮动使得同一批次的芯片样本也呈现物理参数的差异，这种差异对木马电路引起的参数差异起到较大的掩盖作用，使得很多时候检测者无法判断这种偏差究竟是由木马还是工艺浮动导致，因而使得木马检测的难度更高。随着集成电路加工特征尺寸的不断缩小，工艺浮动造成芯片参数差异的相对效应显著增加。在这种情况下，有效的木马检测变得尤为困难。

基于以上原因，研究人员们提出了多种不同的技术，在集成电路设计的不同阶段实施硬件木马的防御措施，从木马检测和防止植入等不同角度进行防护。图 8-1 显示了现有的硬件木马防御技术分类，表 8-1 显示了相应的硬件木马攻击威胁模型。这些防御机制在大体上可以分为木马检测技术、可信性设计技术和分离式流片技术三类。

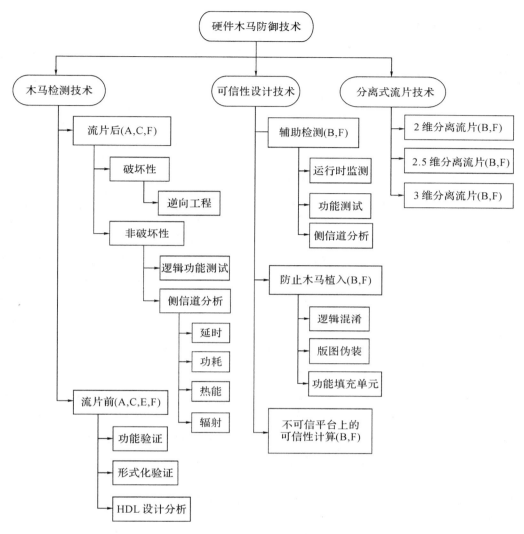

图 8-1　现有的硬件木马防御技术分类

表 8-1　硬件木马攻击威胁模型

模型	描　　述	第三方 IP 供应商	SoC 开发商	流片工厂
A	不可信的第三方 IP 供应商	不可信	可信	可信
B	不可信的流片工厂	可信	可信	不可信
C	不可信的设计自动化工具或员工	可信	不可信	可信
D	商用现成品元器件	不可信	不可信	不可信
E	不可信的设计公司	不可信	不可信	可信
F	没有工厂的 SoC 开发商	不可信	可信	不可信
G	不可信的 SoC 开发商和可信的 IP	可信	不可信	不可信

8.1.1 木马检测技术

木马检测是针对硬件木马威胁最直接也比较常用的防御手段。木马检测的目的是验证集成电路硬件设计或加工后的芯片中是否有超出指定电路功能的额外电路。木马检测可以在设计阶段进行（流片前），以验证芯片设计的可信性，也可以在流片后对芯片实体进行测试。

1）流片后的木马检测

破坏性的逆向工程可以作为木马检测的一种手段，但这种方法在实际中并不是很常用。这里，逆向工程是指在集成电路流片和封装之后，拆除其封装，并对集成电路的每一层取得显微影像，这样就可以恢复出芯片的完整电路结构，当然其过程会完全破坏芯片，使其无法再正常工作。逆向工程在有些情况下可以 100% 确定该芯片是否包含木马，然而其不能作为常用的有效木马检测方法，主要原因如下：① 由于其过程会破坏芯片，所以无法对多个芯片大规模使用；② 逆向工程只能确定被破坏的芯片样本是否包含木马，无法确定同批次中其他芯片是否包含木马；③ 逆向工程代价高昂，而且需要较长的时间（通常对一个芯片的信息提取就需要几周到几个月的时间）。但是，对一批数量较小的芯片做逆向工程可以获得标准比对芯片，这种方法可供其他木马检测方法使用（例如基于侧信道分析的木马检测）。

对比破坏性的逆向工程，非破坏性的流片后木马检测是较为常用的木马检测技术，主要包括：基于逻辑功能测试的木马检测和基于侧信道分析的木马检测。

（1）逻辑功能测试主要针对特定的硬件木马模型生成具有针对性的测试向量，以期激活木马并在输出端口观测到木马效应。注意，逻辑功能测试一般针对特定类型的木马，对一般木马生成普适性的有效测试向量是不现实的。逻辑功能测试一般针对较小的组合电路木马有一定的有效性，而对于激活条件复杂，电路规模较大，尤其是时序电路木马很难实现成功的激活和检测。实际上，由于大规模复杂集成电路中会出现大量不同的逻辑功能状态，想要遍历这些状态并实现木马功能的激活在现实中是比较困难的。另外，对于一些并不影响电路逻辑功能的木马，逻辑功能测试的方法无法检测到。例如，有些木马在激活后通过旁路信道（例如功耗，或者天线等射频信道）泄露信息，这种木马就无法利用逻辑功能测试检测。

（2）侧信道分析技术是从另一个角度切入，通过测量芯片的某些物理特征参数并与标准的无木马芯片的参数比对来判定待测芯片中是否含有木马电路。这些特征参数一般包括静态或动态功耗、电路路径延时、温度及电磁辐射等。基于侧信道分析的木马检测利用木马电路结构或其激活及负载行为在芯片侧信道参数上产生的副作用来实现木马的检测。这种方法相较于逻辑功能测试更有可能检测到木马电路的行为痕迹。但其缺点是需要一组标准比对电路作为侧信道参数的黄金参照，而标准比对电路是比较难于获得的。如前所述，破坏性的逆向工程是获得标准比对电路的一种方法但是代价高昂。此外，基于侧信道的木马检测方法受限于集成电路加工过程中的工艺浮动。由于工艺浮动的存在，标准电路的不同样本之间本身就存在一定程度的侧信道参数差异，这对木马电路造成的侧信道参数差异有显著的掩盖作用。虽然先进的统计分析和信号处理手段能够在一定程度上辅助木马检测，但是当工艺浮动达到一定程度时木马检测的准确率仍会受到严重影响。尤其是考虑到木马电路的规模和原芯片相比非常小并且一般活动频率较低，而日益缩小的工艺特征尺寸使得工艺浮动变得愈发显著。

2）流片前的木马检测

流片前的木马检测一般在设计的行为级代码或门级网表中进行，主要是为了帮助 IC 开发人员验证第三方 IP 核以及芯片最终设计的可信性。常见的流片前木马检测包括功能验证、HDL 设计分析和形式化验证三种。其中功能验证与流片后的逻辑功能测试原理相同，只是采用功能仿真的方式。

（1）HDL 设计分析可以在行为级代码或电路结构代码（一般为门级网表）中进行。其主要目的是识别硬件设计代码中多余的声明语句或电路结构，而这些代码可能为疑似的木马电路。HDL 设计分析还可以量化地标记硬件设计中翻转概率显著较低的线网信号或逻辑门为疑似木马逻辑。有一部分研究试图从现有的木马电路样例中提取一些木马特征并在待测设计中识别这些特征是否存在。HDL 设计分析的局限性在于这些方法不能够保证木马能被检测到，而且这些方法通常都需要手动处理以确定疑似信号是否的确为木马电路。

（2）形式化验证是一种在流片前对硬件 IP 核进行的基于算法的逻辑验证，这种方法能够穷尽地证明一些定义好的安全属性在一个硬件设计中是否始终被遵守。形式化验证把硬件设计转化成可以定义信号属性并对这些属性进行校对的格式（例如 Coq 格式）。例如，某 IC 设计公司需要从第三方购买某硬件 IP 核。在功能规范之外，IC 设计公司还必须提供一组安全属性。IP 供应商在提供硬件 IP 设计之外还需要提供相应的安全属性证明，供 IC 设计公司验证。形式化验证的有效性取决于所定义的安全属性在多大程度上覆盖可能被植入的木马电路。对于安全属性所不能够覆盖的木马电路行为，形式化验证不能够检测到。

8.1.2　可信性设计技术

如前所述，木马检测具有较高的复杂度和挑战性，尤其是对于电路开销极小的木马电路，在现有的技术条件下很难实现可靠的检测。另一个可行的方法是在芯片设计阶段就考虑到木马检测的问题并采取有效措施，也就是可信性设计（DfT，Design-for-Trust）。可信性设计技术一般采取的方法是在集成电路的设计阶段植入一些硬件机制，这些机制可以使得木马的植入变得困难，或能够辅助流片后的木马检测，以及在某些条件下可能使得植入的木马变得无效等。

1）DfT 辅助木马检测

利用可信性设计辅助木马检测有辅助功能验证、辅助基于侧信道分析的木马检测和运行时监测三种方法。

（1）辅助功能验证。

由于木马电路的隐蔽性特点，通过控制电路输入将木马激活并在输出端观察到木马负载效应通常很困难。这在一定程度上可以归因于 IC 设计内部大量的可控制性（Controllablility）和可观测性（Observability）较低的节点限制了激活木马和传播其效应的路径。从这个角度出发，研究人员提出可以通过在电路内部插入测试点来提高可控制性和可观测性。研究人员们还提出在 IC 的每个触发器后加一个多路复用器来选择触发器的正反输出端之一作为触发器输出。这种方法可以增加设计的状态空间，继而有助于提高木马激活和传播的概率，辅助木马激活。这些方法都能够辅助基于功能测试的木马检测，同时也能辅助某些需要部分激活木马电路的侧信道分析木马检测方法。

（2）辅助基于侧信道分析的木马检测。

辅助基于侧信道分析的木马检测也是可信性设计技术中的一大类。这些方法主要旨在提高旁路信道参数测量的精度。例如，研究人员提出通过扫描单元重排序的方法可以将电路的活动集中在一个较小的区域内，实现最小化背景信号幅度来提高动态电流的测量精度。另外，研究人员还提出在 IC 内植入一些特定的硬件结构以提高木马检测的灵敏度。在辅助基于路径延时的木马检测方面，DfT 植入结构包括环形振荡器、影子寄存器、延时单元等。片上电流传感器可以用来提高动态电流或功耗的测量精度。此外，片上集成的工艺浮动传感器可以帮助检测工艺浮动的水平并减小工艺浮动对侧信道木马检测的干扰。

（3）运行时监测。

前两类木马防御技术均是在芯片投入使用前实施的。运行时监测技术在木马检测基础上为木马防御提供了最后一道防线。由于木马检测不能完全保证对多种不同形式的木马攻击的有效防御及覆盖率，运行时监测技术提出了一种新的机制，即在芯片投入使用之后，在系统内在线监测电路的行为，并对疑似木马的异常行为发出警报，采取修补措施或停止 IC 运行。运行时监测的对象可以是电路内信号的逻辑状态，也可以是电路的侧信道参数，如动态功耗、温度等。例如，研究人员提出了一种片上模拟神经网络机制，这种机制可以被训练来根据片上采集传感器的测量结果区别可信和不可信的电路行为。

2）DfT 防止木马植入

第二类可信性设计技术是针对木马威胁的预防性方法。在 IC 设计过程中，设计人员在芯片内部加入某种硬件机制或以某种方法进行设计修改，使得攻击者想要在设计中加入硬件木马变得困难。为了在设计中加入木马，攻击者通常先要理解设计的结构和功能。对于本身非 IC 设计人员的攻击者，一般需要通过逆向工程理解 IC 设计。

（1）逻辑混淆。

为了隐藏 IC 真正的功能和设计实现细节，研究人员提出利用逻辑混淆把 IC 功能进行锁定。逻辑混淆之后的电路功能是混乱的。只有当正确的解锁密钥被输入芯片之后其正确功能才显现。由于逆向工程需要仿真提取的电路结构来确定电路功能，没有正确的密钥，逆向工程就很困难。逻辑混淆的目标通常是提高通过试验获得正确的解锁密钥的复杂度，因而能有效阻止攻击者在设计中植入木马。组合逻辑混淆一般可以通过在 IC 设计的不同位置插入一定数量的或门、异或门来实现。时序逻辑混淆一般采用修改有限状态机的状态转换图并拓展其状态空间来隐藏电路真正的逻辑功能。此外，研究人员们还提出通过在 IC 中插入可重构逻辑，以使对流片工厂隐藏部分的逻辑功能，以防止恶意工厂在流片之前修改 IC 设计插入木马。

（2）版图伪装技术和功能填充单元技术。

版图伪装技术和功能填充单元技术是通过修改 IC 设计版图防止木马植入的可信性设计方法。版图伪装技术通过在 IC 版图中增加伪接触孔和互联线修改标准逻辑单元的版图，使不同逻辑单元在版图上看起来相同，因而攻击者无法从 IC 版图中提取门级网表，所以无法进行后续的逆向工程并恢复 IC 的逻辑功能，因而能够有效阻止木马植入。功能填充单元技术是指将 IC 版图中的剩余空间全部用一些组合逻辑功能单元填充，使攻击者找不到空闲的空间植入木马。这些插入的功能单元自动连接成一个组合电路并可以在流片后被测试。如果该电路测试失败，就意味着恶意工厂在流片前修改了设计，将一部分功能填充单元用木马电路替换了。

3）不可信平台上的可信性计算

可信性设计方法中的第三类是不可信平台上的可信性计算。与运行时监测方法的不同之处在于，可信性计算的安全性是由硬件或软件设计决定的。例如，研究人员提出利用一种分布式的软件调度机制在多核处理器中实现对木马的抵御能力。此外，研究人员还提出通过在 IC 设计中使用来自不同 IP 供应商的 IP 核来阻止木马产生影响。例如，对第三方 IP 核可以提供来自不同 IP 供应商的不同版本，并通过验证这些 IP 都在执行相同的功能来确认没有木马。

由于可信性设计技术需要在设计前端加入额外的硬件逻辑，或者对设计版图做出显著修改，这类方法的主要问题是其对电路面积、功耗开销和性能的影响较大。随着 IC 电路规模的增大，实现可信性设计需要的额外开销也会随之增加。另外，阻止木马植入的可信性设计技术也需要增加逻辑单元或修改设计版图，这些都对芯片的性能产生很大影响，使得这些技术无法在高性能应用中使用。因此，目前可信性设计技术实际应用在大规模 IC 设计中还比较困难。

8.1.3　分离式流片技术

分离式流片技术是近几年提出的一种芯片加工方法，其目标是既能够利用高水平和优化成本的半导体加工技术，又能最小化在流片加工过程中的硬件木马威胁。分离式流片把一个设计分成前端线（FEoL，Front End of Line）和后端线（BEoL，Back End of Line）两部分，并由不同的工厂分别加工。不可信的工厂进行高成本的 FEoL 部分加工，然后把硅片运输到可信的工厂进行低成本的 BEoL 部分加工。由于不可信的工厂没有 BEoL 的设计层信息，所以不能够识别版图中合适的位置植入木马。

8.2　逻辑功能测试

逻辑功能测试的流程是对流片后的芯片施加测试向量，观测其输出值并与正确结果进行对照。这个流程与标准的出厂测试是一致的，其不同之处在于利用逻辑测试进行木马检测一般需要特殊方法产生的测试向量，以此来最大化木马的激活概率并尽量使木马的影响显现在输出端口上。常见的逻辑向量生成方法包括 MERO（Multiple Excitation of Rare Occurrence）和引导性向量生成。下面以 MERO 为例介绍。

MERO 意为稀有事件的多次激发，这种测试生成方法所假设的木马模型为利用电路中的小概率节点激活的恶意电路。如我们前面所讲，因为木马可以被设计成各种不同的形式，想要针对不确定的木马电路生成确定性的激活向量集并达到一定的覆盖率是不现实的。因而 MERO 提出从统计的角度最大化木马激活的概率。其主要目标是生成尽量简洁的测试向量集合以便最小化测试时间和开销，同时最大化检测木马的覆盖率。MERO 算法的基本原理是首先找出电路门级网表中的小概率节点，这里的小概率节点是指该节点为 0 或 1 的概率很低，也就是该节点倾向于长期保持某一逻辑值，而很少呈现另一逻辑值。这种节点在一般的木马模型中被认为有较大可能性是木马激活节点之一。在找出所有的小概率节点之后，MERO 生成向量集，该向量集保证对每一个小概率节点使其能够达到其小概率逻辑值 N 次（也就是激发该节点多次），其中 N 是一个用户定义的参数。这样，通过增加小概率节点的翻转次数，提高了激活木马的概率。

图 8-2 显示了 MERO 针对组合木马电路和时序木马电路的工作原理。如图 8-2(a)所示，该木马将原电路中的信号 S 改变为 S^*。也就是说，一旦木马激活原电路中的信号 S，其将改变为逻辑相反值 S'，激活条件为信号 a,b,c，分别呈逻辑值 0，1，1。显然，这些逻辑值很可能是信号 a,b,c 的小概率逻辑状态，否则木马很容易在正常的逻辑测试或功能测试中被检测到。在 MERO 测试向量集的激励下，a,b 和 c 将分别达到 0，1，1 至少 N 次。N 一般选定为一个较大的整数值，如 100 或 1000。如果 N 足够大，在 MERO 测试期间，a,b,c 同时达到 0，1，1 的可能性将变得较大，因而有较大把握能够激活并检测到木马。图 8-2(b)显示了一个时序木马电路，当 $a=1$ 且 $b=0$ 时该电路随每次时钟信号递增计数器的值。当计数到最大值 8 时木马被激活并修改 S 信号的逻辑值。同样的，MERO 通过激励 $a=1$ 和 $b=0$ 实现 N 次，最大化 $a=1$，$b=0$ 同时满足的次数，因而能最大化木马激活的概率。

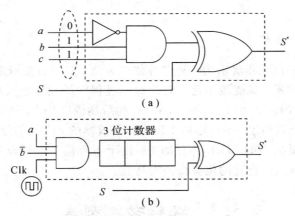

图 8-2　逻辑测试检测木马方法 MERO
(a) 针对组合木马电路；(b) 针对时序木马电路

MERO 逻辑测试方法被证实对于规模较小的木马电路，尤其是组合木马电路，有较好的有效性。但是对于规模较大的木马电路，尤其是复杂的时序木马电路，其有效性有限。MERO 测试算法在原理上类似于一种叫做 N-detect 的自动测试向量生成（Automatic Test Pattern Generation，ATPG）。该算法用来进行电路故障测试，通过生成测试向量集将电路中的每个固定型故障激活 N 次来提高对复杂故障的覆盖率。

8.3　基于旁路信道分析的木马检测方法

除了逻辑检测，流片后的木马检测方法中的另一类是旁路信道分析。这类检测方法的基本原理是利用木马电路对原电路造成的旁路信道参数（Side-channel Parameter）偏差来检测木马的存在。这里的旁路信道参数是指除了输入输出所代表的逻辑功能之外的硬件属性，一般包括电路路径延时、动态功耗、静态功耗、温度和电磁辐射等。基于旁路信道分析的木马检测方法一般需要一个标准的无木马芯片（一般称为 Golden Design 或 Golden Chip）来作为考量侧信道参数的标准对照。由于芯片的流片加工过程存在工艺浮动，也就是在同一硅片不同位置的芯片会有物理参数的差别，所以即使是不包含木马的正常芯片，在同一批次内每个芯片都会呈现旁路信道参数一定程度的差异。这种差异在其幅度上很可能大于木马电路对旁路信道参数造成的影响，因而工艺浮动对木马电路的掩盖作用是非常显著的。针对这个问题，基于旁路信道分析的木马检测方法一般采用统计分析手段来区分木马和工艺浮动对电路产生的不同效果。

8.3.1　电路路径延时旁路信道分析

图 8-3 说明了木马电路对原电路路径延时的影响原理。图 8-3(a) 给出了一个典型的木马负载电路的例子。该负载在原电路的信号 B 处插入一个异或门，当木马激活时，信号 B 将被翻转。在这个例子中，可以看到 B 所在的多条路径其信号传播延时都将增加，因为木马负载异或门增加了路径的逻辑门数目。图 8-3(b) 显示的是一个典型的木马激活机制。作为激活节点之一，木马电路仅仅在该节点增加了一根互联线并连接到木马电路上。虽然这个节点所在的电路路径长度（逻辑门级数）不变，但是木马电路导致该节点的负载电容增加，因而也会导致相关路径延时的增加。因为电路信号的传播是每一级逻辑门对其输出节点充放电的接力，所以节点电容增加势必导致路径延时的增加。值得注意的是，如果木马电路对原电路的关键路径延时（Critical Path Delay）造成了较大影响，很可能会使原电路的性能达不到标准，产生路径延时故障而被常规出厂测试检测出来。这里关键路径延时是指一个电路中最长的路径延时，该延时将决定电路的性能，也就是该电路所能够正常工作的最大时钟频率。所以一个聪明的攻击者会避免使木马电路对关键路径造成影响。在木马检测中，需要取得电路多条路径延时（包括大量非关键路径）的全面信息，以便于对木马的存在进行有效分析。实际上，木马电路对路径延时的影响可能并非如图 8-3 所显示的那么简单。假设该木马是在设计前端的寄存器传输级（RTL）或者电路门级加入的，那么电路综合生成后端的版图结构可能发生多条路径上的逻辑结构和布局的变化，这样就更加有利于木马的检测，同时也说明了综合分析多条路径延时的必要性。

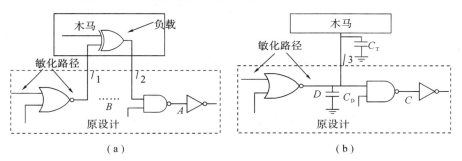

（a）　　　　　　　　　　　　　（b）

图 8-3　木马电路对原电路路径延时的影响原理

（a）木马负载的影响；（b）木马激活的影响

下面我们以路径延时指纹方法为例说明基于路径延时的木马检测原理。研究者提出利用统计学手段分析电路路径延时生成"路径延时指纹"作为考量木马是否存在的参数，下面以加密单元 DES 电路为例介绍基于"路径延时指纹"的木马检测方法。

1）路径延时测试

首先需要生成测试向量。这里测试的路径是指从电路输入端和触发器到电路输出端的组合逻辑路径。测试向量生成的主要宗旨是尽量覆盖整个芯片的全部区域，这样所生成的路径延时指纹更能够代表整个芯片的特征，并保证芯片逻辑路径的任何改变都能够被较容易地检测到。常用的测试向量生成工具是 Synopsys TetraMAX ATPG 工具。具体来讲，把综合好的设计网表输入后，TetraMAX 会自动生成适应各种不同测试要求的测试向量。表 8-2 显示了对（加密单元）DES（不包含木马的 990 个芯片）的路径延时测试。这组标准芯片的延时测量结果将被处理生成标准芯片的延时指纹，并作为后续木马检测的比对。测试者利用 Synopsys TetraMAX ATPG 生成了 163 对测试向量（每一对测试向量能够造成输出的一次翻转并测量到所有输出节点的一组路径）。这个测试向量集对芯片自然发生的路径延时故障能够达到 100% 的覆盖率，这说明这些测试向量集能够对芯片内的所有路径有较全面的覆盖。

2）路径的划分

路径的划分是以输出节点为代表。由于路径延时指纹要求尽量对芯片中的组合路径实现全覆盖，该算法在每对向量下测试了从输入端口和触发器到每个输出端口的延时。由于输出端口的变化是在同一时间发生，所以路径延时的记录没有标记是针对哪个输入端或触发器，而仅以输出端号码为其标记。

表 8-2　DES 芯片路径延时测试　　　　　　　　　　（单位：ns）

芯片序号	模式 1			模式 2			...
	Out1	Out2	...	Out1	Out2	...	...
1	4.57	1.65	...	4.81	0.39	...	...
2	4.50	1.62	...	4.77	0.42	...	...
3	4.58	1.67	...	4.85	0.40	...	...
4	4.52	1.67	...	4.81	0.42	...	...
...	...	...		...	...		
990	4.61	1.68		4.90	0.41	...	...

3）样本分析

测量出来的路径延时需要经过统计分析生成每个芯片的延时指纹。样本分析包括信息降维和生成凸包两个步骤。

（1）信息降维。

每个芯片共有 64 个输出端口，所以共有 163×64＝10 432 个路径延时信息，这相当于是对一个芯片的 10 432 维信息。这个信息需要转化成一个较低维度的信息，同时又能最大程度保存原信息量，这样有利于进行人工分析辨别木马是否存在。完成这个任务可以采用主成分分析（Principal Component Analysis），简称 PCA 算法。

　　在用统计分析方法研究多变量目标时，变量个数太多就会增加分析的复杂性。所以我们希望以较少变量个数仍能得到较多的信息。在很多情形下，变量之间是有一定的相关关系的。当两个变量之间有一定相关关系时，可以解释为这两个变量反映此目标的信息有一定的重叠。主成分分析是对于原先提出的所有变量，将重复的变量（关系紧密的变量）删去，建立尽可能少的新变量，使得这些新变量两两不相关，而且这些新变量在反映所研究的信息方面尽可能保持原有的信息。因此 PCA 算法通过正交变换将一组可能存在相关性的变量转换为一组线性不相关的变量，转换后的这组变量叫主成分。最经典的做法就是用 F_1（选取的第一个线性组合，即第一个综合指标）的方差来表达，方差越大，表示 F_1 包含的信息越多。因此在所有的线性组合中选取的 F_1 应该是方差最大的，故称 F_1 为第一主成分。如果第一主成分不足以代表原来 p 个指标的信息，再考虑选取 F_2 即选第二个线性组合。每个综合指标的计算公式为

$$F_p = a_{1i} \cdot Z_{X1} + a_{2i} \cdot Z_{X2} + \cdots + a_{pi} \cdot Z_{Xp} \tag{8-1}$$

式中，a_{1i}，a_{2i}，$\cdots$，$a_{pi}(i=1, \cdots, m)$ 为 X 的协方差矩阵 $\boldsymbol{\Sigma}$ 的特征值所对应的特征向量值，Z_{X1}，Z_{X2}，$\cdots$，Z_{Xp} 是原始变量经过标准化处理的值。

　　在路径延时指纹的生成过程中，对 10 432 维向量进行降维生成较低维度的信息并试图保存原向量中的信息是比较困难的。此外，由于 PCA 算法的有效性是基于不同维度数据的线性相关性，这些变量线性越相关，PCA 就越有效，所以在路径延时信息的处理中，可以采用将延时数据分成线性相关度较高的组，并对每组分别进行 PCA 降维处理的方式。这里可以根据输出端口来分组，也就是同一输出端口测量到的所有路径延时为一组，其具有相对于不同端口的路径延时更高的线性相关性。

　　（2）生成凸包（Convex Hull）。

　　在每一组（一个输出端口）内每一个芯片的延时信息由一个 163 维的向量表示，也就是该端口有 163 个路径延时。这个向量可以考虑成一个 163 维的点，通过 PCA 算法，可以将该点降维成一个三维的点。将所有标准芯片的三维点表示在一个三维空间坐标轴上可以发现这些点分布在一定的空间内。为了后续判定一个未知芯片是否包含木马，可以针对标准芯片的点集生成一个凸包，该凸包是包含所有点的最小凸集，代表了标准芯片和木马芯片延时指纹的分界。

　　如图 8-4 所示，凸包在三维坐标中表现为一个多面体。通过将待测电路的路径延时做相同的测量和降维，并将待测电路的延时点呈现在三维坐标中，可以观察待测电路的延时指纹是否在凸包内以此判别该芯片是否包含木马。这种基于路径延时的侧信道分析得到了较好的覆盖率。这里对一个电路的路径延时指纹可以定义为其延时的总共 64 个三维点的集合。注意，图 8-4 所显示的只是针对一组延时的分析结果。所有的路径延时分析会生成 64 个凸包，综合比对木马电路延时的信息会得到可靠性较高的检测结果。但这种方法仍然具有基于侧信道分析的木马检测方法普遍具有的缺点：① 需要一批确知其不含木马的标准芯片，这通常比较难于获得。一个方法是在提取侧信道指纹之后再对这些芯片做破坏性的逆向工程来确定这些芯片确实未经恶意修改，但是这种方法的时间和经济代价相当高昂。② 受工艺浮动影响较大，尤其当木马电路较小，而工艺不断进步的过程中工艺浮动的相对

影响不断增加的情况下，其对较小的木马电路很难进行有效检测。

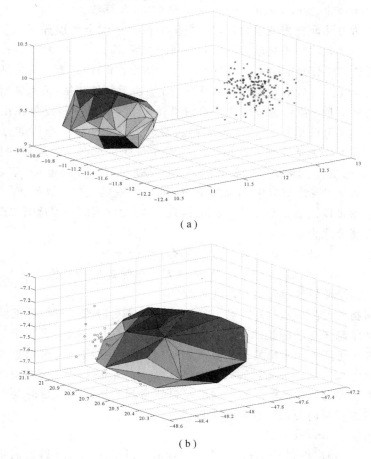

（a）

（b）

图 8-4　两种木马芯片和标准芯片间的延时比较

（a）2 位比较器木马电路；（b）4 位计数器木马电路

8.3.2　动态功耗旁路信道分析

和基于路径延时的旁路信道分析木马检测方法相似，基于动态功耗的木马检测也是通过对动态功耗进行统计分析来检测木马的。这里我们以一个代表性的基于动态功耗的木马检测方法为例来说明其工作原理。该方法的主要原理是区分木马电路造成的动态功耗和工艺浮动造成的动态功耗的不同特征。考虑芯片 I 在执行计算 C 的过程中产生的动态功耗，该功耗轨迹可建模成

$$r_\mathrm{T}(t; I; C; M) = p(t; C) + n_\mathrm{p}(t; I; C) + n_\mathrm{m}(t; M) + \tau(t; I; C) \qquad (8-2)$$

式中，t 表示时间，M 表示某次测量。也就是说，总的动态功耗为电路平均动态功耗 $p(t; C)$，工艺浮动造成的动态功耗 $n_p(t; I; C)$，测量噪声造成的动态功耗 $n_m(t; M)$ 和木马电路造成的动态功耗 $\tau(t; I; C)$ 之和。对于不包含木马的标准电路，最后一项为 0。其中，$n_m(t; M)$ 即测量噪声造成的动态功耗可以通过对同一个动态功耗轨迹的多次测量并计算其平均值抵消掉，所以可以忽略。该方法假设有一批已确知其不包含木马的标准芯片，这也是大多数

基于旁路信道分析的木马检测方法的共同前提。针对任意一个特定的动态功耗轨迹，通过对多个标准芯片的测量和平均，可以计算出其平均动态功耗 $p(t; C)$，因而这一项也可以消掉。所以，对于任意一个待测芯片，测试者所要做出的判断是该芯片为下列两种情况中的哪一种：

$$H_G: r(t; I_{K+1}; C) = n_p(t; I_{K+1}; C) \tag{8-3}$$
$$H_T: r(t; I_{K+1}; C) = n_p(t; I_{K+1}; C) + \tau(t; I_{K+1}; C) \tag{8-4}$$

式中，H_G 代表不含木马（Genuine IC），H_T 代表含有木马（Trojan IC）。

这里主要采用的信号处理方法是 Karhunen-Loève（KL）变换。KL 变换是与 PCA 相似的一种处理方法，但更加灵活，其变换矩阵也不仅限于协方差矩阵。该方法利用 KL 变换将木马芯片的动态功耗映射到标准芯片的工艺噪声特征子空间上。由于木马电路的影响与工艺浮动的特征不同，在映射之后就能够区分出木马电路。首先，针对一批标准芯片的动态功耗测量轨迹（减掉平均功耗和测量噪声之后）进行 KL 变换，提取其特征向量和特征值。这一系列特征值成递减排列，其所表示的是标准芯片工艺浮动噪声造成的动态功耗特征。然后，针对一个待测芯片，将其测量所得的动态功耗轨迹（采用与标准芯片相同的测试向量集与测试条件）减掉平均功耗和测量噪声的影响后，映射到前面得到的标准芯片的工艺噪声特征向量空间，并得到一组特征向量值。由于木马电路的功耗特征和原电路工艺浮动的功耗特征必然不同，所以可以期待，在原电路的特征值趋于 0 的那些特征向量子空间里，木马电路的功耗会在特征向量上有相对显著的特征向量值，以此作为判别木马电路的依据。图 8-5 显示了一个 256 位的 RSA 电路在 ±5% 的工艺浮动下的实验结果，该实验采用的木马电路是一个 8 位的时序比较器电路。可以看到，木马芯片的前几个特征值并不能和标准芯片有很好的区分，也就是说存在一个特征向量子空间，在这个子空间上工艺噪声和木马电路都有显著的"存活"，因而不能将二者很好地区分。但是在后续的特征值上，可以看到木马电路和原电路特征值的显著差异。在这个向量子空间上，工艺浮动逐渐趋于消失，但是木马电路的影响还显著存在，这就形成了木马检测的依据。

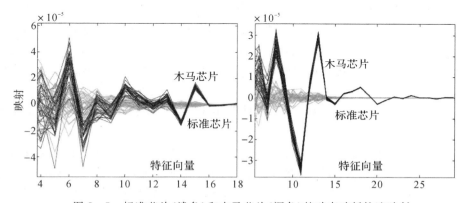

图 8-5　标准芯片（浅色）和木马芯片（深色）的动态功耗轨迹映射

与一般的基于旁路信道分析的木马检测方法一样，基于动态功耗的旁路信道木马检测方法受工艺浮动和木马电路大小的影响显著。实验结果显示该方法能够在 ±7.5% 的工艺浮动下对比原电路小 3～4 个数量级的木马电路实现可靠的检测。但显而易见，对于实际的芯片（例如 10 亿门级）来说，木马电路的规模可能远远小于这个数量级，而其工艺浮动也可能更大。在这种情况下则需要其他的木马检测辅助手段，如安全性设计技术等。

8.4 功能验证与安全验证技术

8.4.1 功能验证技术

功能验证技术主要用于流片前硬件设计的木马检测，该方法适用于 RTL 设计或门级网表，亦属于 HDL 设计分析类别。这类木马检测技术的基本原理是检测硬件设计中近乎使用不到的电路结构（Nearly Unused Circuit）。由于硬件木马具有功能上的隐蔽性，一般来说在电路运行过程中木马电路的活动频率显著低于正常电路。正是基于这一特点，功能验证技术将使用频率较低的电路结构作为硬件木马的特征来进行建模和检测。

功能验证技术又可分为动态检测和静态分析两类。动态检测通过对电路进行仿真来找到使用频率较低的电路结构，并将这些部分电路标记为疑似木马设计。在这里，不同的检测方法对使用频率较低的电路结构有不同的定义。例如，代码覆盖率就是一种定义方式。在基于仿真的硬件电路功能验证过程中，不同硬件结构的代码被覆盖的频率是不同的，因此可以将覆盖率很低的代码标记为疑似木马。但是攻击者可以通过使用不同风格的代码植入木马来逃避基于这种定义的检测方法。因而这种定义方法的检测率比较有限。UCI（Unused Circuit Indentification）和 VeriTrust 是两种比较著名的动态功能验证技术。在 UCI 功能验证技术中，考虑电路中的任意一对信号 (s, t)，其中 t 在逻辑功能上依赖于 s。如果在功能验证的所有测试用例（Test Cases）中，$t = s$ 始终成立，那么 s 和 t 之间的逻辑就被认为是不被使用的电路，即有可能是木马电路。UCI 能够有效检测某些类型的木马，但仍然受限于木马的实现风格，攻击者仍然可以通过特定的木马设计方式来逃避检测。VeriTrust 可信性验证方法的基本思想是首先通过仿真确定电路中哪些最小项被覆盖到，并利用这些最小项重构一个逻辑函数。然后将重构的逻辑函数和被测设计做等价性验证。如果二者等价，这说明没有难以触发的逻辑；否则就说明有疑似木马的电路。该方法受木马实现方式影响较小，能够有效检测不同类型的木马，但只对在原电路基础上附加的木马电路有效，不适用于利用未说明功能（Unspecified Functionality）的硬件木马设计。此外，由于 VeriTrust 的检测效率受仿真覆盖率的制约，因此可扩展性较差，不适用于大规模电路设计的木马检测。

基于静态分析的功能验证技术通过对硬件设计进行静态布尔函数分析（而非仿真）找到未被使用的电路结构。FANCI（Functional Analysis for Nearly-unused Circuit Indentification）是这类技术的典型代表。该方法基于这样一种观察，即木马电路的激活输入端通常对输出影响较弱。为了量化这种影响程度，FANCI 定义了控制值（Control Value, CV）变量作为对电路内部信号之间影响程度的度量。对于某特定输入信号和与其相关的输出信号，CV 定义为所有能够敏化该输入（出）端的输入向量数与相应的逻辑真值表规模的比值。这里的敏化是指在给定输入向量下，该输入的翻转能够导致该输出的变化。通过找到对输出影响较弱的信号，就能够发现几乎未被使用的逻辑结构。该方法的局限性在于其检测精确性严重依赖所选择的 CV 阈值，因而很容易产生较高的误报率。此外，由于该方法基于静态分析，其判断输入信号对输出信号的影响基于真值表分析，不能完全准确地反映真实电路运行中的节点翻转概率，而且该方法在静态分析中没有考虑多级时序逻辑的影响。这也是影响其精确性的一个重要因素。

功能验证技术利用了木马电路仅在特定条件下激活的特点，通过检测硬件设计中翻转概率或使用率很低的电路结构来实现木马检测。这类方法能够标记一些电路节点或逻辑结构为疑似木马电路，但后期需要进一步的人工分析才能确定该疑似电路是否确实为硬件木马。

8.4.2　安全验证技术

安全验证是一种在流片前对硬件知识产权（IP）核进行的基于算法的逻辑验证。安全验证能够穷尽地证明一些定义好的安全属性在一个硬件设计中是否始终被遵守。但其有效性取决于所定义的安全属性在多大程度上覆盖可能被植入的木马电路。对于安全属性所不能够覆盖的木马电路行为，安全验证并不能有效检测到。在威胁模型方面，安全验证是一种集成电路流片前的木马检测，主要针对第三方 IP 核中可能发生的恶意设计修改，关注在规范、设计阶段从寄存器级（RTL）或者门级插入的硬件木马。根据具体的方法不同，进行安全验证的 IP 可能是 RTL 代码或逻辑门级网表的形式。

基于门级信息流追踪的安全验证是检测硬件 IP 中木马的一种手段。假设第三方 IP 核包含硬件木马，这些包含硬件木马的 IP 核在一般情况下正常工作并产生正确运行结果，只有在非常罕见的情况下才会泄露敏感信息（例如，总线传输的数据信息泄露）或者违反关键数据的完整性（例如，密钥信息被篡改）。一般的硬件木马都经过巧妙的设计，单纯依靠有限次的功能测试很难保证能够触发木马，或者仅依靠功能测试难以触发硬件木马执行。信息流分析方法需要掌握 RTL 源码或者硬件 IP 核的门级网表，但不需要获取关于木马触发条件的具体实现细节，也不需要了解硬件木马的负载功能。

在基于门级信息流的安全验证中，其定义的安全属性主要关注硬件设计中关键数据的机密性和完整性等。因而硬件木马可以一直处于使能状态，或者在特定情况下被触发，例如，单个特定输入、特定输入序列或者特定计数器值等情况。这些情况都会导致系统违反关键数据的机密性或完整性。这种方法假设攻击者设计硬件木马的首要目标是为了获取机密信息或者改变系统的功能，而对于导致拒绝服务攻击、降低系统性能的硬件木马，其基本的安全属性建模不能够覆盖。同时，这种方法主要针对基于逻辑的攻击，没有考虑由于功耗、电磁辐射、声音等物理现象引发侧信道信息泄露的木马。

在安全属性的定义方面，机密性属性要求机密信息自始至终不会泄漏到到低安全域中；完整性属性则要求不可信的数据永远被禁止写入到一个可信的位置。但硬件描述语言，例如 Verilog，VHDL，SystemC，并不能在设计中强化这些安全属性要求，因为它们只能够指定硬件设计的功能属性。作为对比和补充，信息流分析方法能够提供一种更好的方式建模这些安全属性，因为信息流分析关注信息的流动性问题，更适用于描述机密性、完整性等安全属性。

为了表征安全属性，数据对象一般被赋值一个额外的标签，用以明确指明需要保护的对象及其安全特征。在实际应用中，数据对象依据其安全等级拥有多层安全标签。例如，在一个军事信息系统中，数据被区分为公开、秘密、机密和绝密四个等级。不同安全等级之间的偏序关系可以用安全格来描述。使用 $L(*)$ 表示一个变量的安全属性标签，其偏序关系

形式化描述如下

$$L(A) \subseteq L(B), A \rightarrow B \tag{8-5}$$

式(8-5)建模了允许存在和流动的信息流,包括机密性和完整性等安全属性。特别的,当且仅当 A 的安全等级低于或者等于 B 的安全等级时,信息允许从 A 流动到 B。在这种情况下,机密性和完整性才能够以一种统一的方式进行建模。

这里我们将使用简单的二级安全格进行分析:LOW $\sqsubseteq$ HIGH。在机密性分析中,我们将敏感信息标记为 HIGH,公开的信息标记为 LOW;而在完整性分析中,我们将关键数据标记为 LOW,一般数据标记为 HIGH(因为完整性和机密性是一个数据对象的双重属性)。例如,我们在机密性分析中将密钥标记为 HIGH,而在完整性分析中将密钥标记为 LOW。信息流分析为我们追踪关键数据的安全属性提供了有效的手段。

为更好地理解门级信息流追踪技术的思想,我们考虑一个 2 输入与门(AND-2),其二进制函数描述如下

$$O = A \cdot B \tag{8-6}$$

令 A_t、B_t、O_t 分别表示 A、B、O 的安全属性标签。此处定义 A、$B \in \{\text{LOW, HIGH}\}$,同时,$A_t$,$B_t$,$O_t \in \{\text{LOW, HIGH}\}$,满足式(8-7)编码规则(例如,LOW=0 且 HIGH=1):

$$\text{LOW} \cdot \text{HIGH} = \text{LOW}, \text{LOW} + \text{HIGH} = \text{HIGH} \tag{8-7}$$

以二输入与门(AND-2)为例,以往保守的信息流模型的安全属性传播规则如下

$$O_t = A_t + B_t \tag{8-8}$$

当 A、B 中任意一个输入的安全属性标签为 HIGH 的时候,输出 O_t 标记为 HIGH。虽然这种传播策略能够追踪所有安全属性为 HIGH 的数据的信息流从而保障系统安全,但在信息流的测量中会存在数量较多的误报项(错误报告不存在的信息流)。

门级信息流追踪方法则采用一种更加精确的追踪方法,式(8-9)描述了二进制与门(AND-2)的信息流安全属性传播:

$$O_t = A \cdot B_t + B \cdot A_t + A_t \cdot B_t \tag{8-9}$$

由式(8-9)可得,当两个输入的安全属性同时为 LOW(或 HIGH)时,其输出是 LOW(或 HIGH)。当只有一个输入的安全属性为 LOW 时,例如,当输入为(LOW,0)时,输出 O_t 被此输入所决定,其值为 LOW(另一个安全属性为 HIGH 值的输入没有信息流动到输出);当输入是(LOW,1)时,输出 O_t 则被另一个安全属性为 HIGH 值的输入决定,获得一个 HIGH 值的安全属性标签。

设计者可分两步取得需要验证的安全规则。第一步将硬件设计中的信号分为不同的安全等级。第二步设计者设置安全属性标签,指定允许或者禁止的信息流。这些安全属性被写入到追踪逻辑中,用以强化信息流安全流动(例如,机密性分析中属性为 HIGH 的数据永久禁止流入到属性为 LOW 的数据或区域)。以加密核为例,假设设计密钥永远不允许被篡改。作为安全验证的一个例子,我们将密钥安全属性标记为 LOW,其他输入安全属性标记为 HIGH。因为这是一个关于完整性的属性,我们需要检查密钥寄存器的安全标签是否总是标记为 LOW。描述这种状况的安全规则验证如下

```
set    key_t  LOW
set    DEFAULT_LABEL  HIGH
assert    key_reg_t  LOW
```

这种木马检测方法能够鉴别违反信息流安全规则的硬件木马，例如，机密性数据的信息泄露、数据的完整性遭到破坏等。图 8-6 显示了基于门级信息流追踪的硬件木马检测流程。

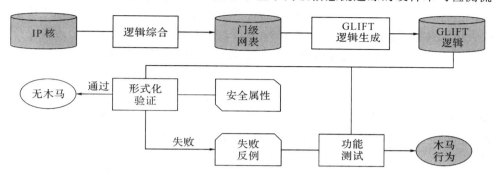

图 8-6　基于门级信息流追踪的硬件木马检测流程

为具体说明门级信息流方法如何检测硬件木马以及显示潜在的恶意木马行为，我们以 trust-HUB 网站公开的 AES-T1700 为例分析违反机密性规则的硬件木马。这些恶意行为在单纯的功能性测试和验证中并不能被精确捕捉到。我们只对主要输入端口的数据指定测试的安全属性，并观测主要输出端口数据的安全属性标签，并不涉及测试向量内部的寄存器等。我们以 AES-T1700 为例分析违反机密性规则的硬件木马。AES-T1700 测试样例（包含一个泄露密钥的木马）如图 8-7 所示，其中调制解调器芯片中的一个管脚产生一个射频信号，该信号用来传输密钥比特位，频率在 1560 kHz，能够被任何一个普通的调频广播接收。调频信号承载的数据信息容易识别，使用如下 beep 机制传递信息：单个 beep 声后紧跟一个暂时的停顿代表数字 0，两个 beep 声后紧跟一个暂时的停顿代表数字 1。AES-T1700 测试样例中包含的硬件木马，就是通过模块化的射频通道泄露密钥信息的。硬件木马在 RTL 设计阶段插入，由内部条件信号触发，潜藏在处理芯片中，其后果将导致机密信息泄露。具体来讲，当硬件木马触发器中计数器的值等于 $128'h\text{FFFF\_FFFF\_FFFF\_FFFF\_FFFF\_}$ FFFF_FFFF_FFFF 时，硬件木马被激活。当硬件木马被激活后，由硬件木马负载代码可以看到密钥信息通过射频端口发射出去，从而泄露 AES 密码核中的密钥。该木马在 $2^{128}-1$ 个连续加密操作之后才会被激活。通过有限次的功能测试而激活这样一个硬件木马的概率非常低。

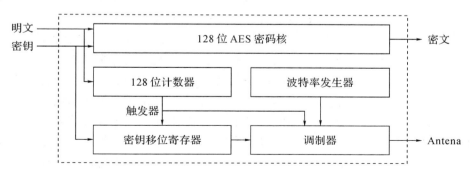

图 8-7　AES-T1700 测试样例（包含一个泄露密钥的木马）

我们以机密性规则检查密钥信息泄露，将密钥的安全属性标记为 HIGH，其他所有输入的安全属性标记为 LOW。通过断言输出的安全属性是否为 HIGH，我们能够确定密钥是否流动到输出。在初始的分析中，我们能够鉴别 AES-T1700 的两个输出端口（密文和 Antena 信号）的安全属性都能够取得 HIGH 值。然后，我们将分析集中到 Antena 信号输出中，因为密钥信息通过加密函数流入到加密结果输出密文中是正常的。我们使用 Questa Formal 验证工具证明信号 Antena_t（Antena 信号的安全属性标签）是否总是为 LOW。如果验证结果失败，则表明 Antena_t 信号可能取得 HIGH 值，指明 Antena 端口输出泄漏密钥信息。为了更加直观地解释，我们仿真门级信息流追踪逻辑网表以说明密钥信息是如何泄露到 Antena 端口输出中的。从图 8-8 中我们可以看到，当 BaudGenACC[25：23]＝010 时（为了简化图形，BaudGenACC[15]＝1 和 BaudGenACC[4]＝1 未在图中显示），密钥信息泄露到 Antena 输出中。因为 Antena_t 是 1（表明安全属性为 HIGH），通过观察 Antena 信号，我们能够看到前两个方框中泄露了逻辑 0，而第三个方框则泄露了逻辑 1。

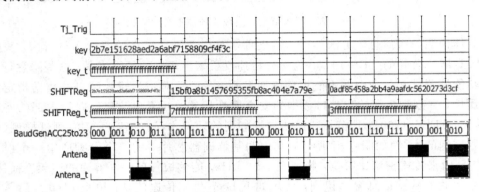

图 8-8　AES-T1700 硬件木马密钥信息泄露仿真结果图

8.5　可信性设计

在集成电路的非关键路径中嵌入环形振荡器（RO，Ring Oscillator）结构是可信性设计中一个具有代表性的技术。环形振荡器的作用是辅助精确测量路径延时，以便在流片后实现基于侧信道分析的木马检测。基于环形振荡器网络的可信性设计的基本原理是，通过选择电路中的部分路径并插入多路复用器和控制逻辑，将这些路径在测试模式下配置成环形振荡器，能够数字化地读出环形振荡器的振荡频率。由于该振荡频率以较高的精度反映了相应的路径延时，如果攻击者在流片加工过程中植入木马电路，将影响相关路径的延时，导致流片后测试的环形振荡器频率和标准电路的振荡频率将会呈现较大的偏差，该信息能够用于判别一个芯片是否包含木马。这里选择的路径主要是非关键路径，因为如果木马电路影响了关键路径，则电路性能会受到影响，比较容易在延时测试或功能测试中被检测到。

图 8-9 显示了基于逻辑门的环形振荡器的基本原理。简单来讲，将奇数个反相器环形串联就构成一个环形振荡器。图 8-9(a) 给出了一个由 5 个反相器构成的环形振荡器的例子。假设左侧的端点为信号输入端，其逻辑值为 A，经过 5 个反相器之后的输出值则为 A 的逻辑非 A'。由于这个输出端又反馈给了输入端，就形成了信号在逻辑值 0 和 1 之间的不停振荡。这个振荡的周期取决于 5 个反相器构成的组合逻辑路径的延时，其逻辑振荡频率可表示为

$$f_{\text{OSC}} = \frac{1}{2 \cdot t_{\text{dpath}}} \qquad\qquad (8-10)$$

式中，f_{OSC} 为振荡频率，t_{dpath} 为振荡器整个路径的延时。如果环形振荡器由相同的逻辑门构成，那么其振荡频率可以表示为

$$f_{\text{OSC}} = \frac{1}{2 \cdot n \cdot t_{\text{dgate}}} \qquad\qquad (8-11)$$

式中，n 为逻辑级数，t_{dgate} 为每个逻辑门的延时。

由此可以看出，如果一个路径的延时被修改，例如由于逻辑结构或者寄生电容的变化，这个延时的变化会直接由振荡频率 f_{OSC} 反映出来。图 8-9(b) 显示了通过嵌入多路复用器把一个包含 4 个逻辑门的路径配置成环形振荡器。通过将每个逻辑门的其他输入端在测试模式下配置成其非控制逻辑值，每个逻辑门等效成一个反相器。注意，由于环形振荡器必须由奇数个反相器构成，该 4 逻辑门的路径在配置成环形振荡器的情况下必须增加一个反相器。在功能模式(非测试模式)下，该路径的输入和输出各自接到原电路的相应逻辑线网上，环形振荡器的反馈回路被切断。

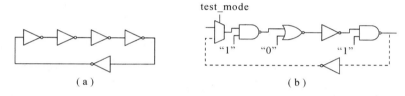

图 8-9　基于逻辑门的环形振荡器基本原理
(a) 5 个反相器组成的环形振荡器；(b) 包含 4 个逻辑门的路径配置成环形振荡器

在一个电路中需要配置多个环形振荡器覆盖尽可能多的逻辑部分，以保证任意植入的木马电路都能够影响至少一个环形振荡器而被检测到。

图 8-10 显示了一个小型组合电路(ISCAS′85 基准电路中的 C17)通过嵌入 2 个环形振荡器实现对所有逻辑门的保护。设计者可以利用一个自动化的算法实现用多个环形振荡器覆盖电路中大部分的组合逻辑门。随着嵌入的环形振荡器数目的增加，其引入的面积开销当然也会增加。

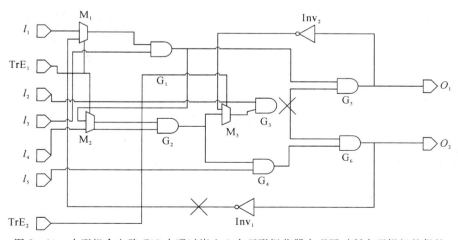

图 8-10　小型组合电路 C17 中通过嵌入 2 个环形振荡器实现了对所有逻辑门的保护

图 8-11 显示了 ISCAS'85 基准电路中嵌入环形振荡器的数量和覆盖的逻辑门数量的关系。例如，对于 C1908 电路，23 个环形振荡器能够覆盖 50% 的逻辑门，而覆盖 90% 以上的逻辑门则需要 75 个环形振荡器。由于这些电路样例本身规模很小，要达到对木马较高的覆盖率需要引入相当的芯片面积和功耗开销。

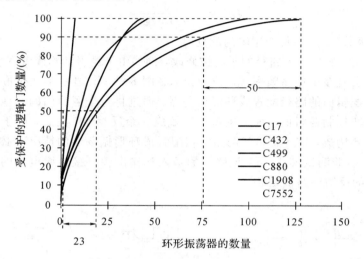

图 8-11　ISCAS'85 基准电路中嵌入环形振荡器的数量和覆盖的逻辑门数量的关系

虽然通过嵌入环形振荡器能够提高路径延时测量的精度，但是这种测量仍然会受到工艺浮动的影响。因为在不同芯片中同一个路径延时本身会因工艺浮动存在一个浮动的范围。这种芯片间的工艺浮动是造成侧信道参数不同的最主要的一个因素。虽然同一芯片内不同位置也会存在工艺浮动（即芯片内工艺浮动），但其造成的影响会显著小于片间工艺浮动的影响。当木马电路非常小，其对路径延时的影响小于工艺浮动对路径延时的影响时，木马的作用可能被工艺浮动掩盖，影响检测的准确率。

本 章 小 结

本章讲述了现有的主要硬件木马防御技术，包括木马检测、可信性设计以及分离式流片等方法。对硬件木马威胁的防御是复杂且具有较大挑战性的课题，仅靠单一的技术无法实现较好的木马覆盖率。本章讲述的不同方法从不同的角度切入（例如 IC 功能验证、侧信道参数指标等），在集成电路设计生产的不同环节进行针对硬件木马的防御，且每一种方法的有效性一般是针对某种特定的木马威胁模型。大部分木马防御技术会对集成电路的面积、功耗、性能以及测试时间和生产成本等方面造成较明显的影响，因而硬件木马的防御技术将会是一个持续发展的研究领域，并且随着硬件木马攻击的不断发展，硬件木马防御技术也会得到相应的拓展和创新。

思 考 题

1. 常见的硬件木马防御技术分为哪几类？

2. 基于逻辑功能测试的木马检测方法的局限性是什么？

3. 基于侧信道分析的木马检测方法的原理是什么？有哪些局限性？

4. 阅读并了解基于多种侧信道特征联合分析的木马检测方法。

5. 对于基于无关项的硬件木马，有何有效的检测方法？

6. 基于信息流安全验证的木马检测方法的优势和不足分别是什么？

7. 简述基于分离式流片技术的木马防御方法的原理。

8. 可信性设计中经常采用何种技术？其基本原理是什么？

第九章 硬件信息流分析技术

在一些信息系统中，关键信息的机密性或完整性被破坏并不一定是由密码算法或访问控制机制的缺陷引发的，而是缺乏适当的信息流安全策略（Information Flow Security Policy）或者缺失保障信息流安全策略的有效机制所造成的。本章主要讨论硬件层面上的信息流分析方法，以及基于信息流分析的硬件安全验证与漏洞检测技术。

9.1 信息流分析概述

1976 年，Denning 首先提出了信息流的概念。信息流是指信息的流动与传播，它表示信息之间的一种交互关系。一般而言，如果信息 A 对信息 B 的内容产生了影响，则信息从 A 流向了 B。

计算硬件安全相关的行为与信息的流动之间存在着紧密的联系，例如，信息泄露和关键数据被篡改均体现为信息的非法流动。因此，信息流分析提供了一种对硬件电路安全行为进行建模和分析的有效手段。

图 9-1 所示为信息流分析方法的基本原理。该方法为每个数据单位（二进制位、字节或处理器字）分配一个标签，以反映该数据单位的安全属性，如"保密"/"非保密"、"可信"/"不可信"等。在数据运算过程中，标签也随之在系统中传播。在系统输出端，输出的标签类型反映了输出数据的安全属性。当输出的标签为"保密"时，表明输出数据包含了敏感信息；当输出的标签是"不可信"时，表明输出数据可能已经被篡改，不可用做关键决策变量。

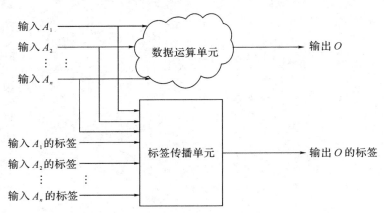

图 9-1 信息流分析方法的基本原理

如图 9-1 所示，除了原硬件设计的数据运算单元，还需一个附加的标签传播单元。按照预定义的标签传播策略，根据当前操作类型、操作数以及操作数标签来确定运算结果的标签，并通过静态分析或动态检查运算结果的标签，即可有效防止违反信息流安全策略的运算操作。例如，在执行条件跳转时，必须检查条件变量的标签是否为可信；当数据流向某安全域时，必须根据数据标签类型检查该信息流是否会引发泄密。

图 9-2 为计算系统的完整性和机密性属性示意图。完整性属性要求来自不可信域的数据不能对系统的可信计算环境造成影响；机密性属性要求保密数据不能流向非保密域。信息流分析技术常用于防止可信数据受到不可信输入的影响或机密数据流向非保密的输出。

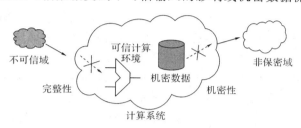

图 9-2　计算系统的完整性和机密性属性示意图

计算系统的安全属性和安全策略通常可以采用格模型来描述。下面简要介绍安全格模型。

9.2　信息流安全格模型

1976 年，Denning 在其博士论文中首次提出了格模型（Lattice Model），用以描述信息流的信道和策略。

定义 9.1（格）　给定偏序集合 $(L, \sqsubseteq)$，其中 L 是元素集合，$\sqsubseteq$ 是定义于元素集合上的偏序关系。若 L 中的任意两个元素 a 和 b 都有最小上界和最大下界，则称二元组 $(L, \sqsubseteq)$ 构成一个格。格中每一对元素的最小上界和最大下界分别用 $a \oplus b$ 和 $a \odot b$ 来表示，其中 $\oplus$ 和 $\odot$ 分别是最小上界和最大下界运算符。

实际信息安全系统中，主体和客体的数量通常都是有限的。因此，本书仅关注有限格，即要求 L 为有限集。假设 $L = (a_1, a_2, \cdots, a_n)$ 为有限格的元素集合，分别定义该有限格上的最小上界（也称为最大元素，记为 HIGH）和最大下界（也称为最小元素，记为 LOW）为

$$\mathrm{HIGH} = a_1 \oplus a_2 \oplus \cdots \oplus a_n$$
$$\mathrm{LOW} = a_1 \odot a_2 \odot \cdots \odot a_n$$

定义 9.2（线性格）　线性格 $(L, \sqsubseteq)$ 中的 N 个元素之间构成线性关系，且 L 中的任意两个元素 a 和 b 都必须满足以下条件（其中 max 和 min 运算由格的偏序关系定义）：

（1）$a \oplus b = \max(a, b)$。

（2）$a \odot b = \min(a, b)$。

（3）LOW 元素对应于线性序列最低端的元素。

（4）HIGH 元素对应于线性序列最高端的元素。

定义 9.3（子集格）　给定一个有限集 S，S 的全部子集构成一个集合，该集合上的一个非线性排列组成一个子集格。子集格上的偏序关系 "$\sqsubseteq$" 对应于子集之间的包含关系；最大元素对应于所有子集的并（$\bigcup$），即 S 本身；最小元素对应于所有子集的交（$\bigcap$），为空集 $\{\,\}$。

定义 9.4（格的乘积）　设 $(L, \odot, \circledast)$ 是一个代数系统，$\odot$ 和 $\circledast$ 为集合 L 上的二元运算。如果这两种运算都满足交换律和结合律，并且也满足吸收律，即 $a \odot (a \circledast b) = a$ 和

$a \circledast (a \odot b) = a$，则代数系统$(L, \odot, \circledast)$也构成一个格。

设$(L, \odot, \circledast)$和$(s, \vee, \wedge)$是两个格，定义代数系统$(L \times S, +, \cdot)$，对于任意(a_1, b_1)，$(a_2, b_2) \in L \times S$有

(1) $(a_1, b_1) + (a_2, b_2) = (a_1 \odot a_2, b_1 \vee b_2)$；

(2) $(a_1, b_1) \cdot (a_2, b_2) = (a_1 \circledast a_2, b_1 \wedge b_2)$，

则称代数系统$(L \times S, +, \cdot)$是格$(L, \odot, \circledast)$与格$(S, \vee, \wedge)$的乘积。

定义 9.5（安全格）　任何一个信息流安全策略都可用一个形如$(SC, \sqsubseteq)$的安全格（Security Lattice）来描述。其中，SC 是安全类集，包含了客体可能属于的安全类；$\sqsubseteq$是定义在该安全类集上的偏序关系，规定了不同安全类之间许可的数据流向，即只允许信息在同一安全类内或者向更高级别的安全类流动（本书在后续讨论中重点关注信息在安全类之间的流动）。格结构要求 SC 中的每对元素，即任意两个安全类，都有最小上界和最大下界。

图 9-3 给出了几种简单的安全格结构。图中的符号代表安全类，而箭头指示了安全类之间许可的数据流向，反映了定义在安全格上的偏序关系。

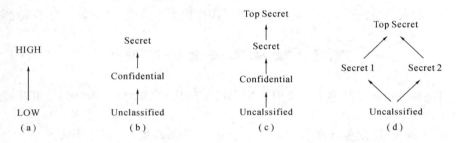

图 9-3　简单安全格结构
（a）二级线性安全格　（b）三级线性机密性安全格
（c）四级线性机密性安全格　（d）方形非线性机密性安全格

图 9-3(a)所示为常用的二级线性安全格，该安全格的安全类集包含了 HIGH 和 LOW 两个安全类。在完整性分析中，HIGH 对应于"不可信"子类，LOW 对应于"可信"子类，安全格上的偏序关系规定：可信数据能够流向可信和不可信安全类，而不可信数据流只能在不可信类内部流动，不可信数据流向可信安全类将违反信息流安全策略。在机密性分析中，HIGH 对应于"保密"子类，LOW 对应于"非保密"子类，安全类集上的偏序关系规定：非保密信息可流向保密安全类，反向的信息流动则会违反信息流安全策略。其他安全格的含义依次类推。

9.3　硬件信息流安全机制

硬件信息流安全机制主要分为静态信息流仿真、动态信息流跟踪和形式化信息流安全验证三种，如图 9-4 所示。这三种安全机制都首先需要为硬件设计产生相应的信息流模型，然后根据所采用验证工具的不同做进一步区分。

静态信息流仿真方法主要采用仿真工具，如 Mentor Graphics ModelSim，结合硬件设计的信息流模型，在给定的测试向量下，对硬件设计中的信息流进行测试和分析。静态分析的特征是只能对给定的测试向量进行运行和分析，无法涉及测试向量之外的情况，因此，往往需要运行大量的测试向量或者进行随机测试。静态信息流仿真方法的优势在于验证结

束后即可将信息流模型移除，信息流模型不会导致额外的设计开销。但是，对于大规模硬件设计，静态信息流仿真方法的覆盖率一般比较有限。

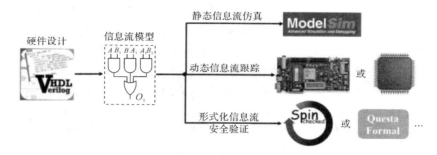

图 9 - 4　硬件信息流安全机制

动态信息流跟踪方法一般借助于硬件平台，如 FPGA 和 ASIC，将信息流模型随原始硬件设计一起实现，从而利用信息流模型在系统运行过程中实时、动态地对硬件设计中的信息流进行监控，并阻止有害的信息流动。动态信息流跟踪方法的优势在于能够在运行条件下准确地跟踪实际的信息流动，其不足之处在于会导致额外的面积和性能开销。

形式化信息流安全验证方法一般借助于形式化验证工具，如 OneSpin 和 Mentor Graphics Questa Formal，结合硬件设计的信息流模型，通过设计状态空间搜索来捕捉有害的信息流动。形式化信息流安全验证方法的优势在于能够自动搜索符合特定约束条件的信息流，验证的覆盖率通常比静态信息流仿真方法要高，理论上可以处理无限大的状态空间，信息流模型在验证结束后亦可移除，不会导致额外的设计开销。形式化信息流安全验证方法的不足在于往往需要测试者书写待验证的安全属性，安全属性的质量对验证效率有决定性的影响，此外，该方法对计算环境(特别是存储器资源)要求非常高，个人电脑一般难以满足。

信息流分析方法除了在实现机制上有差别之外，还可根据部署的层次进行划分。本书主要讨论门级、RTL 级和 ISA 级的硬件信息流分析方法。

9.4　门级信息流分析方法

9.4.1　相关定义

Mohit Tiwari 等首先提出了门级信息流分析(GLIFT，Gate Level Information Flow Tracking)方法。该方法能够实现对硬件设计中每个二进制位逻辑信息流的精确度量与控制，是一种细粒度的信息流分析方法。此外，该方法针对逻辑门级，可充分利用底层硬件实现的细节信息，特别是门级电路周期精确的时序信息，有效地检测硬件相关时间隐通道。GLIFT 可用于构建可验证的安全体系架构，检测硬件设计中潜在的时间隐通道，并且能够检测硬件设计中条件触发的恶意代码(即硬件木马)。本节将对该方法的基本原理进行阐述。

在后续讨论中，采用大写字母表示逻辑变量，如 A 和 B；用带下标 t 的大写字母表示变量的安全属性标签，如 A_t 和 B_t 分别为 A 和 B 的标签；用不带下标的小写字母，如 f、g 和 h 表示逻辑函数。下面给出一些 GLIFT 的相关概念。

定义 9.6(污染标签)　信息流分析中，数据通常被分配一个标签，以表征该数据的安全属性，如保密/非保密或可信/不可信等。在 GLIFT 中，每个二进制位数据都分配有一位的标签，此标签称为该数据位的污染（Taint）标签。当数据参与运算在系统中流动时，数据的污染标签也随之在系统中传播。本书定义，当数据的污染标签为逻辑"1"时，该数据所包含的信息是受污染的（tainted），该信息也称为受污染信息；当数据的污染标签为逻辑"0"时，称此数据所包含的信息是未受污染的（untainted），该信息也称为未受污染信息。

当考虑信息的完整性时，通常将不可信的数据标记为受污染的；而在考虑信息的机密性时，通常将保密信息标记为受污染的。根据信息流的定义，如果信息 A 对信息 B 的内容产生了影响，则信息从 A 流向了 B。因此，当信息系统的受污染输入对系统输出存在影响时，该输入所包含的污染信息即流向了输出。为确定受污染输入对系统输出是否存在影响，可在当前给定输入组合下改变受污染输入的值，并观测系统输出是否随之发生变化。如果受污染输入的改变导致输出发生变化，则认为该受污染的输入对输出存在影响，输出即应标记为受污染的。此时，称存在一条从该受污染输入到输出的污染信息流。为理解 GLIFT 的原理，考虑如图 9-5(a) 所示的与非门（逻辑表达式为：$O = \sim (A \cdot B)$），其中 A_t、B_t 和 O_t 分别是 A、B 和 O 的污染标签。

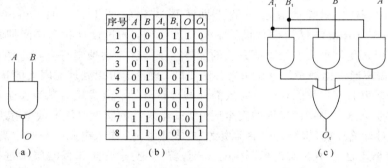

序号	A	B	A_t	B_t	O	O_t
1	0	0	0	1	1	0
2	0	0	1	0	1	0
3	0	1	0	1	1	0
4	0	1	1	0	1	1
5	1	0	0	1	1	1
6	1	0	1	0	1	1
7	1	1	0	1	0	1
8	1	1	0	0	0	1

（a）　　　　　　　　　（b）　　　　　　　　　（c）

图 9-5　二输入与非门及其带污染信息的部分真值表和 GLIFT 逻辑
（a）二输入与非门；（b）二输入与非门带污染信息的部分真值表；（c）二输入与非门的 GLIFT 逻辑

显而易见，当输入 A 和 B 都未受污染时，输出 O 一定是未受污染的；而当输入 A 和 B 均受污染时，输出 O 一定是受污染的。这些显然的情况均未包含在图 9-5(b) 所示的部分真值表中，如此便可以重点关注那些更为复杂的，仅有一个输入受污染的情况。

首先，考虑如图 9-5(b) 所示部分真值表中的第 1 行（$A = B = 0$，$A_t = 0$，$B_t = 1$）。当改变受污染输入 B 的值时，输出 O 的值始终保持为逻辑"1"，不会发生变化。因此受污染的输入 B 对输出没有影响，输出 O 应标记为未受污染的（$O_t = 0$）。该情况下，未受污染的输入 A 决定了输出的状态，从而阻止了受污染信息向输出的流动。然后，考虑真值表中的第 4 行（$A = 0$，$B = 1$，$A_t = 1$，$B_t = 0$）。当改变受污染输入 A 的值时，输出 O 的值会随之变化（"1"→"0"）。因此，受污染的输入 A 对输出存在影响，受污染信息从 A 流向了输出 O，输出 O 应标记为受污染的（$O_t = 1$）。

为便于理解，可从信息完整性的角度进行分析，认为受污染的信息是不可信的，即受污染的"0/1"实际上可能是"1/0"。这些不可信的输入参与运算后，可能导致输出状态也是不可信的，即受污染的。可由完整的、带污染信息的真值表推导与非门的 GLIFT 逻辑，结果如图 9-5(c) 所示。该 GLIFT 逻辑不仅包含了输入变量的污染标签，还反映了变量的值对输出的影响,因此,能够更为准确地捕捉实际存在的污染信息流。

由二输入与非门的例子不难看出:在 GLIFT 方法中,至少有一个受污染的输入对输出存在影响时,输出才被标记为受污染的。在某些情况下,未受污染的输入能够阻止受污染的信息流向输出。例如,当与非门的一个输入为未受污染的逻辑"0"时,包含在另一个输入中的污染信息无法流向输出。因此,GLIFT 相对于传统的、采用保守污染标签传播策略(只要任一输入是受污染的,就认为输出是受污染的)的信息流分析方法更为准确。

定义 9.7(原始逻辑函数) 原始逻辑函数 f 即被测函数,可用 A_1,A_2,$\cdots A_n$ 来表示 f 的输入,O 表示 f 的输出,则原始逻辑函数可定义为如下的映射:

$$f:\{A_1, A_2, \cdots, A_n\} \rightarrow O$$

当受污染的输入对逻辑函数输出存在影响时,污染信息即流向了函数的输出,原始逻辑函数的输出将受污染。

定义 9.8(信息流跟踪逻辑函数) 信息流跟踪逻辑函数用于表征原始逻辑函数输出的污染状态。本书定义,当原始逻辑函数的输出受污染时,信息流跟踪逻辑函数的输出为逻辑 1;反之,信息流跟踪逻辑函数的输出为逻辑 0。本书采用 $\mathrm{sh}(f)$ 来表示原始逻辑函数 f 的信息流跟踪逻辑函数。$\mathrm{sh}(f)$ 是原始逻辑函数输入变量 A_1,A_2,$\cdots$,A_n 及其污染标签 a_1,a_2,$\cdots$,a_n 的函数,形式可表达为

$$\mathrm{sh}(f):\{A_1, A_2, \cdots, A_n, a_1, a_2, \cdots, a_n\} \rightarrow O_\mathrm{t}$$

式中,O_t 是原始逻辑函数输出 O 的污染标签。

在后续讨论中,门级信息流跟踪逻辑函数简称为 GLIFT 逻辑函数,而 GLIFT 逻辑函数的硬件实现则简称为 GLIFT 逻辑。

9.4.2 非门

考虑一个逻辑非表达式 $f = \overline{g}$,其中 f 和 g 可以是逻辑变量或函数。假设已知 g 的 GLIFT 逻辑,并分别用 $\mathrm{sh}(f)$ 和 $\mathrm{sh}(g)$ 来表示 f 和 g 的 GLIFT 逻辑。由于非门输入的变化总是会引起输出的变化,因此,非门的污染标签总是从输入直接传播至输出。表 9-1 给出了非门 GLIFT 逻辑的真值表。

表 9-1 非门 GLIFT 逻辑的真值表

序号	g	$\mathrm{sh}(g)$	f	$\mathrm{sh}(f)$
1	0	0	1	0
2	0	1	1	1
3	1	0	0	0
4	1	1	0	1

根据非门 GLIFT 逻辑的真值表,其 GLIFT 逻辑可简单描述为

$$\mathrm{sh}(f) = \mathrm{sh}(\overline{g}) = \mathrm{sh}(g) \tag{9-1}$$

9.4.3 与门和与非门

考虑一个逻辑与表达式 $f = g \cdot h$,其中 g 和 h 可以为逻辑变量或函数。假设已知 g 和

h 的 GLIFT 逻辑，并分别用 sh(f)、sh(g)和 sh(h)表示 f、g 和 h 的 GLIFT 逻辑。根据图 9-5(c)给出的二输入与非门的 GLIFT 逻辑和式(9-1)，可知 f 的 GLIFT 逻辑表达式为

$$\text{sh}(f) = g \cdot \text{sh}(h) + h \cdot \text{sh}(g) + \text{sh}(g) \cdot \text{sh}(h) \qquad (9-2)$$

根据污染标签的定义，式(9-2)右边的第 1 个乘积项表明：当 g 为逻辑真且未受污染时，h 的污染状态，即 sh(h)决定了 f 是否受污染。同理，第 2 项表明：当 h 为逻辑真且未受污染时，sh(g)决定了 f 的污染状态。最后一项表明：如果 g 和 h 都是受污染的，那么 f 也一定是受污染的。可对式(9-2)进行形式变换，得到

$$\text{sh}(f) = (g + \text{sh}(g)) \cdot (h + \text{sh}(h)) - g \cdot h$$
$$= (g + \text{sh}(g) \cdot (h + \text{sh}(h))) - f \qquad (9-3)$$

式(9-3)是数学表达式，而非逻辑表达式。其中的减法运算符表示将 $g \cdot h$ 项从表达式中移除，因为该项不会导致输出受污染信息。

类似的分析方法也可应用于三输入与门。考虑函数 $f = g \cdot h \cdot k$，利用式(9-3)可得

$$\text{sh}(f) = (g + \text{sh}(g)) \cdot (h \cdot k + \text{sh}(h \cdot k)) - g \cdot h \cdot k$$
$$= (g + \text{sh}(g)) \cdot (h + \text{sh}(h)) \cdot (k + \text{sh}(k)) - g \cdot h \cdot k \qquad (9-4)$$

通过引入减法运算符，n 输入与门 $f = f_1 \cdot f_2 \cdots f_n$ 的 GLIFT 逻辑可统一为

$$\text{sh}(f) = \prod_{i=1}^{i=n} (f_i + \text{sh}(f_i)) - f \qquad (9-5)$$

式中，连乘运算符表示多个变量的逻辑与，减法运算符表示将 f 项从表达式中去除。

同理，根据式(9-1)，n 输入与非门的 GLIFT 逻辑也可由式(9-5)给出。

9.4.4 或门和或非门

考虑逻辑或表达式 $f = g + h$，其中，g 和 h 可以是逻辑变量或函数。类似地，分别采用 sh(f)、sh(g)和 sh(h)来表示 f、g 和 h 的 GLIFT 逻辑，采用狄摩根律改写二输入或门 (OR-2)的逻辑表达式为

$$f = \overline{\overline{g} \cdot \overline{h}} \qquad (9-6)$$

根据式(9-1)，sh($\overline{f}$)=sh(f)，因此表达式 $\overline{f}$ 与 $\overline{g} \cdot \overline{h}$ 与 $f = \overline{\overline{g} \cdot \overline{h}}$ 有相同的 GLIFT 逻辑。根据式(9-3)，对二输入或门有

$$\text{sh}(f) = \text{sh}(\overline{f}) = \text{sh}(\overline{g} \cdot \overline{h}) = \overline{g} \cdot \text{sh}(\overline{h}) + \overline{h} \cdot \text{sh}(\overline{g}) + \text{sh}(\overline{g}) \cdot \text{sh}(\overline{h}) \qquad (9-7)$$

由 sh($\overline{g}$)=sh(g)，sh($\overline{h}$)=sh(h)，式(9-7)可简化为

$$\text{sh}(f) = \overline{g} \cdot \text{sh}(h) + \overline{h} \cdot \text{sh}(g) + \text{sh}(g) \cdot \text{sh}(h) \qquad (9-8)$$

进一步将式(9-8)改写为形式化表达式

$$\text{sh}(f) = (\overline{g} + \text{sh}(g)) \cdot (\overline{h} + \text{sh}(h)) - \overline{g} \cdot \overline{h}$$
$$= (\overline{g} + \text{sh}(g)) \cdot (\overline{h} + \text{sh}(h)) - \overline{f} \qquad (9-9)$$

将式(9-9)扩展至 n 输入或表达式 $f = f_1 + f_2 + \cdots + f_n$，可得

$$\text{sh}(f) = \prod_{i=1}^{i=n} (\overline{f_i} + \text{sh}(f_i)) - \overline{f} \qquad (9-10)$$

式中，连乘运算符表示多个变量的逻辑与。

同理，根据式(9-1)，n 输入或非门的 GLIFT 逻辑也可由式(9-10)给出。

9.4.5 异或门和同或门

逻辑异或表达式的一般形式是 $f=g \oplus h$，其中，g 和 h 可以是逻辑变量或函数。类似地，分别采用 $\mathrm{sh}(f)$、$\mathrm{sh}(g)$ 和 $\mathrm{sh}(h)$ 来表示 f、g 和 h 的 GLIFT 逻辑。根据数字电路理论，异或表达式可采用与、或、非操作来改写，即

$$f = g \cdot \overline{h} + \overline{g} \cdot h \tag{9-11}$$

由式(9-2)和式(9-8)，可导出二输入异或门的 GLIFT 逻辑，其表达式为

$$\mathrm{sh}(f) = \mathrm{sh}(g) + \mathrm{sh}(h) \tag{9-12}$$

将式(9-12)扩展至 n 输入异或门 $f=f_1 \oplus f_2 \oplus \cdots \oplus f_n$，可得 GLIFT 逻辑为

$$\mathrm{sh}(f) = \sum_{i=1}^{i=n} \mathrm{sh}(f_i) \tag{9-13}$$

式中，连续求和运算符表示多个逻辑变量的逻辑或。

根据污染标签的定义容易理解 n 输入异或门的 GLIFT 逻辑的含义。选择任一输入 A 对 n 输入异或表达式 $f=f_1 \oplus f_2 \oplus \cdots \oplus f_n$ 进行香农(Shannon)扩展，即

$$\begin{aligned} f &= A \cdot f_A + \overline{A} \cdot f_{\overline{A}} \\ &= A \cdot f_A + \overline{A} \cdot \overline{f_A} \end{aligned} \tag{9-14}$$

式中，f_A 是 $A=1$ 时，函数 f 的剩余部分；$f_{\overline{A}}$ 是 $A=0$ 时，函数 f 的剩余部分。对于异或表达式，总有 $\overline{f_A} = f_{\overline{A}}$，即函数的输出对每个输入的变化都是敏感的。可见，任意输入受污染，都会导致输出受污染。因此，异或门的 GLIFT 逻辑可表达为所有输入污染标签的逻辑或。

同理，根据式(9-1)，n 输入同或门的 GLIFT 逻辑也可由式(9-14)给出。

9.4.6 硬件电路 GLIFT 逻辑的生成算法

在上述基本门 GLIFT 逻辑的基础上，可构建一个功能完备的 GLIFT 逻辑库，通过构造算法为更复杂的功能单元和电路产生 GLIFT 逻辑。

如图 9-6 所示，构造算法需要创建一个包含基本逻辑单元(如与门、或门和非门等)的 GLIFT 逻辑库。图中的 GLIFT AND、GLIFT OR、GLIFT INV、GLIFT MUX-2 分别表示与门、或门、非门和二输入选择器的 GLIFT 逻辑。给定一个逻辑函数，首先采用逻辑综合工具将函数转换为由 GLIFT 逻辑库中基本逻辑单元描述的门级网表；然后为该门级网表中的各个逻辑单元离散式地实例化 GLIFT 逻辑。此过程类似于逻辑综合中的工艺映射。

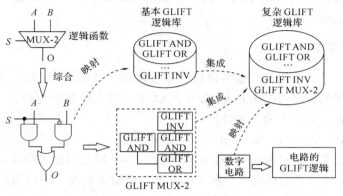

图 9-6 构造算法的原理

当采用构造算法产生了复杂逻辑单元的 GLIFT 逻辑时，可进一步将其 GLIFT 逻辑集成至现有的 GLIFT 逻辑库，形成更为复杂的 GLIFT 逻辑库。

算法 9-1 给出了构造算法的流程。

算法 9-1 构造算法

01：输入 $f(A_1, A_2, \cdots, A_n)$：变量为 $A_1, A_2, \cdots, A_n$ 的逻辑函数

02：输入 GLIFT_lib：基本门 GLIFT 逻辑构成的库

03：输出 sh(f)：f 的 GLIFT 逻辑

04：$N \leftarrow f$ 逻辑综合输出的门级网表

05：for $g \in N$ do

06：将 g 映射至 GLIFT_lib，并将 g 的 GLIFT 逻辑加入 sh(f)

07：end for

08：输出 sh(f)

用 g 表示原始逻辑函数中所包含的基本逻辑单元的数量，构造算法的复杂度与 g 呈线性关系。因此，构造算法理论上可以处理任意大规模的硬件电路，为其产生 GLIFT 逻辑。虽然构造算法的计算时间与给定硬件电路中逻辑门的数量呈线性关系，但是由该算法生成的 GLIFT 逻辑可能是不精确的。

9.5 RTL 级信息流分析技术

RTL 级抽象层次位于门级之上。在数字电路设计中，RTL 级设计中信号和变量通常是多位宽的。而逻辑门的输入和输出都是一比特位宽的。通常 RTL 级设计具有比门级设计更高的仿真和验证效率，并且 RTL 级更接近于设计者，该抽象层次上的代码更接近于自然语言，因此，更加便于设计者阅读和理解设计细节。下面将介绍 RTL 级上的信息流分析技术，重点关注 RTL 级信息流分析方法与门级信息流分析方法的差异之处。

在门级抽象层次上，设计主要采用工艺库中的逻辑单元（如逻辑门和触发器）来描述，设计的语法结构比较简单。相比之下，RTL 级设计通常采用逻辑运算符、算术运算符、条件分支结构（如 if-else 结构、case 结构和循环语句）来描述，设计的语法结构较为复杂。在 RTL 级上，除了需要产生逻辑运算和算术运算的信息流跟踪逻辑之外，还需要处理条件分支语句和循环结构等在门级抽象层次上不存在的语法结构。本书重点介绍 if-else 结构和 case 结构的信息流跟踪逻辑。

9.5.1 逻辑运算符

门级逻辑运算是通过实例化基本逻辑门来实现的。例如，要实现一个逻辑与运算，可以通过实例化以下的逻辑与门来实现（其中 AN2 是二输入的逻辑与门，A，B，Z 分别是二输入与门的两个输入和一个输出端口）。

AN2 U1(. A(inputA), . B(inputB), . Z(outputZ))；

上述实例化定义了信号 inputA、inputB 和 outputZ 同与门输入和输出端口之间的连接关系。根据实例化所定义的连接关系和 9.4.3 节中所给出的与门的门级信息流跟踪逻辑表达式，即可产生相应的信息流跟踪逻辑。

　　RTL 级逻辑运算与门级逻辑运算的主要差别在于：在 RTL 级，参与逻辑运算的变量（也称作信号）往往是多位宽的。下面的 Verilog 代码描述了一个 32 位的与操作。

　　module AN32(A，B，Z)；
　　　input [31:0] A，B；
　　　output [31:0] Z；
　　　assign Z ＝ A ＆ B；
　　endmodule

　　由于 Verilog 中的逻辑运算是按位进行的，即相对应的位进行与操作，因此，可以对 9.4.3 节所定义的与门的信息流跟踪逻辑进行扩展，即可得到多位逻辑与操作的信息流跟踪逻辑。下面代码定义了 32 位与操作的信息流跟踪逻辑（其中，A_t，B_t 和 Z_t 分别是输入和输出的污染标签，它们也是 32 位宽的信号）。

　　module AN32(A，At，B，Bt，Z，Zt)；
　　　input [31:0] A，At，B，Bt；
　　　output [31:0] Z，Zt；
　　　assign Z ＝ A ＆ B；
　　　assign Zt ＝ A ＆ Bt | B ＆ At | At ＆ Bt；
　　endmodule

　　可见，RTL 级逻辑操作的信息流跟踪逻辑只需在门级信息流跟踪逻辑基础上进行位宽扩展即可，与门级信息流跟踪逻辑是完全兼容的。

9.5.2　算术运算

　　RTL 级代码与门级网表的另一个区别在于，RTL 代码支持算术运算，比如加、减、乘、除运算。这些运算在门级通常被综合为基本逻辑门来实现，但是，在 RTL 级以运算符的形式存在。为了产生 RTL 级的信息流跟踪逻辑，需要支持这些算术运算。

　　由于这些算术运算一般操作数的位宽较大，采用类似真值表分析的方法很难在 RTL 级直接产生其信息流跟踪逻辑。在实际应用中通常采取的方法是：首先，将这些运算单元（或运算符）综合至门级网表，在门级为这些单元产生信息流跟踪逻辑，最后将用它们的门级信息流跟踪逻辑添加至信息流跟踪逻辑库中。最后，采用构造算法，将这些运算符映射至信息流跟踪逻辑库中的对应单元，即可为这些运算实例化相应的信息流跟踪逻辑。

9.5.3　分支结构

　　RTL 级代码与门级网表的另一个重要区别在于，在 RTL 级有多种用于程序流程控制的分支结构语句。例如，if-else 分支结构、case 并行分支结构、for 和 while 循环结构等。这些分支语句在实际实现中灵活多变，没有固定的结构，因此，无法直接为这些语句产生相应的基本信息流跟踪逻辑。

　　在实际应用中，通常可以将这些分支结构转换为选择器网络。网络中每一个节点是一个二输入选择器，而二输入选择器具有固定的信息流跟踪逻辑，可以将选择器网络中的每一个节点映射至基本逻辑单元信息流模型库中二输入选择器的信息流跟踪逻辑，即可实现选择器网络（分支结构）信息流跟踪逻辑的生成。

9.6 ISA 级信息流分析技术

为防止由不同安全级别执行环境之间相互干扰所引发的有害信息流动，需要严格限制不同执行环境的时间和空间边界。如图 9-7 所示，本书向现有硬件体系架构中引入执行租赁单元。在该租赁体系架构下，每个进程都有特定的安全级别（HIGH/LOW）、执行时间定时器值（Timer）和存储器边界（Memory）。进程启动时，租赁单元设置 PC，加载定时器和存储器边界值。进程执行时，租赁单元负责存储器访问中的安全属性和边界检查。当定时器溢出后，当前进程被挂起，直至再次调度并加载定时器时重新启动；执行租赁单元重置 PC，并实施环境切换和清理，以防止执行环境的相互干扰和敏感信息泄露。

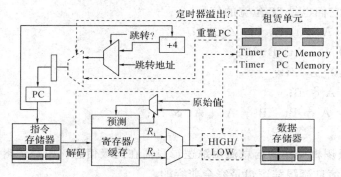

图 9-7 执行租赁体系架构

在上述租赁体系架构下，当定时器溢出时，执行租赁单元将取得控制权，从而限定了进程执行的时间边界，防止恶意进程长时间占用处理器资源。若进程每次启动时采用随机或固定长度的定时器值，则可消除程序执行状态所引发的有害时间信息流（Timing Flow），如不同条件分支执行时间差异所导致的信息泄露。进程在访问存储器时将受到严格的安全类型和边界检查，保证其只能访问同一或更低安全级别的数据，并禁止其越界访问其他进程的资源。因此，不可信进程的影响边界将被严格限制在该进程的时间片和存储器资源范围之内，从而可防止由缓存等共享部件引发的信息泄露。

可以采用硬件信息流分析方法对执行租赁体系架构的安全性进行测试与验证。图 9-8 给出了安全体系架构验证方法的基本原理。

如图 9-8 所示，给定采用硬件设计语言（VHDL 或 Verilog）描述的租赁架构，首先需采用逻辑综合工具（如 Synopsys Design Compiler）将设计转化为门级网表，然后，可采用 9.4.6 节中介绍的构造算法为设计生成相应的门级信息流分析逻辑。门级信息流分析逻辑具有良好的数学形式，可在其基础上对设计中的全部逻辑信息流进行准确的度量，从而检测是否存在违反信息流安全策略的情况。若违反信息流安全策略，则门级信息流分析逻辑将捕捉到相应的有害信息流动，通过分析有害信息流的传播路径，即可检测到设计中的安全漏洞，从而为设计修改提供指导。门级信息流分析方法能够充分利用底层硬件实现的细节信息，捕捉包括硬件相关时间隐通道在内的全部逻辑信息流，因此，上述设计与验证方法能够有效检测和消除硬件体系架构中潜在的安全漏洞。

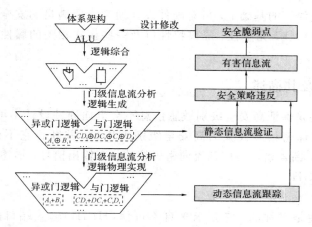

图 9-8 安全体系架构的测试与验证方法

此外，还可采用布尔逻辑对租赁架构的门级信息流分析逻辑进行描述，从而使得体系架构的信息流分析逻辑可随原始设计后端物理实现，并在系统运行中实时地捕捉系统中的有害信息流动。当检测到有害信息流时，即可触发中断和异常处理，从而防止敏感信息泄露或关键数据被非法篡改。

9.7 信息流安全验证技术

信息流安全验证的基本原理是：首先采用安全属性描述语言对所需验证的安全属性进行描述，然后将安全属性映射至硬件设计的信息流跟踪逻辑上，主要完成数据安全级别的划分，最后采用仿真或形式化验证工具实现信息流安全属性的验证。

9.7.1 安全属性描述语言

安全属性描述语言通常借鉴 Property Specification Language 和 SystemVerilog Assertion等功能属性描述语言的语义，并扩展安全相关的特性。表 9-2 显示了安全属性描述语言常用的关键字，主要包括安全级别的设置、安全属性的断言、信息流模型精度的选择、断言条件的设置以及许可路径设置等。

表 9-2 安全属性描述语言常用的关键字

关键字	说　明
set	设置信号安全级别，如保密、公开、可信、不可信等
init	设置信号初始值，将变量的初始状态设置为逻辑"0"或"1"
use	设置模型精度，从基本逻辑单元信息流模型库中选用不同精度的信息流模型
default	为未约束的信号设置默认安全级别，如保密、公开、可信、不可信等 为未约束的基本逻辑单元设置默认模型精度，选择默认的信息流模型
assert	断言信号安全级别，如保密、公开、可信、不可信等
when	断言条件设置，仅在满足条件的情况下对断言进行验证
allow	允许特定路径，将特定路径从安全验证分析中排除

在安全属性描述语言的基础上，可对硬件设计通常需要满足的安全属性进行描述。通用的安全属性包括机密性、完整性、隔离特性以及一些模式相关的属性，可作为安全验证的检测对象。

9.7.2 安全属性及其描述

机密性属性主要是保证高安全级别敏感信息不会流向硬件设计中可公开观测的区域。机密性验证中，需将保密信号设置为高安全级别 HIGH，并断言它不会流向低安全级别 LOW 的输出。例如，断言密钥不应该流向密码核的状态输出信号，描述如下：

1：setkey := HIGH

2：assert cipher_ready == LOW

完整性与机密性是对称的。它要求来自不可信（HIGH）输入端口的数据不会对可信（LOW）存储器单元造成影响。例如，程序计数器不应该被设置为来自以太网接口的数据，描述如下：

1：setethernet_data := HIGH

2：assert pc == LOW

隔离特性是硬件设计中通常会关注的一种安全属性，特别是 SoC 设计和集成了如 ARM TrustZone 等安全隔离机制的电路设计。例如，隔离特性要求高安全计算环境与普通计算环境之间不应有不期望的交互。隔离属性是一个双向的安全属性，描述如下：

1：set secure_world := HIGH

2：assert normal_world == LOW

3：set secure_world := LOW

4：assert normal_world == HIGH

信息流模型还具有建模时间信道和特定类型硬件木马安全属性的能力。这两类安全漏洞通常会对机密性和完整性造成影响，因此，可以从信息流安全的角度来检测这两类安全漏洞。

在一些硬件设计中，允许高安全级别信息在特定条件下流向低安全级别的区域。例如，密钥在调试模式或者经过强算法加密保护后流向可公开观测的输出是允许的。图 9-9 给了两个模式相关安全属性的例子。

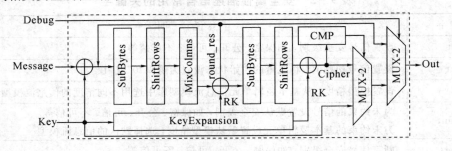

图 9-9 两个模式相关安全属性的例子

在如图 9-9 所示的 AES 设计中，当 AES 密码核处于调试状态时加密中间结果能够流向公开的密文端口，但是，在正常工作状态下是不允许的。为了对这种条件性的安全属性进行描述，本书引入关键词 when，用于描述下面的条件安全属性：

　　1：set round_res ≔ HIGH

　　2：assert out ＝＝LOW when！debug

　　此外，密钥流向 cipher 信号是允许的，但是，它不能流向其他区域。本书引入 allow 关键词，用于强制对某些信号进行安全级别降级（declassification），然后检测是否仍存在有害信息流动。安全属性描述如下：

　　1：set key ≔ HIGH

　　2：assert cipher ＝＝ LOW allow cipher

　　模式相关安全属性适当放宽了安全信息流的范畴。安全属性描述语言中的关键词 when 能够转换成断言语言中的 disable if 语句；关键词 allow 描述的安全属性相当于对指定信号进行安全级别降级。在图 9－9 所示的 AES 密码核例子中，使用关键词 allow 对 cipher 进行安全级别降级后，即可将由硬件木马所引发的有害信息流动暴露出来，从而实现硬件木马的检测。

9.7.3　信息流安全验证

　　图 9－10 显示了设计相关的安全验证方法。该方法首先分析硬件设计所需满足的通用安全属性，如机密性、完整性、隔离特性、时间信道等，建立集成电路设计安全属性库。进一步，实现安全属性向门级细粒度信息流模型的映射，主要包括属性相关信号安全级别的划分和安全属性标签的实例化，以及安全属性中断言语句向功能性验证语言的转化。完成安全属性的映射之后，即可结合硬件设计的信息流跟踪逻辑，采用形式化验证工具实现安全属性的验证。

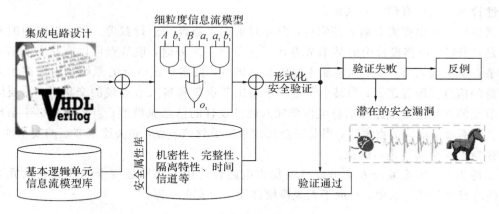

图 9－10　设计相关的安全验证方法

　　对于大规模的硬件设计，还可以采取属性相关的安全验证方法，以提高验证效率，如图 9－11 所示。它与设计相关的安全验证方法的主要区别在于：属性相关的安全验证方法在产生硬件设计信息流跟踪逻辑阶段即考虑待验证的安全属性，并利用安全属性对硬件设计的门级网表进行裁剪，只保留与待验证属性相关的逻辑单元，且将与待验证属性无关的逻辑单元直接从网表中移除，从而减小信息流跟踪逻辑的规模和复杂度，提高安全验证的效率。

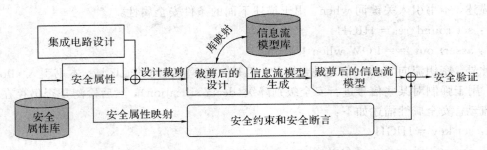

图 9-11　属性相关的安全验证方法

图 9-12 显示了属性相关的集成电路设计裁剪技术。该技术首先执行扇出搜索和扇入搜索两个步骤，以分别计算高安全级别信息的所有扇出节点集合和属性检测点的所有扇入节点集合。

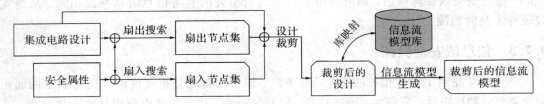

图 9-12　属性相关的集成电路设计裁剪技术

在扇出搜索阶段，以待验证安全属性中指定的高安全级别信息源点作为起始点，对集成电路设计进行正向搜索，以计算高安全级别信息的所有扇出节点集合。在扇入搜索阶段，以待验证安全属性中指定的属性检测点作为起始点，对集成电路设计进行逆向搜索，以计算属性检测点的所有扇入节点集合。

当执行完扇出搜索和扇入搜索后，即可对集成电路设计进行裁剪。此处拟采用的裁剪规则是：当集成电路设计中的某个节点在扇入节点集之外时，该节点可以直接裁剪掉；当某个节点属于扇入节点集，而不属于扇出节点集时，只需将该节点的原始逻辑电路加入集成电路的信息流跟踪逻辑；当某个节点属于扇出节点集和扇入节点集的交集时，需要同时将该节点的原始逻辑电路和信息流模型加入硬件设计的信息流模型；当某节点属于扇出节点集，而不属于扇入节点集时，当前安全属性未覆盖到该节点，如关注该节点的安全性，则需描述新的安全属性进行验证。

属性相关的安全验证方案可以移除集成电路设计中与待验证安全属性无关的冗余逻辑，提高安全验证的效率，有助于大规模硬件设计的安全验证。

9.7.4　安全验证精确性与复杂度平衡

信息流模型的复杂度与安全验证的时间和资源开销之间存在相关关系；信息流模型的精确性对验证结果的准确性有较大的影响。一些安全属性在精确信息流模型下难以在有限的时间和资源开销下得到验证，例如，条件触发的硬件木马。若采用保守的信息流模型，安全属性很快可以得到验证，但是，无法确定安全验证的结果是否由保守模型中的误报项引起。为此，此处提出了信息流模型精确性与复杂度平衡的方案，如图 9-13 所示。

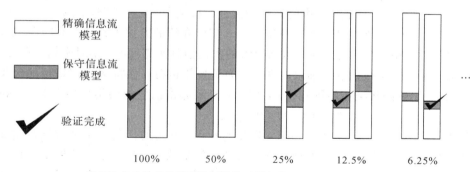

实例化保守信息流模型的逻辑单元所占的百分比

图 9 - 13　信息流模型精确性与复杂度平衡的方案

　　该技术方案首先利用基于卡诺图分析的不同精度信息流模型的生成方法或者基于无关项分析的不同精度信息流模型生成方法，为基本逻辑单元生成多种具有不同精度和复杂度的信息流模型。给定一个待验证的安全属性，首先为集成电路设计门级网表中的全部基本逻辑单元实例化精确的信息流模型，并进行安全验证，验证可能无法在有限的时间和资源开销内完成。然后，为集成电路设计门级网表中的全部基本逻辑单元实例化更为保守的信息流跟踪逻辑，并进行安全验证，验证可能在很短的时间和较低的资源开销内完成，并检测到一个安全漏洞。

　　为进一步验证在保守信息流跟踪逻辑下所检测到安全漏洞是否是一个实际存在的安全问题，可以为硬件设计门级网表中一半的基本逻辑单元实例化精确的信息流跟踪逻辑，另一半则实例化保守的信息流跟踪逻辑，从而同时为硬件设计构造两个信息流跟踪逻辑，并分别进行安全验证。此时，其中一个验证不能在有限的时间和资源开销内完成，而另一个验证则仍然可能在很短的时间和较低的资源开销下完成，并检测到一个安全漏洞。在只有一半基本逻辑单元实例化保守信息流跟踪逻辑的情况下，所检测到的安全漏洞更可能是一个实际存在的安全问题，而不是由于保守信息流跟踪逻辑中的误报项所导致的虚假警告。

　　在第二步验证成功的硬件设计信息流跟踪逻辑的基础上，可以进一步采用二分搜索策略，将实例化保守信息流跟踪逻辑的基本逻辑单元的比率再次降低一半，并进行两次安全验证。以此类推，逐步在更低比率基本逻辑单元实例化保守信息流跟踪逻辑的情况下，验证所检测到的安全漏洞是否由保守信息流跟踪逻辑中的误报项导致。当硬件设计信息流跟踪逻辑中实例化保守信息流跟踪逻辑的基本逻辑单元的比率足够低时，若安全验证结果表明漏洞依然存在，则有较高可信度认为所检测到的安全漏洞是一个实际存在的安全问题，而并非误报。

9.8　基于信息流安全验证的漏洞检测技术

9.8.1　设计漏洞检测

　　此处选用 DPA-Contest 提供的 AES 密码核进行信息流安全验证分析。该 AES 密码核在 FPGA 上实现后，利用功耗分析需要 4000 条明文才能正确恢复出密钥。该密码算法核包含一个安全漏洞，将加密的中间结果输出到可观测到端口，会导致密钥发生泄漏。采用信息流安全验证方法对 AES 密码核中的设计漏洞进行检测：首先采用 Synopsys Design Compiler 工具将其综合为门级网表，然后利用 9.4.6 节中介绍的方法为其产生 GLIFT 逻辑。

安全验证过程中，重点关注硬件木马导致的密钥信息泄露问题，不对密钥、明文、密文和其他状态信号的安全级别进行细致的划分。为了便于区分，仅将部分密钥位的污染标签置为 1，部分密钥位的污染标签则置为 0，例如，仅最低密钥位的污染标签置为 1，keyt = 128'h0000_0000_0000_0000_0000_0000_0000_0001。

根据密码算法 Defusion 和 Confusion 操作的特点，密钥的任何一位都应该对密文的多个位同时存在影响。虽然只有最低密钥位的污染标签置为 1，但是加密结果中应该至少有一半以上位的污染标签应该是置为 1 的。此处采用 Mentor Graphics ModelSim 工具来验证这一信息流安全属性是否成立。验证结果表明：密文输出端口观测到的值会出现只有最低位受污染的情况。

进一步分析发现，紧接于第一次密钥加操作之后，密码核会将明文和密钥异或之后的结果直接赋值给密文输出端口。此时，仅有最低位包含了受污染的密钥位信息。那么，当明文全部为 0 时，在输出端口上即可直接观测到密钥值。显然，密码核在特定明文输入下直接泄露了全部的密钥。借助于信息流安全验证手段，能够检测到由中间加密结果所引发的安全漏洞。

9.8.2 时间信道检测

本书选用 OpenCores 提供的 RSA 密码核进行信息流安全验证分析。该 RSA 密码算法核利用密钥位进行算法流程控制，当前密钥位为 1 和 0 时，需要执行不同的操作，因此，操作所需的时间也存在差异。这导致了该 RSA 密码算法核中存在一个时间信道。采用信息流安全验证方法对 RSA 密码算法核中的时间信道进行检测：首先采用 Synopsys Design Compiler 工具将其综合为门级网表，然后利用 9.4.6 节中介绍的方法为其产生 GLIFT 逻辑。

安全验证过程中，重点关注时间信道导致的密钥信息泄露问题，不对密钥、明文、密文和其他状态信号的安全级别进行细致的划分。可将密钥的污染标签全部置为 1，而其他信号的污染标签置为 0。

信息流安全验证结果表明：受污染的密钥不仅会导致加密结果是受污染的，同时，加密完成信号（ready）的污染标签也是 1。这表明密钥也流向了 ready 信号。

密钥流向加密结果是很容易理解的，毕竟密钥对加密结果存在影响。在本例中，密钥对 ready 信号是没有直接影响的，因为当加密完成之后，ready 信号会从 0 变到 1。但是，事实上密钥对 ready 信号确实存在影响。密钥并没有影响 ready 信号是否能够置为 1，而是影响 ready 信号何时应置为 1，属于时间信息流。因此，采用信息流安全验证方法，可以准确地检测到该 RSA 密码核中从密钥到加密完成信号 ready 的时间信道。

9.8.3 硬件木马检测

此处选用 Trust-Hub 硬件木马测试基准集中的 AES-T1700 测试基准进行信息流安全验证分析。如图 9-14 所示，AES-T1700 测试基准中包含一个硬件木马。该木马设计通过 AES 密码算法核芯片上的一个未分配引脚发射一个射频（RF，Radio Frequency）信号，从而达到泄露密钥信息的目的。采用信息流安全验证方法对 AES-T1700 测试基准中的硬件木马进行检测：首先采用 Synopsys Design Compiler 工具将其综合为门级网表，然后利用 9.4.6 节中介绍的方法为其产生 GLIFT 逻辑。

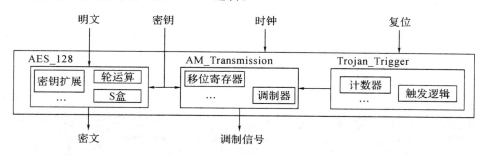

图 9 - 14　AES-T1700 测试基准的结构框图

下面代码中的 Verilog 语句显示了 RF 模块的原始设计和相应的 GLIFT 逻辑，其中变量 SHIFTReg 包含了密钥信息。

```
01：    assign beep1 = !(Baud8GeneratorACC[25]
        | Baud8Generator ACC[24]
        | Baud8GeneratorACC[23] );
02：    assign beep2 = !(Baud8GeneratorACC[25]
        |!(Baud8Generator ACC[24])
        | Baud8GeneratorACC[23] )
        & SHIFTReg[0];
03：    assign beeps = beep1 | beep2;
04：    assign MUX_Sel = beeps & Baud8GeneratorACC[15]
        & Baud 8GeneratorACC[4];
05：    assign Antena = (MUX_Sel) ? !(rst):1′b0;
06：    assign beep2_t = !(Baud8GeneratorACC[25]
        |!(Baud8GeneratorACC[24])
        |Baud8GeneratorACC[23])
        &SHIFTReg_t[0];
07：    assign beeps_t = ~beep1 & beep2_t;
08：    assign MUX_Sel_t = Baud8GeneratorACC[15]
        & Baud8Genera torACC[4] & beeps_t;
09：    assign Antena_t = ! rst & MUX_Sel_t;
```

在安全验证过程中，重点关注硬件木马导致的密钥信息泄露问题，不对密钥、明文、密文和其他状态信号的安全级别进行细致的划分。因此，将密钥的污染标签设置为全 1（keyt =128′hFFFF_FFFF_FFFF_FFFF_FFFF_FFFF_FFFF_FFFF），而其他所有信号的污染标签设置为 0，以表征密钥信号是保密的，其他信号是非保密的[①]。

使用 ABC 工具内置的 SAT 命令验证密钥是否会泄露给任何输出。由于只有 AES_128

---

① 需要指出的是：明文通常也应该是保密的，本例中重点分析密钥的安全性。

和 AM_Transmission 两个模块引用了密钥信号，而密钥经由 AES_128 模块中的密码运算后必然流向密文输出，所以仅需分析 AM_Transmission 模块是否会导致密钥泄露。如图 9 - 15所示，验证结果显示：AM_Transmission 模块中的输出信号 Antena（调制信号，本书沿用 AES-T1700 测试基准集中的信号名称）的 GLIFT 逻辑是布尔可满足的。验证结果还表明：在某种给定的输入组合下，Antena 信号的安全级别是可能为保密的，即密钥在特定输入组合下会流向输出 Antena。

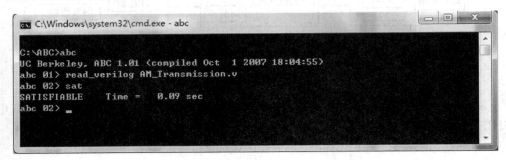

图 9 - 15　AM_Transmission 模块输出信号 GLIFT 逻辑的布尔可满足性验证结果

为了进一步对 AES-T1700 测试基准发生密钥泄露的条件进行分析，可采用 Mentor Graphics ModelSim 工具通过静态仿真测试来捕捉密钥流向 Antena 信号的条件。仿真结果如图 9 - 16 所示。

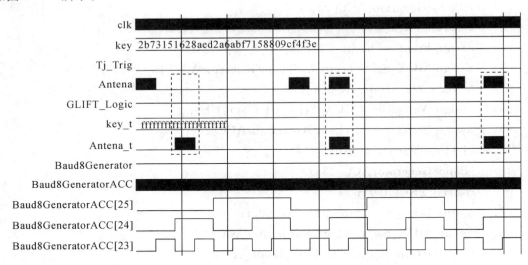

图 9 - 16　AES-T1700 测试基准的静态仿真测试结果

由图 9 - 16 可知，当 Baud8GeneratorACC[25:23]＝“010”时（虚线框中的部分），AES-T1700测试基准的 GLIFT 逻辑显示密钥信号流向输出 Antena。此时，Antena 信号的 GLIFT 逻辑 Antena_t 被置为 1，表明该信号包含了保密类型的信息。通过观测 Antena 信号可以发现，在第 1 个虚线框中，Antena 信号泄露了 1 比特的 0，而在第 2 和第 3 个虚线框中，Antena 信号分别泄露了 1 比特的 1。这三位正好是密钥信息的最低四个二进制位 0xE 中的三位。这三位通过一个移位寄存器泄露至 Antena 信号，当仿真时间足够长时，全部 128 位密钥将通过 Antena 信号发生泄露。在上述虚线框之外的位置，虽然 Antena 也有翻转活动，但是其 GLIFT 逻辑 Antena_t 始终保持为 0。因此，Antena 信号在其他位置上并未泄露密钥信息。

在 AES-T1700 测试基准例子中，首先采用信息流安全验证方法确定密钥信息是否会发生泄露，然后进一步地采用信息流仿真测试方法来确定该设计发生密钥泄露的条件。更进一步地，可从 Antena 信号逆向追踪至密钥信号，从而定位引发密钥泄露的安全漏洞。

本 章 小 结

本章简要介绍了硬件信息流分析技术，重点介绍了信息流分析的基本原理，用于描述信息流安全策略的安全格模型，以及静态信息流仿真、动态信息流跟踪和形式化信息流安全验证这三种常用的信息流安全机制。本章详细地介绍了门级信息流分析方法，重点介绍了信息流模型的构建方法，然后进一步讨论了 RTL 和体系架构抽象层次上的信息流分析方法，最后简要介绍了硬件信息流安全验证方法的基本流程。

思 考 题

1. 推导三输入与门的 GLIFT 逻辑，进一步推导 N 输入与门的 GLIFT 逻辑。

2. 采用不同方法推导二输入选择器的 GLIFT 逻辑，并对不同方法的推导结果进行比较。

3. 信息流分析方法可以验证的安全属性有哪些？

4. 信息流分析方法可以检测的安全漏洞类型有哪些？

5. 时间信道所引发信息流（时间信息流）的特征是什么？

6. 硬件信息流分析方法是否能够检测 Meltdown 和 Spectre 安全漏洞？

附录1　缩略词对照表

缩略词	外文全称	中文全称
AES	Advanced Encryption Standard	高级加密标准
ASIC	Application Specific Integrated Circuit	专用集成电路
ATPG	Automatic Test Pattern Generation	自动测试向量生成
BEoL	Back End of Line	后端线
BIOS	Basic Input/Output System	基本输入/输出系统
CAD	Computer Aided Design	计算机辅助设计
CAN	Control Area Network	控制器局域网络
CDSA	Common Data Security Architecture	公共数据安全体系架构
CFB	Cipher Feedback Mode	密文反馈模式
CMOS	Complementary Metal Oxide Semiconductor	互补金属氧化物半导体
CPA	Correlation Power Analysis	相关性能量分析
CPSR	Current Program Status Register	当前程序状态寄存器
CPU	Central Processing Unit	中央处理器
CRP	Challenge-Response Pair	激励-响应对
CRT	Chinese Reminder Theorem	中国剩余定理
CSPRNG	Cryptographically Secure PRNG	密码安全的伪随机数发生器
DES	Data Encryption Standard	数据加密标准
DfT	Design-for-Trust	可信性设计
DLL	Dynamic Link Library	动态链接库
DPA	Differential Power Analysis	差分能量分析
DRAM	Dynamic Random Access Memory	动态随机存取存储器
DRP	Dual-rail Precharge	双轨预充电
DRTM	Dynamic Root of Trust for Measurement	动态可信任根度量
DSA	Digital Signature Algorithm	数字签名算法

ECC	Elliptic Curve Cryptography	椭圆曲线密码算法
EDA	Electronic Design Automation	电子设计自动化
EDC	External Don't Care	外部无关项
EEPROM	Electrically Erasable Programmable Read Only Memory	电可擦可编程读写存储器
FBI	Federal Bureau of Investigation	联邦调查局
FDE	Full Disk Encryption	全盘加密
FEOL	Front End of Line	前端线
FPGA	Field Programmable Gate Array	现场可编程逻辑门阵列
FSM	Finite State Machine	有限状态机
FSR	Feedback Shift Register	反馈移位寄存器
GLIFT	Gate Level Information Flow Tracking	门级信息流跟踪
GMM	Gaussian Mixture Models	高斯混合模型
HCI	Hot Carrier Injection	热载流子注入
HD	Hamming Distance	汉明距离
HDL	Hardware Description Language	硬件描述语言
HLS	High-level Synthesis	高层综合
HM	Hamming Weight	汉明重量
IC	Integrated Circuit	集成电路
IDEA	International Data Encryption Algorithm	国际数据加密算法
IEC	InternationalElectrotechnical Commission	国际电工委员会
IfE	In-flight Entertainment	空中娱乐系统
IOMMU	IO Memory Management Unit	I/O 存储器管理单元
IP	Intellectual Property	知识产权核
ISN	Initial Sequence Number	初始化序列号
JMIFS	Joint Mutual Information Feature Selector	联合互信息特征选择器
ISO	International Organization for Standardization	国际标准化组织
JTAG	Joint Test Action Group	联合测试行动小组
KDF	Key Derivation Function	密钥导出函数
LDA	Linear Discriminant Analysis	线性判别方法
LSB	Least Significant Bit	最低有效位

LFSR	Linear Feedback Shift Register	线性反馈移位寄存器
MAC	Message Authentication Code	消息验证码
MERO	Multiple Excitation of Rare Occurrence	稀疏时间多次触发
MI	Mutual Information	互信息
MMU	Memory Management Unit	存储器管理单元
MOLES	Malicious Off-chip Leakage Enabled by Side-channels	用侧信道实现的恶意片外信息泄漏
MOS	Metal-Oxide-Semiconductor Field-Effect Transistor	金属-氧化物半导体场效应晶体管
MRA	Multivariate Regression Analysis	多变量回归分析
MSB	Most Significant Bit	最高有效位
NB	Naïve Bayes	简单贝叶斯方法
NBTI	Negative Bias Temperature Instability	负偏压温度不稳定性
NICV	Normalized Inter-Class Variance	归一化类间方差
NMOS	Negative Channel-Metal-Oxide-Semiconductor	N 型金属氧化物半导体
NN	Neural Networks	神经网络
ODC	Observability Don't Care	可观测性无关项
OS	Operating System	操作系统
PCA	Principal Component Analysis	主成分分析
PCR	Platform Configuration Registers	平台配置寄存器
PEA	Pipeline Emission Analysis	管道排放分析
PMOS	Positive Channel-Metal-Oxide-Semiconductor	P 型金属氧化物半导体
PRNG	PseudoRandom Number Generator	伪随机数发生器
PSP	Platform Security coProcessor	平台安全协处理器
PUF	Physical Unclonable Function	物理不可克隆函数
QDA	Quadratic Discriminant Analysis	二次判别分析方法
QSEE	Qualcomm Secure Execution Environment	高通安全执行环境
RAM	Random Access Memory	随机存储器
REE	Rich ExecutionEnvironment	普通计算环境
RF	Random Forest	随机森林
RFID	Radio Frequency Identification	射频识别
RNG	Random Number Generator	随机数发生器

RO	Ring Oscillator	环形振荡器
ROM	Read Only Memory	只读存储器
ROS	Rich OS	普通操作系统
RTL	Register Transfer Level	寄存器传输级
RTM	Root of Trust for Measurement	可信测量根
RTR	Root of Trust for Reporting	可信报告根
RTS	Root of Trust of Storage	可信存储根
SA	Stochastic Attack	随机攻击
SCA	Side Channel Analysis(Attack)	旁路信道分析(攻击)
SCADA	Supervisory Control And Data Acquisition	数据采集与监视控制
SDC	Satisfiability Don't Care	可满足性无关性
SMC	Secure Monitor Call	安全监视器调用
SNR	Signal-to-Noise Ratio	信噪比
SoC	System on Chip	片上系统
SOM	Self Organizing Maps	自组织映射神经网络
SPA	Simple Power Analysis	简单能量分析
SPI	Serial Peripheral Interface	串行外设接口
SSM	Secure State Machine	安全状态机
SVM	Support Vector Machine	支持向量机
SWD	Serial Wire Debug	串行调试接口
TA	Template Attack	模板攻击
TAP	Test Access Port	测试访问接口
TCG	Trusted Computing Group	可信计算工作组
TCP	Transmission Control Protocol	传输控制协议
TEE	Trusted Execution Environment	可信计算环境
TLB	Translation Look aside Buffer	转换检测缓冲区
TOS	Trusted OS	可信操作系统
TPM	Trusted Platform Module	可信平台模块
TRNG	True Random Number Generator	真随机数发生器
TSA	Transportation Security Administration	运输安全管理局

TZAPI	TrustZone API	可信区间应用程序接口
TZASC	TrustZone Address Space Controller	可信区间地址空间控制器
TZMA	TrustZone Memory Adapter	可信区间存储器适配器
TZPC	TrustZoneProtectionController	可信区间保护控制器
UART	Universal Asynchronous Receiver-Transmitter	通用异步收发器
WDDL	Wave Dynamic Differential Logic	行波动态差分逻辑

附录 2 软件工具和测试基准集

1. Berkeley ABC

ABC 下载地址：http://www. eecs. berkeley. edu/~alanmi/abc/abc. htm

abc. rc 下载地址：http://www. eecs. berkeley. edu/~alanmi/abc/abc. rc

2. Yosys 综合工具

下载地址：http://www. clifford. at/yosys/download. html

3. IWLS 2002 测试基准集

下载地址：http://iwls. org/iwls2002/ benchmarks. html

4. IWLS 2005 测试基准集

下载地址：http://iwls. org/iwls2005/benchmarks. html

5. ISCAS 测试基准集

下载地址：http://web. eecs. umich. edu/~jhayes/iscas. restore/

6. Trust-HUB 测试基准集

下载地址：https://www. trust-hub. org/taxonomy

7. DPA Contest 网站，提供 DPA 能量轨迹下载

下载地址：http://www. dpacontest. org

8. LFSR 生成器

生成器地址：http://outputlogic. com/? page_id=275

9. RSA 密钥生成器

生成器地址：https://www. cs. drexel. edu/~jpopyack/IntroCS/HW/RSAWorkshe-et. html

参考文献

[1] Adee S. The Hunt for The Kill Switch[J]. IEEE Spectrum, vol. 45, no. 5, pp. 34 – 39, May 2008. Doi: 10.1109/MSPEC.2008.4505310.

[2] LTC Marco De Falco. Stuxnet Facts Report – A Technical and Strategic Analysis[R]. https://ccdcoe.org/sites/default/files/multimedia/pdf/Falco2012_StuxnetFactsReport.pdf.

[3] Skorobogatov S, Woods C. Breakthrough silicon scanning discovers backdoor in military chip [C]. In Proceedings of the 14th international conference on Cryptographic Hardware and Embedded Systems (CHES'12), Emmanuel Prouff and Patrick Schaumont (Eds.). Springer-Verlag, Berlin, Heidelberg, 23 – 40, 2012.

[4] Bits, Please. Extracting Qualcomm's KeyMaster Keys-Breaking Android Full Disk Encryption[DL]. http://bits-please.blogspot.com/2016/06/extractingqualcomms-keymaster-keys.html, 2016.

[5] Paul Kocher, Daniel Genkin, Daniel Gruss, et al. Spectre Attacks: Exploiting Speculative Execution[J]. ArXiv e-prints (Jan. 2018). arXiv: 1801.01203. 2018.

[6] Moritz Lipp, Michael Schwarz, Daniel Gruss, et al. Meltdown[J]. ArXiv e-prints (Jan. 2018). arXiv: 1801.01207, 2018.

[7] JTAG Technologies. https://www.jtag.com.

[8] AES. https://en.wikipedia.org/wiki/Advanced_Encryption_Standard.

[9] RSA (cryptosystem). https://en.wikipedia.org/wiki/RSA_(cryptosystem).

[10] RowHammer Attack. https://en.wikipedia.org/wiki/Row_hammer.

[11] Meltdown and Spectre. https://meltdownattack.com.

[12] https://www.leiphone.com/news/201801/TIV0ThWMtqMsyM3b.html.

[13] Peter Montgomery. Modular multiplication without trial division[J]. Mathematics of Computation, 44(170): 519 – 521, 1985.

[14] Werner Schindler. A timing attack against RSA with the Chinese remainder theorem[C]. In CHES 2000, pages 109 – 124, 2000.

[15] Brumley D, Boneh D. Remote timing attacks are practical[J]. Computer Networks, 2005, 48(5): 701 – 716.

[16] Mangard S, Oswald E, Popp T. Power analysis attacks: Revealing the secrets of smart cards[M]. Springer Science & Business Media, 2008.

[17] Lerman L, Bontempi G, Markowitch O. A machine learning approach against a masked AES[J]. Journal of Cryptographic Engineering, 2015, 5(2): 123 – 139.

[18] Gilmore R, Hanley N, O'Neill M. Neural network based attack on a masked implementation of aes[C]//Hardware Oriented Security and Trust (HOST), 2015 IEEE International Symposium on. IEEE, 2015: 106 – 111.

［19］ 邓高明，赵强，张鹏，等. 针对密码芯片的电磁频域模板分析攻击［J］. 计算机学报，
2009，32(4)：602－610.

［20］ 郭世泽，王韬，赵新杰. 密码旁路分析原理与方法［M］. 2014.

［21］ http：//www. dpacontest. org/v4/index. php.

［22］ Althoff A，McMahan J，Vega L，et al. Hiding intermittent information leakage with
architectural support for blinking［C］//2018 ACM/IEEE 45th Annual International
Symposium on Computer Architecture (ISCA). IEEE，2018：638－649.

［23］ Small solutions to polynomial equations，and low exponent RSA vulnerabilities.

［24］ Bhunia S，Hsiao M S，Banga M，et al. Hardware Trojan attacks：Threat analysis
and countermeasures［J］. Proceedings of the IEEE 102，8 (Aug. 2014)，1229 －
1247，2014.

［25］ Trust-Hub website：http：//www. trust-hub. org/home.

［26］ Salmani H，Tehranipoor M，Karri R. On Design vulnerability analysis and trust
benchmark development［C］. IEEE Int. Conference on Computer Design (ICCD)，2013.

［27］ Xiao K，et al. Hardware Trojans：Lessons Learned after One Decade of Research
［J］. ACM Transactions on Design Automation of Electronic Systems，2016，22
(1)：6.

［28］ King S，et al. Designing and Implementing Malicious Hardware［C］. Proc. 1st
USENIX Workshop Large-Scale Exploits and Emergent Threats (LEET 08)，
Usenix Assoc. ，2008，pp. 1－8.

［29］ Lin L，Burleson W，Paar C. MOLES：Malicious off-chip leakage enabled by side-
channels［C］. In Proceedings of the IEEE/ACM International Conference on
Computer-Aided Design-Digest of Technical Papers，2009 (ICCAD'09)，117－122.

［30］ Hu W，Zhang L，Ardeshiricham A，et al. Why You Should Care About Don't
Cares：Exploiting Internal Don't Care Conditions for Hardware Trojans［C］. IEEE
Int. Conference on Computer-Aided Design (ICCAD)，2017，707－713.

［31］ Shiyanovskii Y，Wolff F，Rajendran A，Process reliability based Trojans through
NBTI and HCI effects［C］. In Proceedings of the 2010 NASA/ESA Conference on
Adaptive Hardware and Systems (AHS'10). 215－222，2010.

［32］ 卢开橙. 计算机密码学［M］. 北京：清华大学出版社，2003.

［33］ Mini-AES. http：//doc. sagemath. org/html/en/reference/cryptography/sage/
crypto/block_cipher/miniaes. html.

［34］ Bogdanov A. et al. PRESENT：An Ultra-Lightweight Block Cipher［M］. In：
Paillier P. ，Verbauwhede I. (eds) Cryptographic Hardware and Embedded Systems
－ CHES 2007. CHES 2007. Lecture Notes in Computer Science，vol 4727.
Springer，Berlin，Heidelberg.

［35］ Trusted Platform Module. https：//en. wikipedia. org/wiki/Trusted_Platform_Module.

［36］ ISO/IEC 11889－1：2009 － Information technology － Trusted Platform Module －
Part 1：Overview". ISO. org. International Organization for Standardization.

May 2009.

[37] Random Number Generation. https：//en. wikipedia. org/wiki/Random_number_generation.

[38] Pseudorandom Number Generator. https：//en. wikipedia. org/wiki/Pseudorandom_number_generator.

[39] Maria George and Peter Alfke. Linear Feedback Shift Registers in Virtex Devices. https：//www. xilinx. com/support/documentation/application_notes/xapp210. pdf.

[40] 张紫楠，郭渊博. 物理不可克隆函数综述[J]. 计算机应用，2012，32(11)：3115 −3120.

[41] 郑显义，史岗，孟丹. 系统安全隔离技术研究综述[J]. 计算机学报，第 40 卷，第 5 期，2017.

[42] 郑显义，李文，孟丹. TrustZone 技术的分析与研究[J]. 计算机学报，第 39 卷，第 9 期，2016.

[43] Intel® Software Guard Extensions. https：//software. intel. com/en-us/sgx.

[44] Storing Keys in the Secure Enclave. https：//developer. apple. com/documentation/security/certificate_key_and_trust_services/keys/storing_keys_in_the_secure_enclave.

[45] AMD Platform Security Processor. https：//en. wikipedia. org/wiki/AMD_Platform_Security_Processor.

[46] Texas Instruments. M-ShieldTM Mobile Security Technology：making wireless secure. www. ti. com/pdfs/wtbu/ti_mshield_whitepaper. pdf.

[47] 林闯，苏文博，孟坤，等. 云计算安全：架构、机制与模型评价[J]. 计算机学报，2013(9)：1765 −1784.

[48] Xiao K，et al. Hardware Trojans：Lessons Learned after One Decade of Research [J]. ACM Transactions on Design Automation of Electronic Systems，2016，22(1)：6.

[49] Bhunia S，Hsiao M S，Banga M，et al. Hardware Trojan attacks：Threat analysis and countermeasures[J]. Proceedings of the IEEE 102，8（Aug. 2014），1229 −1247，2014.

[50] Salmani H，Tehranipoor M，Plusquellic J. A novel technique for improving hardware Trojan detection and reducing Trojan activation time. IEEE Transactions on Very Large Scale Integration（VLSI）Systems 20，1（Jan. 2012），112 −125，2012.

[51] Zhou B，Zhang W，Thambipillai S，et al. A low cost acceleration method for hardware Trojan detection based on fan-out cone analysis[C]. In Proceedings of the 2014 International Conference on Hardware/Software Codesign and System Synthesis（CODES＋ISSS'14），1 −10，2014.

[52] Banga M，Hsiao M S. A novel sustained vector technique for the detection of hardware Trojans[C]. In Proceedings of the 2009 22nd International Conference on VLSI Design. 327 −332.

［53］ Salmani H，Tehranipoor M. Layout-aware switching activity localization to enhance hardware Trojan detection［J］. IEEE Transactions on Information Forensics and Security 7，1（Feb. 2012），76－87，2012.

［54］ Jin Y，Maliuk D，Makris Y. Post-deployment trust evaluation in wireless cryptographic Ics［C］. In Proceedings of the Design，Automation Test in Europe Conference Exhibition（DATE'12）. 965－970，2012.

［55］ Chakraborty R S，Wolff F，Paul S，et al. MERO：A statistical approach for hardware Trojan detection［C］. In Proceedings of the 11th International Workshop on Cryptographic Hardware and Embedded Systems（CHES'09）. Springer-Verlag，Berlin，396－410，2009.

［56］ Xiao K，Zhang X，Tehranipoor M. A clock sweeping technique for detecting hardware Trojans impacting circuits delay［J］. IEEE Design Test 30，2（April 2013），26－34，2013.

［57］ Jin Y，Makris Y. Hardware Trojan detection using path delay fingerprint［C］. In Proceedings of the IEEE International Workshop on Hardware-Oriented Security and Trust，2008（HOST'08），51－57.

［58］ Agrawal D，Baktir S，Karakoyunlu D，et al. Trojan detection using IC fingerprinting［C］. In Proceedings of the IEEE Symposium on Security and Privacy，2007（SP'07）. 296－310.

［59］ Hu W，Mao B L，Oberg J，et al. Detecting Hardware Trojans with Gate-Level Information-Flow Tracking［J］. IEEE Computer Special Issue on Security of Hardware and Software Supply Chain，vol. 49(8)：44－52，Aug. 2016.

［60］ Rajendran J，Jyothi V，Sinanoglu O，et al. Design and analysis of ring oscillatorbased design-for-trust technique［C］. In Proceedings of the 2011 IEEE 29th VLSI Test Symposium（VTS'11）.

［61］ 毛保磊. 基于信息流模型的安全硬件设计关键技术研究［D］. 西北工业大学，2018.

［62］ 肖军模. 网络信息安全. 机械工业出版社［M］，2003

［63］ Tiwari M，Hassan M G W，Mazloom B，et al. Complete Information Flow Tracking from the Gates Up［C］. In the 14th International Conference on Architectural Support for Programming Languages and Operating Systems. 109－120.

［64］ Hu W，et al. Theoretical Fundamentals of Gate Level Information Flow Tracking［J］. IEEE Transactions on Computer-Aided Design of Integrated Circuits and Systems 30. 8(2011)：1128－1140.

［65］ Ardeshiricham，Armaiti，et al. Register transfer level information flow tracking for provably secure hardware design［C］，Design，Automation & Test in Europe Conference & Exhibition IEEE，2017：1695－1700.

［66］ Jin，Yier，Makris Y. Proof carrying-based information flow tracking for data secrecy protection and hardware trust［C］. VLSI Test Symposium IEEE，2012：252

- 257.

[67] Zhang D F, Wang Y, Suh G E, et al. A Hardware Design Language for Timing-Sensitive Information-Flow Security [C]. In International Conference on Architectural Support for Programming Languages and Operating Systems. 2015: 503 - 516.

[68] http://www.trust-hub.org.

[69] https://opencores.org.

[70] http://iwls.org/iwls2005/benchmarks.html.